4-11-01-00 国家职业技能培训教材

农网配电营业工

电力行业职业技能鉴定指导中心 组编

王子龙　岳宝强 主编

电子工业出版社

Publishing House of Electronics Industry

北京·BEIJING

内 容 简 介

本书结合电力行业相关标准，按技能等级由低到高分章节编写，系统地讲述了农网配电营业工需要掌握的技能知识，主要包括安全技能、配电技能和营销技能，对各等级从业者的技能水平做出明确而具体的要求，为基层供电企业开展农电工培训班提供针对性、实用性培训教材，整体提升农网配电营业工队伍的综合素质，有效提高电网企业生产岗位人员理论水平和技能操作能力。

未经许可，不得以任何方式复制或抄袭本书之部分或全部内容。
版权所有，侵权必究。

图书在版编目（CIP）数据

农网配电营业工／电力行业职业技能鉴定指导中心组编；王子龙等主编．—北京：电子工业出版社，2022.12
ISBN 978-7-121-44580-4

Ⅰ.①农… Ⅱ.①电… ②王… Ⅲ.①农村配电－技术培训－教材 Ⅳ.① TM727.1

中国版本图书馆 CIP 数据核字（2022）第 221644 号

责任编辑：雷洪勤　　文字编辑：徐　萍
印　　刷：北京盛通印刷股份有限公司
装　　订：北京盛通印刷股份有限公司
出版发行：电子工业出版社
　　　　　北京市海淀区万寿路 173 信箱　邮编　100036
开　　本：787×1092　1/16　印张：24　字数：614 千字
版　　次：2022 年 12 月第 1 版
印　　次：2022 年 12 月第 1 次印刷
定　　价：129.00 元

凡所购买电子工业出版社图书有缺损问题，请向购买书店调换。若书店售缺，请与本社发行部联系，联系及邮购电话：（010）88254888，88258888。
质量投诉请发邮件至 zlts@phei.com.cn，盗版侵权举报请发邮件至 dbqq@phei.com.cn。
本书咨询联系方式：leihq@phei.com.cn。

《国家电力职业技能培训教材》编审委员会

主　任　张慧翔

副主任　郑孙潮　苏　萍　李志勇

委　员　徐纯毅　张　哲　曹爱民　周　岩　李　林　孙振权
　　　　　苏庆民　邵瑰玮　彭　词　何新洲　庄哲寅　江晓林
　　　　　郭　燕　马永光　刘晓玲　杨建华　宗　伟　张文博

本书编写组

组编单位： 电力行业职业技能鉴定指导中心

主编单位： 国网山东省电力公司

中能国研（北京）电力科学研究院

成员单位： 国网山东省电力公司临沂供电公司

国网山东省电力公司沂南县供电公司

广东电网有限责任公司东莞供电局

国网山西省电力公司运城供电公司

国网河南省电力公司技能培训中心

国网山东省电力公司营销服务中心（计量中心）

国网技术学院

国网浙江省电力有限公司培训中心

（以上排名不分先后）

本书编写人员

主　　编　王子龙　岳宝强

副主编　孙卫东　王明剑　彭　刚　甘向锋

编写人员　刘东明　赵宪国　王　烨　付钧友　张海静　张俊玲
　　　　　　陈中恺　孙　玉　郑　岳　李文康　陈海燕　魏玉芳
　　　　　　赵宝华　谭守军　李军伟　李学强　关　琳　罗文龙
　　　　　　庞　婧　潘凌颖　朱　晨　孙胜涛　罗　勇　韩荣新

（以上排名不分先后）

序

为推动电力行业技能等级评价工作，促进电力职业技能培训体系建设，电力行业职业技能鉴定指导中心计划按照人力资源和社会保障部制定的国家职业技能标准以及电力行业职业技能评价标准，统一组织编写相关职业（工种）培训教材（以下简称《教材》），以适应电力行业培训评价的实际需求。

《教材》根据电力行业相关职业技能要求，按照职业范围和工作内容各自成册，于2022年陆续出版发行。

《教材》的出版兼具系统化与规范化，内容涵盖电力行业多个专业，对行业内开展技能培训、认定、评价和考核工作起着重要的指导作用。《教材》以各专业职业技能标准规定的内容为依据，以实际操作技能为主线，按照能力等级要求，汇集了运维、管理人员实际工作中具有代表性和典型性的理论知识与操作技能，构成了各专业技能培训与评价的知识体系。在深度和广度上，《教材》力求涵盖职业技能标准所要求的全部内容，满足培训、评价和就业的需要。

《教材》的出版是规范电力行业职业培训、完善技能等级评价方面的探索和尝试。在编写的过程中，我们追求实用性，组织技术专家，结合现场案例进行理论分析，夯实理论基础和操作技能，真正做到了理论和实践相结合；追求有针对性，对各专业从业人员的职业活动内容进行规范细致描述，对各等级从业者应掌握的理论知识和操作技能进行详细解读；追求专业性和可操作性，根据不同专业的特点设置不同的内容大纲和编写体例，以提升专业技能、贴近工作实际为目的，为读者提供可实际应用的参考。

《教材》凝聚了全行业专家的经验和智慧，既可作为电力行业人员学习、了解国家职业技能标准的参考文件和培训教学人员组织教学的指导书，也可助力运维、管理人员提高理论分析能力和操作技能，通过职业技能等级评价，开启电力行业职业技能标准配套教材的新篇章，实现全行业教育培训资源的共建共享。

当前社会，科学技术不断发展与进步，本套培训教材虽然经过认真编写、校订和审核，但仍然难免有疏漏和不足之处，需要不断地修订、补充和完善。欢迎广大同行和使用本套培训教材的读者提出宝贵意见和建议。

电力行业职业技能鉴定指导中心
2022 年 10 月

前言

随着经济的发展、配电自动化水平的提高，配电网结构得到了优化，供电可靠性也得到了提高，为实现配电网安全平稳运行奠定了基础。为了贯彻落实国网公司"十四五"建设高质量教育体系的规划，认真抓好农网配电营业工的培训工作，全面提高农电工的知识和操作技能水平，进一步做好农电工队伍建设，整体提升农电工队伍的综合素质，为实施农电发展战略提供人才保障，同时也为基层供电企业开展农电工培训班提供针对性、实用性培训教材，国网山东省电力公司根据电力国家职业技能标准、国家电网公司技能培训规范，结合生产实际，组织编写了这本《农网配电营业工》。

本书在《农网配电营业工（台区经理）实训作业指导书》和《农网配电营业工（综合柜员）实训作业指导书》的基础上，按初级工、中级工、高级工、技师和高级技师的顺序整合了各级工所要求的基本技能，密切结合生产实际，基本涵盖了当前生产现场的主要工作项目，既可作为农网配电营业工技能鉴定指导书，也可作为各级农网配电营业工的培训教材。

本书介绍了农网配电营业工技能鉴定五个等级的理论知识内容和技能操作项目，从培训目标、培训场所及设施、培训参考教材与规程、培训对象、培训方式及时间、基础知识、技能培训步骤、技能等级认证标准（评分）八个方面展开描述。在编写中努力做到理论与实际相结合，确保内容深入浅出、通俗易懂，紧密联系生产实际，强调实践，旨在使广大农网配电营业工了解和掌握本工种相关技术，有效提升履职能力，适应生产发展需要。

本书共有六章。第1章是绪言，总领全文，阐述了写作背景与来由；第2章介绍初级工需要掌握的基本技能，包括安全技能、配电技能和营销技能；第3章介绍中级工在配电技能和营销技能方面的要求，在营销技能方面增加了"新型业务的运用与推广"内容；第4章介绍高级工要求掌握的配电和营销方面的技能，选取典型项目如"配电变压器直流电阻测试"进行说明；第5章介绍技师要求掌握的配电技能和营销技能；第6章介绍高级技师需要掌握的配电技能和营销技能。

本书的出版得到了多位部级、省级相关领域专家的指导与帮助，国网青州市供电公司、国网蒙阴县供电公司、国网聊城市茌平区供电公司及青岛市光明电力服务有限责任公司也给予了大力的支持，在此一并致谢。

由于编者水平有限，本书难免有疏漏之处，恳请各位读者提出宝贵意见和建议，我们会不断进行完善。

编　者

2022 年 10 月

目 录

第1章 绪言 ·· 1

  1.1 职业概况 ·· 2

    1.1.1 职业名称 ··· 2

    1.1.2 职业定义 ··· 2

    1.1.3 职业道德 ··· 2

    1.1.4 普通受教育程度 ·· 3

    1.1.5 职业技能等级 ··· 3

    1.1.6 职业环境条件 ··· 3

    1.1.7 职业能力特征 ··· 3

  1.2 职业技能培训 ··· 3

    1.2.1 培训期限 ··· 3

    1.2.2 培训教师资格 ··· 3

    1.2.3 培训场地设备 ··· 4

    1.2.4 培训项目 ··· 4

第2章 五级/初级工 ·· 7

  2.1 安全技能 ·· 8

    2.1.1 触电急救 ··· 8

    2.1.2 安全工器具使用 ·· 14

  2.2 配电技能 ·· 18

    2.2.1 常用仪器仪表使用 ··· 18

    2.2.2 跌落式熔断器停送电操作 ··· 23

    2.2.3 接地体接地电阻测量 ·· 27

    2.2.4 项目1：更换10kV柱上避雷器 ·· 32

    2.2.5 项目2：钢芯铝绞线插接法连接 ·· 35

2.2.6 项目3：拉线制作 ... 41
2.2.7 项目4：低压配电线路验电、装拆接地线 ... 45
2.2.8 项目5：绝缘子顶扎法、颈扎法绑扎 ... 49
2.2.9 项目6：绳扣制作 ... 54

2.3 营销技能 ... 62
2.3.1 电费收费管理 ... 62
2.3.2 票据管理 ... 68
2.3.3 电能计量装置安装与调试 ... 77
2.3.4 用电业务咨询与办理 ... 80
2.3.5 电费核算（居民阶梯电价用户） ... 87

第3章 四级/中级工 ... 94
3.1 配电技能 ... 95
3.1.1 配电自动化10kV柱上断路器停送电操作 ... 95
3.1.2 配电变压器绝缘电阻测试 ... 99
3.1.3 更换柱上跌落式熔断器 ... 104
3.1.4 钢芯铝绞线钳压法连接 ... 108
3.1.5 拉线制作及安装 ... 114
3.1.6 直线杆柱（针）式绝缘子更换 ... 120
3.1.7 10kV及以下电缆故障类型诊断 ... 125

3.2 营销技能 ... 130
3.2.1 电费核算（低压非居民用户） ... 130
3.2.2 电能计量装置安装与调试 ... 136
3.2.3 用电信息采集故障分析及处理 ... 141
3.2.4 低压电能计量装置串户排查 ... 145
3.2.5 用电业务咨询与办理 ... 149
3.2.6 新型业务的运用与推广 ... 153

第4章 三级/高级工 ... 175
4.1 配电技能 ... 176
4.1.1 配电室停送电操作 ... 176
4.1.2 项目1：配电变压器直流电阻测试 ... 180
4.1.3 项目2：10kV终端杆备料 ... 185
4.1.4 项目3：更换柱上断路器 ... 189
4.1.5 项目4：0.4kV低压电缆终端头制作 ... 196

- 4.1.6 项目5：0.4kV架空绝缘线承力导线钳压法连接 ················ 201
- 4.1.7 项目6：耐张杆悬式绝缘子更换 ································ 208
- 4.1.8 项目7：低压指示仪表回路、照明回路故障查找及排除 ········ 212
- 4.1.9 10kV及以下电缆路径测量 ······································ 217

4.2 营销技能 ··· 223
- 4.2.1 电费计算（高压单一制用户） ·································· 223
- 4.2.2 电能计量装置安装与调试 ······································ 230
- 4.2.3 用电信息采集故障分析及处理 ·································· 235
- 4.2.4 用电业务咨询与办理 ·· 239
- 4.2.5 使用现场校验仪测量电能表误差 ································ 244
- 4.2.6 移动作业终端应用 ·· 248
- 4.2.7 窃电和违约用电检查处理 ······································ 266
- 4.2.8 用电检查 ·· 270

第5章 二级/技师 ·· 274

5.1 配电技能 ··· 275
- 5.1.1 环网柜停送电操作 ·· 275
- 5.1.2 箱式变压器停送电操作 ·· 279
- 5.1.3 测量配电线路交叉跨越距离 ···································· 283
- 5.1.4 低压总控、仪表、照明、计量、电容回路故障查找及排除 ········ 288
- 5.1.5 农网配电台区漏电故障查找及排除 ······························ 293
- 5.1.6 10kV及以下电缆故障测距 ······································ 297

5.2 营销技能 ··· 308
- 5.2.1 电费核算（两部制代理购电客户电费计算） ······················ 308
- 5.2.2 电能计量装置安装及调试 ······································ 314
- 5.2.3 用电业务咨询与办理 ·· 319
- 5.2.4 低压台区营业普查 ·· 330
- 5.2.5 电能计量装置带电检查 ·· 334

第6章 一级/高级技师 ·· 338

6.1 配电技能 ··· 339
- 6.1.1 指挥10kV联络线路倒闸操作 ···································· 339
- 6.1.2 线路门型杆定位分坑 ·· 342
- 6.1.3 配电故障现场抢修 ·· 345

6.1.4 低压总控、仪表、照明、无功补偿、电动机控制回路故障查找及排除 …… 350

  6.1.5 10kV 及以下电缆故障定位 …… 355

 6.2 **营销技能** …… 360

  6.2.1 分布式电源用户营业普查 …… 360

  6.2.2 客户诉求处理 …… 364

  6.2.3 营业普查方案编制 …… 368

第1章 绪言

1.1 职业概况

1.1.1 职业名称

农网配电营业工（职业编码为 4-11-01-00）。

1.1.2 职业定义

从事农网 10kV 及以下高、低压电网的运行、维护、安装，营销业务办理、装表接电、电力客户的抄表、收费和服务的人员。

1.1.3 职业道德

1.1.3.1 职业道德基本知识

（1）严格遵守国家法律、法规，诚实守信、恪守承诺。爱岗敬业，乐于奉献，廉洁自律，秉公办事。

（2）真心实意为客户着想，尽量满足客户的合理用电诉求。对客户的咨询等诉求不推诿、不拒绝、不搪塞，及时、耐心、准确地给予解答。用心为客户服务，主动提供更省心、更省时、更省钱的解决方案。

（3）遵守国家的保密原则，尊重客户的保密要求，不擅自变更客户用电信息，不对外泄露客户个人信息及商业秘密。

（4）熟知本岗位的业务知识和相关技能，岗位操作规范、熟练，具有合格的专业技术水平。

（5）严格执行供电服务相关工作规范和质量标准，保质保量完成本职工作，为客户提供专业、高效的供电服务。

（6）主动了解客户用电服务需求，创新服务方式，丰富服务内涵，为客户提供更便捷、更透明、更温馨的服务，持续改善客户体验。

（7）供电服务人员上岗应按规定着装，并佩戴工号牌。保持仪容仪表美观大方，行为举止应做到自然、文雅、端庄。工作期间应保持精神饱满、注意力集中，不做与工作无关的事情。

（8）为客户提供服务时，应礼貌、谦和、热情。与客户会话时，使用规范化文明用语，提倡使用普通话，态度亲切、诚恳，做到有问必答，尽量少用生僻的电力专业术语，不得使用服务禁语。工作发生差错时，应及时更正并向客户致歉。

（9）当客户的要求与政策、法律、法规及公司制度相悖时，应向客户耐心解释，争取客户理解，做到有理有节。遇有客户提出不合理要求时，应向客户委婉说明。不得与客户发生争吵。

（10）为行动不便的客户提供服务时，应主动给予特别照顾和帮助。对听力不好的客户，应适当提高语音，放慢语速。

1.1.3.2 职业守则

（1）爱岗敬业，忠于职守。

(2)按章操作,确保安全。
(3)认真负责,诚实守信。
(4)遵规守纪,着装规范。
(5)团结协作,相互尊重。
(6)节约成本,降耗增效。
(7)保护环境,文明生产。
(8)不断学习,努力创新。
(9)弘扬工匠精神,追求精益求精。

1.1.4 普通受教育程度

初中毕业(或同等学力)。

1.1.5 职业技能等级

本职业按照国家职业资格的规定,共设五个等级,分别为:五级/初级工、四级/中级工、三级/高级工、二级/技师、一级/高级技师。

1.1.6 职业环境条件

室内、室外作业,常温下。

1.1.7 职业能力特征

本职业应具有一定的计算能力和空间感,有相适应工作岗位和等级需求的文字阅读、理解、编写能力与语言逻辑表达能力,掌握必要的电学基础理论知识和实际技能,能根据工作需要使用计算机、作业终端等必需的工作辅助设备,个人手臂、手指灵活,色觉、嗅觉、听觉正常。

1.2 职业技能培训

1.2.1 培训期限

(1)五级/初级工:不少于180标准学时。
(2)四级/中级工:不少于150标准学时。
(3)三级/高级工:不少于120标准学时。
(4)二级/技师:不少于100标准学时。
(5)一级/高级技师:不少于80标准学时。

1.2.2 培训教师资格

培训教师均应具有农网配电营业工培训教师培训合格证书。此外,初、中、高级工的培训教师应具有本职业技师及以上职业资格证书或相关专业中级及以上专业技术职务任职资格；技师、高级技师的培训教帅应具有本职业高级技师职业资格证书或相关专业高级专业技术职务任职资格。

1.2.3 培训场地设备

理论培训在标准教室或网络教室中进行，场所要求需满足能够容纳 30 人同时培训。

理论培训教室应配置投影仪、培训教师计算机、墙幕、白板、讲台、话筒和音箱等教学设备，且安装教学系统、在线考试系统及必要的相关软件系统，另需配置监控设备。

技能培训在培训场地或培训室进行，场所要求需满足安全操作条件，并需具备 2 个以上工位能够同时进行操作。

技能培训使用的实操设备需按照操作考核项目的需要进行配置，相应实操设备主要包括：高低压配电线路、农网配电台区、环网柜、低压配电综合实训装置、农网配变台区漏电故障处理仿真装置、电力电缆故障巡测装置、低压电缆故障排查模拟实训装置、低压电气故障排查模拟实训装置、无功补偿模拟实训装置、装表接电实训装置、抄核收实训装置、串户排查实训装置、信息采集实训装置、反窃电综合实训装置、消防灭火设备等。同时，需配备心肺复苏模拟人、验电器、放电棒、接地线、绝缘操作杆、绝缘手套、绝缘靴、脚扣、安全带、防坠器、钳压器、紧线器、吊链、滑车、万用表、钳形电流表、绝缘电阻表、相位伏安表、接地电阻测试仪、直流电阻测试仪、电缆故障巡测仪、经纬仪等相应的工器具和仪器仪表。

1.2.4 培训项目

1.2.4.1 培训目的
通过培训达到《国家职业技能标准》（电力部分）对本职业的知识和技能要求。

1.2.4.2 培训方式
以自学和脱产相结合的方式，进行基础知识讲课和技能训练。

1.2.4.3 培训重点

一、安全基础知识

（1）配电安规。

（2）营销安规。

二、电工基础知识

（1）电路基础知识。

（2）电容器基础知识。

（3）电磁和电磁感应基础知识。

（4）单相、三相正弦交流电基础知识。

（5）常用电工工具、仪表基础知识。

（6）电气安全技术基础知识。

三、计算机基础知识

（1）计算机操作系统基础知识。

（2）办公软件基本应用知识。

四、优质服务基础知识
（1）供电服务规范。
（2）优化营商环境相关规定。
（3）客户诉求管理相关规定。

五、专业基础知识

（一）配电运检基础知识
（1）配电变压器结构、工作原理及参数。
（2）断路器结构、工作原理及参数。
（3）剩余电流动作保护器结构、工作原理及参数。
（4）负荷开关结构、工作原理及参数。
（5）隔离开关结构、工作原理及参数。
（6）环网柜结构、工作原理及参数。
（7）熔断器结构、工作原理及参数。
（8）避雷器结构、工作原理及参数。
（9）电力电容器结构、工作原理及参数。
（10）互感器结构、工作原理及参数。

（二）配电线路网络基础知识
（1）配电线路组成（杆塔、绝缘子、金具、导线、电缆、防雷、接地装置等）。
（2）中性点接地方式。
（3）配电线路保护方式。
（4）配电自动化基础知识。
（5）《电气装置安装工程 66kV 及以下架空电力线路施工及验收规范》有关知识。
（6）《架空绝缘配电线路施工及验收规程》有关知识。
（7）《农村低压电力技术规程》有关知识。

（三）电能计量基础知识
（1）电能计量装置基本概念。
（2）电能计量装置工作原理。
（3）电能计量装置配置及接线方式。

（四）用电营业管理基础知识
（1）电价电费文件及相关规定。
（2）抄核收业务相关规定。
（3）业扩报装业务相关规定。
（4）用电变更业务相关规定。

（五）新型业务基础知识
（1）清洁能源相关知识。
（2）分布式电源相关知识。

(3）充换电设施相关知识。

(4）线上服务渠道及应用相关知识。

（六）信息采集业务基础知识

(1）智能电能表信息通信协议相关知识。

(2）数据采集终端相关知识。

(3）采集运维相关知识。

（七）节能降损基础知识

(1）10kV 线路线损管理基础知识。

(2）农网配电台区线损管理基础知识。

(3）电网无功管理基础知识。

（八）法律法规知识

(1）《中华人民共和国电力法》有关知识。

(2）《电力供应与使用条例》有关知识。

(3）《电力设施保护条例》有关知识。

(4）《中华人民共和国民法典》有关知识。

(5）《中华人民共和国网络安全法》有关知识。

(6）《中华人民共和国保守国家秘密法》有关知识。

（九）行政法规知识

(1）《居民用户家用电器损坏处理办法》有关知识。

(2）《供电营业规则》有关知识。

第 2 章

五级 / 初级工

2.1 安全技能

2.1.1 触电急救

一、培训目标

通过理论学习和技能操作训练，使学员能采取科学、有效的急救措施，正确选择伤者脱离电源方式，掌握心肺复苏法，降低人员伤亡率。

二、培训场所及设施

（一）培训场所

配电综合实训场。

（二）培训设施

培训工具及器材如表 2-1 所示。

表 2-1　培训工具及器材（每个工位）

序 号	名 称	规格型号	单位	数量	备 注
1	心肺复苏模拟人	KAP/CPR500 全自动电脑心肺复苏模拟人或 GD/CPR500 高级心肺复苏模拟人	个	1	现场准备
2	模拟电源开关		个	1	现场准备
3	模拟电源导线		m	5	现场准备
4	金属棒		根	1	现场准备
5	干木棒		根	1	现场准备
6	绝缘杆		根	1	现场准备
7	电源插座	220V	个	1	现场准备
8	医用酒精		瓶	1	现场准备
9	脱脂棉球		个	若干	现场准备
10	屏障消毒面膜		片	若干	现场准备
11	秒表		个	1	现场准备
12	安全帽		顶	1	考生自备
13	绝缘鞋		双	1	考生自备
14	急救箱（配备外伤急救用品）		个	1	现场准备

三、培训参考教材与规程

（1）国家电网公司：《国家电网公司电力安全工作规程（配电部分）》，中国电力出版社，2014。

（2）国网山东省电力公司，国网技术学院：《农网配电营业工标准化考评作业指导书》，中国电力出版社，2014。

四、培训对象

农网配电营业工（台区经理）。

五、培训方式及时间

(一) 培训方式

教师现场讲解、示范，学员进行技能操作训练，培训结束后进行理论考核与技能测试。

(二) 培训时间

（1）触电急救专业知识：1学时。

（2）心肺复苏法急救操作讲解、示范：1学时。

（3）分组技能操作训练：4学时。

（4）技能测试：2学时。

合计：8学时。

六、基础知识

（1）人员触电后脱离电源方法。

（2）伤员伤情判断。

（3）清理、畅通伤员气道。

（4）心肺复苏抢救。

七、技能培训步骤

(一) 准备工作

1. 工作现场准备

必备4个工位，可以同时进行作业；每个工位需模拟人一个，必备材料齐全，模拟触电环境。布置现场工位间距不小于3m，各工位之间用安全遮栏隔离，场地清洁，无干扰。

2. 工具器材及使用材料准备

对进场的工器具进行检查，确保能够正常使用，并整齐摆放于工位上。工具器材要求质量合格、安全可靠、数量满足需要。

3. 安全措施及风险点分析

（1）防触电伤害：严格执行操作规范，首先选用合格的绝缘工器具断开伤员触电电源线和电源开关后，方可接触伤员本体，防止触碰电源线等行为。

（2）人员交叉感染：使用模拟人操作前，要对模拟人口腔用医用酒精进行消毒，再垫上一次性屏障消毒面膜，彻底对模拟人进行消毒处理。

(二) 操作步骤

（1）正确选择工具及器材。对模拟人进行口腔消毒。操作人员按规定着装，穿工作服、戴安全帽、穿绝缘鞋、戴线手套。

（2）选用合格的绝缘工器具迅速断开伤员触电电源线和电源开关；断开电源操作动作迅速准确，无碰触电源线等不安全行为。

（3）轻拍伤员肩部，高声呼叫伤员："喂！你怎么了？"检查伤员瞳孔，瞳孔放大、无反应时，立即用拇指掐压人中穴、合谷穴约5s。伤员无反应，初步确定伤员意识丧失，立即大声呼叫，引起周围的人注意，协助抢救；拨打120急救电话，联系医疗急救中心接替救治。摘下安全帽和线手套，便于后续观察伤员伤情和执行抢救操作。

（4）调整伤员体位，伤员仰卧位，头、颈、躯干平卧、无扭曲，双手放于两侧躯干旁，

图 2-1 仰头举颏法

解开伤员上衣，裸露胸部（或仅留内衣）。

（5）采用仰头举颏法通畅伤员气道，即一只手置于伤员前额，另一只手的食指与中指置于下颌骨近下颏处，抬起下颏（后延 90°）。仰头举颏法如图 2-1 所示。

检查口腔有无异物阻塞，若有异物则将伤员头部轻轻侧转，用一个手指或两个手指交叉从口角处插入，取出异物。恢复并始终保持伤员抢救全过程气道通畅。

（6）人工呼吸：10s 内用看、听、试的方法判定伤员有无呼吸。

① 看：看伤员的胸部、腹部有无起伏动作。

② 听：用耳贴近伤员的口鼻处，听有无呼吸声音。

③ 试：用颜面部的感觉测试伤员口鼻有无呼气的气流。

（7）若无上述体征可判定伤员无呼吸，应立即进行两次口对口人工呼吸。

① 在保持气道通畅的位置下进行。用按于前额的手的拇指与食指捏住伤员鼻翼下端、深吸一口气屏住，并用自己的嘴唇包住伤员微张的嘴，用力快而深地向伤员口中吹气。

② 每次吹气持续 1～1.5s，同时仔细观察伤员胸部有无起伏，若无起伏则说明气未吹进。

③ 一次吹气完毕后，应立即与伤员口部脱离，同时使伤员的口张开，并放松捏鼻的手，以使伤员从鼻孔出气。正确的人工呼吸方式如图 2-2 所示。

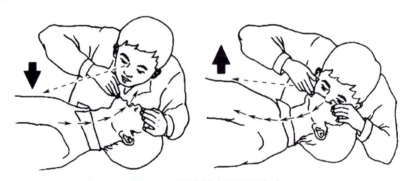

图 2-2 正确的人工呼吸方式

（8）胸外心脏按压：用食指或中指指尖线触及伤员气管正中部位，然后向两侧滑移 2～3cm，在气管旁软组织处轻触颈动脉搏动。若无颈动脉搏动，则立即手握空心拳，快速垂直击打胸前区胸骨中下段两次，力量中等；再次测试颈动脉有无搏动，若无搏动则立即采用胸外心脏按压。

胸外心脏按压的具体方法：食指及中指沿伤员肋弓下缘向中间滑移；在两侧肋弓交点处寻找胸骨下切迹；食指及中指并拢横放在胸骨下切迹上方；以另一只手的掌根紧贴食指上方置于胸骨正中部；将定位之手取下，重叠将掌根放于另一只手的手背上，两只手的手指交叉抬起，使手指脱离胸壁；两臂绷直，双肩在伤员胸骨上方正中，靠自身重量垂直向下按压；按压用力平稳、有节律，不得间断，不能用冲击式的按压；下压及向上放松时间相等，下压至按压深度（成人伤员为 3.8～5cm），停顿后全部放松；垂直用力向下；放松时手掌根部不得离开胸壁;按压频率为每分钟 100 次左右。胸外心脏按压的具体方法如图 2-3 所示。

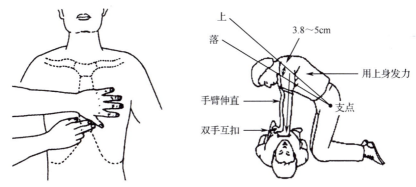

图 2-3 胸外心脏按压的具体方法

(9) 心肺复苏法:进行胸外心脏按压 30 次,再人工呼吸 2 次,以后连续反复进行。以操作胸外心脏按压 150 次、人工呼吸 12 次为一个抢救循环。

(10) 抢救过程中的再判定:按压吹气一个抢救循环后,应用看、听、试的方法在 5~10s 内检查伤员瞳孔、呼吸及脉搏是否恢复。若伤员瞳孔缩小、有呼吸、有脉搏,则抢救成功。口述伤员瞳孔、呼吸、脉搏检查情况。若伤员瞳孔放大固定、无反应,呼吸、脉搏均未恢复,则抢救不成功,继续坚持用心肺复苏法进行抢救。每 240s 为一个抢救时段,在 150~190s 内完成。

(三) 工作结束

(1) 工器具、模拟人、设备归位。
(2) 清理现场,工作结束,离场。

八、技能等级认证标准(评分)

触电急救考核评分记录表如表 2-2 所示。

表 2-2 触电急救考核评分记录表

姓名:　　　　　　　　　　准考证号:　　　　　　　　　　单位:

序号	项目	考核要点	配分	评分标准	得分	扣分	备注
1				工 作 准 备			
1.1	着装穿戴	穿工作服、绝缘鞋,戴安全帽、线手套	5	1. 未穿工作服、绝缘鞋,未戴安全帽、线手套,每缺少一项扣 2 分; 2. 着装穿戴不规范,每处扣 1 分			
1.2	检查清理工器具	检查工器具齐全,符合使用要求;对模拟人进行消毒、隔离	5	1. 工器具未检查、检查项目不全,每件扣 1 分; 2. 未对模拟人进行口腔消毒、隔离,消毒方法不正确,扣 2 分			
2				工 作 过 程			
2.1	迅速脱离电源(10s)	断开电源,采取正确方式带伤员迅速脱离电源	5	1. 断开电源时间超过时限 5s 扣 2 分; 2. 脱离电源时间超过时限 10s 该项目不得分; 3. 任何使救护者或伤员处于不安全状况的错误行为,该项目不得分			

续表

序号	项目	考核要点	配分	评分标准	得分	扣分	备注
2.2	判断伤员意识（10s）	正确意识判断	5	1. 判断意识：轻拍伤员肩部，高声呼叫伤员："喂！你怎么啦？"；检查伤员瞳孔，瞳孔放大、无反应时，立即用拇指掐压人中穴、合谷穴约5s。缺少每项扣2分； 2. 操作时间超过10s扣2分			
2.3	呼救并放好伤员（10s）	呼救，并将伤员放好	5	1. 大叫"来人哪！救命哪！"，并打120电话通知医院，未呼救、声音小、未模拟电话通知医院的动作每项扣2分； 2. 迅速将伤员放于仰卧位，并放在地上或硬板上，伤员头、颈、躯干平卧、无扭曲，双手放于两侧躯干旁，体位放置不正确扣3分； 3. 解开伤员上衣，暴露胸部（或仅留内衣），冬季要注意保暖，未做扣2分			
2.4	通畅气道并判断伤员呼吸（15s）	采用仰头举颏法通畅伤员气道，检查伤员口腔、鼻腔有无异物，通过看、听、试判断伤员呼吸	5	1. 用一只手置于伤员前额，另一只手的食指与中指置于下颌骨近下颏处，抬起下颏（后延90°），未做通畅气道操作、操作不当每项扣1分； 2. 清除口腔异物，将伤员头部侧转，用一个手指或两个手指交叉从口角处插入，取出异物，未做清除口腔异物操作扣1分； 3. 看—看伤员的胸部、腹部有无起伏动作，听—用耳贴近伤员的口鼻处，听有无呼气声音，试—用颜面部的感觉测试伤员口鼻有无呼吸的气流，未正确执行看、听、试每项扣1分； 4. 观察过程中要求始终保持气道开放位置，未开放扣2分； 5. 操作时间超过10s扣2分			
2.5	人工呼吸（10s）	确定伤员无呼吸后，应立即进行两次口对口（鼻）人工呼吸	5	1. 未保持气道通畅扣5分； 2. 抢救一开始首次吹气两次，每次时间1～1.5s，吹气时不要按压胸部，吹气量不要过大，约600mL，未按要求规范操作每次扣2分； 3. 人工呼吸错误每次扣2分； 4. 吹气时间超过5s扣2分			
2.6	判断伤员心跳（10s）	正确判断伤员心跳，检查时间在5～10s内	5	1. 一只手置于伤员前额，使头部保持后仰，另一只手的食指及中指指尖在靠近救护者一侧轻轻触摸喉结旁2～3cm凹陷处的颈动脉有无搏动，操作不规范、检查位置不正确每次扣2分； 2. 操作时间10s，不符合要求扣1分； 3. 对心跳停止者，在按压前先手握空心拳，快速垂直击打胸前区胸骨中下段1～2次，每次1～2s，力量中等，未击打伤员胸前区扣2分			

续表

序号	项目	考核要点	配分	评分标准	得分	扣分	备注
2.7	胸外心脏按压（90s）	正确进行胸外心脏按压，按压位置、按压姿势、按压用力方式、按压频率符合要求	25（15）	1. 按压位置：食指及中指沿伤员肋弓下缘向中间滑移；在两侧肋弓交点处寻找胸骨下切迹；食指及中指并拢横放在胸骨下切迹上方；以另一只手的掌根紧贴食指上方置于胸骨正中部；将定位之手取下，重叠将掌根放于另一只手的手背上，两只手的手指交叉抬起，使手指脱离胸壁。缺少每项扣2分，未按规范操作每次扣1分； 2. 按压姿势：两臂绷直，双肩在伤员胸骨上方正中，靠自身重量垂直向下按压。未按规范操作扣5分； 3. 按压用力方式：平稳，有节律，不得间断，不能用冲击式的按压；下压及向上放松时间相等，下压至按压深度（成人伤员为3.8～5cm），停顿后全部放松；垂直用力向下；放松时手掌根部不得离开胸壁。缺少每项扣2分，操作不规范、按压错误每次扣1分； 4. 按压频率：按压频率超过设定值的±5%，扣5分			
2.8	口对口人工呼吸（25s）	保持气道通畅，正确进行口对口人工呼吸	25（15）	1. 未保持气道通畅扣5分； 2. 用按于前额的手的拇指与食指捏住伤员鼻翼下端、深吸一口气屏住，并用自己的嘴唇包住伤员微张的嘴，用力快而深地向伤员口中吹气，同时仔细观察伤员胸部有无起伏。未按要求规范操作、错误每次扣2分； 3. 一次吹气完毕后，脱离伤员口部，吸入新鲜空气，同时使伤员的口张开，并放松捏鼻的手。漏气、操作不规范每次扣1分； 4. 每个吹气循环需连续吹气两次，每次1～1.5s，5s内完成。每个吹气循环超时扣2分			
3				工作终结验收			
3.1	抢救结束再判定（10s）	用看、听、试方法对伤员呼吸和心跳是否恢复进行再判定，并汇报；根据情况进行第二次抢救	3	1. 在5～10s时间内完成对伤员呼吸和心跳是否恢复的再判定，未做再判定、超时每项扣3分； 2. 未口诉伤者瞳孔、脉搏和呼吸情况扣2分			
3.2	安全文明生产	汇报结束前，所选工器具放回原位，摆放整齐；无损坏设备、工具；恢复现场；无不安全行为	7	1. 出现不安全行为每次扣5分； 2. 作业完毕，现场未清理恢复扣5分，恢复不彻底扣2分； 3. 损坏工器具每件扣3分			
4				完成情况			
4.1	伤员救治情况	1. 第一次救治成功，2.7项和2.8项合计得分为50分； 2. 第一次救治不成功，第二次救治成功，2.7项和2.8项合计得分为30分； 3. 第二次救治不成功，2.7项和2.8项不得分					

续表

序号	项目	考核要点	配分	评分标准	得分	扣分	备注
4.2	救治完成时间	每240s为一个抢救时段,在150～190s内完成不扣分,每提前或延后10s扣1分					
		合 计 得 分					

否定项说明：1.违反《国家电网公司电力安全工作规程（配电部分）》相关规定；2.违反职业技能鉴定考场纪律；3.造成设备重大损坏；4.发生人身伤害事故

考评员：　　　　　　　　　　　　　　　年　　月　　日

2.1.2 安全工器具使用

一、培训目标

安全工器具的正确使用可有效减少事故的发生。本项目通过理论学习和实践操作相结合的方式进行。通过学习《国家电网公司电力安全工作规程》《国家电网公司安全工器具管理规定》等理论知识,进一步加强对安全工器具的日常检查及正确使用的重要性的认识；实践操作使学员掌握各种安全工器具的使用方法及安全技术要求,为今后的安全生产提供更加可靠的安全保障。

二、培训场所及设施

（一）培训场所

安全实训室。

（二）培训设施

每个工位的安全工器具如表2-3所示。

表2-3　安全工器具（每个工位）

序号	名　称	规格型号	单　位	数　量	备　注
1	安全帽	黄色	顶	6	3顶合格3顶不合格
2	绝缘靴	10kV	双	4	2双合格2双不合格
3	绝缘鞋	5kV	双	4	2双合格2双不合格
4	绝缘手套	10kV	副	4	2副合格2副不合格
5	绝缘杆	10kV	组	6	3组合格3组不合格
6	验电器	10kV	只	6	3只合格3只不合格
7	验电器	500V	只	6	3只合格3只不合格
8	接地线	10kV	组	4	2组合格2组不合格
9	接地线	0.4kV	组	4	2组合格2组不合格
10	脚扣		副	6	3副合格3副不合格
11	安全带	全方位	副	6	3副合格3副不合格

三、培训参考教材与规程

（1）国家电网公司：《国家电网公司电力安全工作规程（线路部分）、（配电部分）》,中国电力出版社,2009。

（2）国家能源局：《农村电网低压电气安全工作规程》,中国电力出版社,2010。

(3)国家电网公司:《国家电网公司安全工器具管理规定》,中国电力出版社,2005。

(4)国家电力公司:《电力安全工器具预防性试验规程(试行)》(国电发〔2002〕777号),2002。

四、培训对象

农网配电营业工(台区经理)。

五、培训方式及时间

(一)培训方式

教师现场讲解、示范,学员进行技能操作训练,培训结束后进行技能考核。

(二)培训时间

(1)电力安全工作规程相关部分:1学时。

(2)安全工器具管理规定部分:1学时。

(3)电力安全工器具预防性试验规程部分:1学时。

(4)授课教师操作演练:1学时。

(5)分组技能操作训练:2学时。

(6)技能考核:1学时。

合计:7学时。

六、基础知识

(1)国家电网公司电力安全工作规程中安全工器具的使用条件。

(2)安全工器具的试验项目、周期和要求。

(3)登高工器具的试验标准。

(4)安全工器具的检查及使用。

七、技能培训步骤

(一)准备工作

(1)布置工器具柜四面,分4个工位,每面工器具柜内放置表2-3中所列工器具。

(2)现场设置模拟验电区和登高试验区,进行现场模拟验电、登高装设接地。

(3)根据人员数量放置相应数量的记录单、线手套。

(二)操作步骤

(1)安全帽:检查安全帽是否处于试验合格期内,应仔细检查有无龟裂、下凹、裂痕和磨损等情况,检查帽壳、帽衬、帽箍、顶衬、下颌带等附件是否完好无损。

(2)绝缘靴、绝缘鞋:符合相应电压等级,外观完好无缺陷,检查绝缘靴、鞋在试验合格期内(半年),检查表面无损伤、磨损或破漏、划痕等;在使用过程中不得接触酸、碱、油类和化学药品,且应放在干燥绝缘垫上。

(3)绝缘手套:符合相应电压等级,外观完好无缺陷,在试验合格期内(半年);检查表面无损伤、磨损或破漏、划痕等;进行自检,将手套向手指方向卷曲,当卷到一定程度时,内部空气因体积减小、压力增大,手指鼓起而不漏气的,即为良好。

(4)绝缘杆:符合相应电压等级,外观完好无缺陷;不得直接与墙或地面接触,应放在干燥绝缘垫上,使用中注意防止碰撞,以免损坏表面的绝缘层;在试验合格期内(1年),检查绝缘部分有无裂纹、老化、绝缘层脱落、严重伤痕,检查固定连接部分有无损伤、松动、锈蚀、断裂等现象。

(5)验电器:符合相应电压等级,外观完好无缺陷,在试验合格期内(1年);检查绝缘部分有无裂纹、老化、绝缘层脱落、严重伤痕;进行验电器自检,检查验电器的指示器叶片是否旋转,声、光信号是否正常;使用高压工频信号发生器试验,验证验电器功能正常;验电器应放在干燥绝缘垫上,在收缩绝缘棒装匣或放入包装袋之前,应将表面尘埃拭净,再存放在柜内,保持干燥,避免积灰和受潮。

(6)接地线:电压等级要合适,接地线铜线截面应大于 $25mm^2$,检查是否在试验合格期内(不超过5年);透明护套层是否完好,绞线有无松股、断股现象,护套层是否严重破损,夹具是否损坏断裂;接地线连接螺钉应保证接地线与导体和接地装置都能接触良好,有足够的机械强度,操作过程中应注意防止碰撞,以免损坏表面的绝缘层;接地体可埋长度大于60cm;操作完毕应及时回收,铜线整理有序,不应出现绞扭现象。

(7)脚扣:在试验合格期内(1年);金属焊接无裂痕和可目测变形,橡胶防滑块完好无破损;皮带完好无霉变和变形;固定螺钉、安全销(R销)齐全、完好。

(8)安全带、后备绳:在试验合格期内(1年);组建完整,无短缺,无伤残及破损;编带无脆裂、断股或扭结;挂钩钩舌咬口平整不错位,保险装置完整可靠,操作灵活。

(三)工作结束

(1)将现场所有工器具、仪表放回原位,摆放整齐。
(2)清理工作现场,做到工完场清。

八、技能等级认证标准(评分)

安全工器具选取及检查项目技能操作考核评分记录表如表2-4所示。

表2-4 安全工器具选取及检查项目技能操作考核评分记录表

姓名: 准考证号: 单位:

序号	项目	考核要点	配分	评分标准	得分	扣分	备注
1				工作准备			
1.1	着装穿戴	穿工作服、绝缘鞋、戴安全帽、线手套	5	1. 未穿工作服、绝缘鞋,未戴安全帽、线手套,每缺少一项扣2分; 2. 着装穿戴不规范,每处扣1分			
1.2	核对设备材料	根据材料准备单核对设备	5	1. 未核对扣2分; 2. 核对时漏核每件扣1分			
2				工作过程			
2.1	佩戴安全工器具选择检查	选择安全帽、绝缘手套、绝缘靴,进行正确检查,并报告检验周期及检查结果	30	1. 漏选一项扣5分; 2. 安全帽外观检查:帽壳、帽衬、帽箍、顶衬、下颌带等附件是否完好无损;有无试验合格证并在试验周期内。漏检、错检每项扣3分; 3. 绝缘手套外观检查:有无割裂伤;表面及指缝有无风化脱胶、裂纹;有无试验合格证并在试验周期内;分别做充气试验并无漏气。漏检、错检每项扣3分; 4. 绝缘靴外观检查:有无割裂伤;有无风化脱胶、裂纹;有无试验合格证并在试验周期内。漏检、错检每项扣3分; 5. 未报告检查结果扣5分			

续表

序号	项目	考核要点	配分	评分标准	得分	扣分	备注
2.2	操作安全工器具选择检查	选择同电压等级的绝缘杆、验电器、接地线，进行正确检查，并报告检验周期及检查结果	30	1. 漏选、错选每项扣5分； 2. 绝缘杆外观检查：绝缘部分有无裂纹、老化、绝缘层脱落、严重伤痕，固定连接部分有无松动、锈蚀、断裂等现象；每节是否有试验合格证并在试验周期内。漏检、错检每项扣3分； 3. 验电器外观检查：绝缘部分有无裂纹、老化、绝缘层脱落、严重伤痕，固定连接部分有无损伤、松动、锈蚀、断裂等现象；护环完好；自检试验正常；是否有试验合格证并在试验周期内。漏检、错检每项扣3分； 4. 接地线外观检查：绝缘部分有无裂纹、老化、绝缘层脱落、严重伤痕，固定连接部分有无松动、锈蚀、断裂等现象；每节是否有试验合格证并在试验周期内；绞线有无松股、断股现象，护套层是否严重破损，夹具是否断裂。漏检、错检每项扣3分； 5. 未报告检查结果扣5分			
2.3	登高工具选择检查	选择脚扣、安全带，进行正确检查，并报告检验周期及检查结果	25	1. 漏选每项扣5分； 2. 脚扣外观检查：金属部分有无裂纹；连接部位开口销是否完好；胶垫是否破损、脱落；鞋带是否断裂；是否有试验合格证并在试验周期内。漏检、错检每项扣3分； 3. 安全带外观检查：表面是否断裂；固定连接部分是否松动、锈蚀、断裂；卡环（钩）有无裂纹；是否有试验合格证并在试验周期内。漏检、错检每项扣3分； 4. 未报告检查结果扣5分			
3				工作终结验收			
3.1	安全文明生产	汇报结束前，所选工器具放回原位，摆放整齐；无损坏元件、工具；恢复现场；无不安全行为	5	1. 出现不安全行为每次扣5分； 2. 作业完毕，现场未清理恢复扣5分，恢复不彻底扣2分； 3. 损坏工器具每件扣3分			
合 计 得 分							

否定项说明：1. 严重违反《国家电网公司电力安全工作规程（线路部分）、（配电部分）》相关规定；2. 违反职业技能鉴定考场纪律；3. 造成设备重大损坏；4. 发生人身伤害事故

考评员：　　　　　　　　　　　　　　　　年　　月　　日

2.2 配电技能

2.2.1 常用仪器仪表使用

一、培训目标

通过专业理论学习和技能操作训练,使学员了解钳形电流表、万用表、绝缘电阻测试仪、接地电阻测试仪,以及单、双臂电桥的用途、基本原理和结构、使用方法、注意事项等内容。通过概念描述、结构介绍、图解示意、要点归纳和实际测量,掌握四种常用仪器仪表的使用方法。

二、培训场所及设施

(一)培训场所

配电综合实训场。

(二)培训设施

培训工具及器材如表 2-5 所示。

表 2-5 培训工具及器材(每个工位)

序 号	名 称	规格型号	单 位	数 量	备 注
1	钳形电流表		只	3	
2	万用表		只	3	
3	手套		副	1	
4	绝缘电阻测试仪		只	3	
5	接地电阻测试仪		只	3	
6	低压配电柜	GGD	面	1	
7	变压器	10kV	台	1	
8	直流单臂电桥	QJ23	台	1	
9	直流双臂电桥	QJ103	台	1	
10	直流电桥引线	多股、单股	根	若干	
11	放电棒	10kV	根	1	
12	固定用绝缘扎绳	$\phi 3 \sim 6$	m	若干	
13	电阻		只	若干	
14	二极管		只	若干	
15	干电池		只	若干	
16	秒表	通用型	只	1	
17	验电器	10kV	只	1	
18	绝缘手套	10kV	副	1	
19	绝缘垫	10kV	块	若干	
20	棉布	长绒、清洁	块	若干	

三、培训参考教材与规程

（1）国家电网公司：《国家电网公司电力安全工作规程（配电部分）》，中国电力出版社，2014。

（2）电力行业职业技能鉴定指导中心：6-07-05-06 职业技能鉴定指导书《农网配电营业工》（电力工程农电专业），中国电力出版社，2007。

（3）国家电网公司人力资源部：国家电网公司生产技能人员职业能力培训专用教材《农网配电》，中国电力出版社，2010。

（4）《高压电气设备试验方法》，中国电力出版社，2001。

（5）《山东电力集团公司电力设备交接和预防性试验规程》，2007。

四、培训对象

农网配电营业工（台区经理）。

五、培训方式及时间

(一) 培训方式

现场讲解与实际操作相结合。

(二) 培训时间

（1）钳形电流表（万用表）专业知识：0.5 学时。

（2）绝缘电阻测试仪专业知识：0.5 学时。

（3）接地电阻测试仪专业知识：0.5 学时。

（4）单、双臂电桥专业知识：0.5 学时。

（5）绝缘电阻测试仪测量方法：0.5 学时。

（6）接地电阻测试仪测量方法：0.5 学时。

（7）单、双臂电桥测量方法：0.5 学时。

（8）现场练习：3.0 学时。

（9）分组技能操作训练：3.0 学时。

（10）技能测试：0.5 学时。

合计：10 学时。

六、基础知识

（1）万用表专业知识。

（2）钳形电流表专业知识。

（3）绝缘电阻测试仪专业知识。

（4）接地电阻测试仪专业知识。

（5）单、双臂电桥专业知识。

七、技能培训步骤

(一) 准备工作

1. 工作现场准备

布置现场工作间距不小于 2m，各工位之间用栅状遮栏隔离，场地清洁；工位间安全距离符合要求，无干扰；各工位可以同时进行作业，每工位能实现现场测量作业。

2. 工具器材准备

对进场的工器具进行检查，确保能够正常使用，并整齐摆放于工具架上。

3. 安全措施及风险点分析

（1）使用有绝缘柄的工具，工作时应站在干燥的绝缘垫、绝缘站台或其他绝缘物上。

（2）在带电的低压设备上工作时，作业人员应穿长袖工作服，戴线手套和安全帽。

（3）在带电的低压盘上工作时，应采取防止相间短路和单相接地短路的绝缘隔离措施。在作业前，将相与相间或相与地（盘构架）间用绝缘板隔离，以免作业过程中引起短路事故。

（4）低压带电作业时，必须有专人监护。监护人应始终在工作现场，并对作业人员进行认真监护，随时纠正不正确的动作。

（5）单、双臂电桥测量回路电阻试验不涉及高电压，但试验电流较大，试验过程中不能触碰被试配电变压器或取下试验线夹。

（6）试验前应清理工作现场，并告知其他人员，设置专责监护人。

（二）操作步骤

1. 万用表

（1）测量前，对万用表进行自检。自检方法：打开电源，选取万用表蜂鸣挡，用两表针相互碰触，发出"嘀、嘀"蜂鸣声。

（2）测量时，应先估计被测电流或电压大小，选择合适量程。若无法估计，可先选较大量程，然后逐挡减小，转换到合适的挡位。测量完毕，应将量程开关拨到最高电压挡，并关闭电源。

（3）在测量过程中，不能在测量的同时换挡，尤其是在测量电压或电流时应注意。否则，会使万用表毁坏。若需换挡，应先断开表笔，换挡后再去测量。

2. 钳形电流表

（1）用钳形电流表测量电流前，应先检查钳形铁芯的橡胶绝缘是否完好无损。钳口应清洁、无锈，闭合后无明显的缝隙。

（2）用钳形电流表测量时，被测导线应尽量放在钳口中部，钳口的结合面若有杂声，应重新开合一次，若仍有杂声，应处理结合面，以使读数准确。另外，不可同时钳住两根导线。

（3）测量交流电压时，将黑表笔插入 COM 插孔，红表笔插入 V/Ω 插孔，将功能开关置于交流电压挡 V∽量程范围，并将测试笔连接到待测电源或负载上。测量交流电压时，没有极性显示。

3. 绝缘电阻测试仪

（1）选择：额定电压一定要与被测电气设备或线路的工作电压相适应；测量范围要与被测绝缘电阻的范围相符合，以免引起大的读数误差。

（2）检查。

① 开路试验：在接通被测电阻之前，摇动手柄，使发电机达到 120r/min 额定转速，观察指针是否在标度尺"∞"的位置。

② 短路试验：将端钮 L 和 E 短接，缓慢摇动手柄，观察指针是否在标度尺"0"的位置。

(3）被测设备检查：观测被测设备和线路是否在停电状态下进行测量，并且绝缘电阻测试仪与被测设备间的连接导线不能用双股绝缘线或绞线，应用单股线分开单独连接。

（4）测量方法：摇动手柄，应由慢到快至120r/min，绝缘电阻测试仪在停止转动前，切勿用手触及设备的测量部分或接线柱。对电动机、变压器、容性设备测量完成，应先取下被测设备引线端，再停止摇动绝缘电阻测试仪，以防止烧坏绝缘电阻测试仪。测量完毕应对被测设备充分放电。

4. 接地电阻测试仪

（1）将接地体与其他带电设备断开。

（2）确定探针位置，使三个接地极彼此直线距离为20m，将E端子与接地极相连，P端子与电位测量线相连，C端子与电流测量线相连，P探针插于E接地极与C探针之间。

（3）将接地电阻测试仪水平放置，并将指针调整到中心线"0"位上。

（4）测量前，根据被测接地电阻的数值适当选择"倍率盘"和"读数盘"的刻度。如果事先不知道接地电阻的数值，则应将倍率开关放到最大位置，在测量过程中，再调节倍率盘至合适刻度。

（5）当测量电阻小于1时，应使用四端扭仪表，以防止连接导线电阻产生附加误差。

（6）测量不宜在雨季或干旱季节进行，如果必须在雨季进行，应乘以2.55的系数。

5. 单、双臂电桥

（1）选择工具及器材并进行外观检查。

（2）检查被测设备是否处于停电状态，将设备充分放电后，方可进行测量。

（3）测量高压侧时，直流电桥的测试引线应选用绝缘良好的多股软铜线；连接导线应尽量短而粗，导线接头应接触良好；单臂电桥"RX"两接线柱引线应独立并分开。测量低压侧时，将被测变压器按四端连接法接在双臂电桥相应的C1、P1、P2、C2接线柱上；电压线和电流线分开，各接线端要坚固，非被试绕组要开路。

（4）根据被测电阻RX的大致数值（可用万用表粗测），选择适当的比率臂；打开检流计锁扣，检查检流计是否调整在零位上；比率臂的选择一定要保证比较臂的四个挡都能用上，以确保测量结果有4位有效数字；由于绕组电感较大，需等几分钟充电，待电流稳定后才能接通检流计进行测量；观察检流计指针的偏转情况，指针向"+"方向偏转，需增大比较臂阻值，反之则减小比较臂阻值，如此反复进行，直到指针指零，电桥平衡；直流双臂电桥的工作电流较大，测量时要迅速。

（5）测量完毕，先断开检流计按钮，再断开电源按钮，然后拆除被测设备，将检流计锁扣锁上，以防在搬动过程中损坏检流计。被测设备充分放电后方可拆除接线。

（6）电桥平衡后，根据比率臂和比较臂的示值，按下式计算被测电阻大小：被测电阻值 = 比率臂示值 × 比较臂示值。对三相直流电阻进行计算。扣除原始差异，相间互差不大于三相平均值的4%，线间互差不大于三相平均值的2%；与同相初值比较，变化不大于2%。配电变压器直流电阻测试记录如表2-6所示。

表 2-6　配电变压器直流电阻测试记录

设备铭牌					
	型　号			额定电压	
	相　数			接线组别	
	阻抗电压			出厂编号	
	生产厂家			出厂日期	
测量记录					
高压侧	分接头		I	II	III
	A0				
	B0				
	C0				
	互差 %				
低压星接	对应相间		a0	b0	c0
	测量值				
	互差 %				
低压角接	对应线间		ab	bc	ca
	测量值				
互差 %					
测试结论					

（三）工作结束

（1）将现场所有工器具、仪表放回原位，摆放整齐。

（2）清理工作现场，做到工完场清。

八、技能等级认证标准（评分）

常用仪器仪表使用操作考核评分记录表如表 2-7 所示。

表 2-7　常用仪器仪表使用操作考核评分记录表

姓名：　　　　　　　　　　准考证号：　　　　　　　　　单位：

序号	项目	考核要点	配分	评分标准	得分	扣分	备注
1			工 作 准 备				
1.1	着装穿戴	穿工作服、绝缘鞋；戴安全帽、线手套	5	1. 未穿工作服、绝缘鞋，未戴安全帽、线手套，缺少每项扣 2 分；2. 着装穿戴不规范，每处扣 1 分			
1.2	仪器仪表选择	选择材料和工器具齐全，符合使用要求	5	1. 未对仪器仪表进行外观检查扣 2 分；2. 仪器仪表未检查试验、试验项目不全、方法不规范每件扣 1 分			
2			工 作 过 程				
2.1	设备检查	1. 对设备外壳进行验电；2. 检查配电盘接线是否正确；3. 对设备验电、放电、接地后，方可进行测量	5	1. 工作地点未验电扣 5 分，验电方法不正确扣 3 分；2. 检查不全每处扣 1 分，未检查扣 5 分；3. 验电、放电、接地方法不正确扣 5 分			

续表

序号	项目	考核要点	配分	评分标准	得分	扣分	备注
2.2	测试前准备	1. 正确使用测试仪表； 2. 选择挡位正确； 3. 接线符合要求	5	1. 仪表使用前不进行自检测扣1分； 2. 仪表使用完毕未正确关闭扣2分； 3. 仪表使用前接线错误扣2分			
2.3	测量与记录	1. 正确操作仪表； 2. 逐相进行测试； 3. 正确读取数值； 4. 进行数据记录	60	1. 工具、器件掉落每次扣2分； 2. 选择量程不正确每次扣5分； 3. 操作顺序不正确扣10分； 4. 测量时带电转换量程、量程规格不正确每次扣10分，造成表、计烧坏的本项不得分； 5. 少测一项或数据读数不稳每项扣3分； 6. 测量值记录错误每处扣2分； 7. 涂改每处扣1分			
2.4	现场恢复	1. 正确拆除接线； 2. 设备正确恢复、拆除	15	1. 测量完毕后未正确关闭、恢复仪表扣5分； 2. 未按照正确操作顺序拆除接线扣10分			
3			工作终结验收				
3.1	安全文明生产	汇报结束前，所选工器具放回原位，摆放整齐，现场恢复原状	5	1. 出现不安全行为扣5分； 2. 现场未恢复扣5分，恢复不彻底扣2分			
			合计得分				

否定项说明：1. 违反《国家电网公司电力安全工作规程》相关规定；2. 违反职业技能鉴定考场纪律；3. 造成设备重大损坏；4. 发生人身伤害事故

考评员：　　　　　　　　　　　　　　　　　　　　年　　月　　日

2.2.2 跌落式熔断器停送电操作

一、培训目标

通过专业理论学习和技能操作训练，使学员了解10kV跌落式熔断器停送电操作，熟练掌握更换10kV跌落式熔断器作业的操作流程及安全注意事项。

二、培训场所及设施

(一) 培训场所

配电综合实训场。

(二) 培训设施

培训工具及器材如表2-8所示。

表 2-8 培训工具及器材（每个工位）

序号	名称	规格型号	单位	数量	备注
1	操作票		张	1	现场准备
2	绝缘操作杆		套	1	现场准备
3	中性笔		支	2	考生自备
4	安全帽		顶	1	考生自备
5	绝缘鞋		双	1	考生自备
6	工作服		套	1	考生自备
7	绝缘手套		副	1	考生自备
8	急救箱（配备外伤急救用品）		个	1	现场准备

三、培训参考教材与规程

（1）国家电网公司：《国家电网公司电力安全工作规程（配电部分）》，中国电力出版社，2014。

（2）电力行业职业技能鉴定指导中心：11-047 职业技能鉴定指导书《配电线路（第二版）》，中国电力出版社，2008。

（3）电力行业职业技能鉴定指导中心：6-07-05-06 职业技能鉴定指导书《农网配电营业工》（电力工程农电专业），中国电力出版社，2007。

（4）国家电网公司人力资源部：国家电网公司生产技能人员职业能力培训专用教材《农网配电》，中国电力出版社，2010。

（5）国家电网公司人力资源部：国家电网公司生产技能人员职业能力培训专用教材《配电线路检修》，中国电力出版社，2010。

四、培训对象

农网配电营业工（台区经理）。

五、培训方式及时间

（一）培训方式

教师现场讲解、示范，学员进行技能操作训练，培训结束后进行理论考核与技能测试。

（二）培训时间

（1）安全工器具检查及使用专业知识：2 学时。

（2）操作讲解、示范：1 学时。

（3）分组技能操作训练：3 学时。

（4）技能测试：2 学时。

合计：8 学时。

六、基础知识

（一）高压设备

10kV 跌落式熔断器。

（二）操作步骤

（1）安全工器具的检查及使用。

（2）操作的注意事项。

（三）10kV 跌落式熔断器停送电操作流程

作业前的准备→个人着装检查→填写操作票→安全工器具检查→办理工作许可→操作→清理现场、工作结束。

七、技能培训步骤

（一）作业前的准备

1. 工作现场准备

必备 4 个工位，布置现场工作间距不小于 3m，各工位之间用栅状遮栏隔离，场地清洁；每个工位在电杆（墙）上已安装 10kV 跌落式熔断器，引线已连接；各工位已做好停电、验电、装设接地线的安全措施。

2. 工具器材及使用材料准备

对进场的工器具及材料进行检查，确保能够正常使用，并整齐摆放于工具架上。

3. 安全措施及风险点分析

防触电伤害：正确使用安全工器具绝缘手套、绝缘靴、操作杆，操作时注意操作顺序及注意事项。

（二）个人着装检查

检查着装及安全帽。

（三）安全工器具检查

10kV 绝缘手套、10kV 绝缘靴、10kV 绝缘操作棒、标示牌，对外观及检漏进行检查，对试验标签进行检查核对，并正确汇报检查结果。

（四）办理工作许可

正确填写操作票，向调度汇报办理许可。

（五）操作

先操作低压刀闸，再操作跌落式熔断器。

（六）清理现场、工作结束

操作完毕后，将工器具、材料整齐摆放在指定位置；清理现场，工作结束，离场，向考评员汇报工作结束。

八、技能等级认证标准（评分）

跌落式熔断器停送电操作项目考核评分记录表如表 2-9 所示。

表 2-9 跌落式熔断器停送电操作项目考核评分记录表

姓名： 准考证号： 单位：

序号	项目	考核要点	配分	评分标准	得分	扣分	备注
1	着装及防护	劳保服、安全帽、劳保鞋	2	1. 现场工作服穿着整洁，扣好衣扣、袖扣，无错扣、漏扣、掉扣，无破损。 2. 穿着劳保鞋，鞋带绑扎实整齐，无安全隐患。 3. 正确佩戴安全帽，耳朵在帽带三角区，合格无破损			

续表

序号	项目	考核要点	配分	评 分 标 准	得分	扣分	备注
2	申请考试	工作许可	1	报告考评员准备工作完成,得到许可后方可开展工作			
3	安全工器具检查	工器具选用及检查	2	10kV绝缘手套、10kV绝缘靴、10kV绝缘操作棒、标示牌,对外观及检漏进行检查,对试验标签进行检查核对,并正确汇报检查结果			
		材料选用及检查	2	操作票、中性笔(红、黑)、操作任务单,对外观进行检查,并正确汇报检查结果			
4	与调度办理工作许可手续	工作许可	2	已与调度员联系,调度员已经下达操作任务,已复诵操作任务,得到调度员的确认			
	接受调度令办理操作票	操作票	2	按典型操作票,根据操作任务填写操作票,操作步骤填写完毕后,应在下一行填写"以下空白"字样			
			4	操作票填写应规范、整洁,不应错漏及涂改			
			4	操作票填写应规范、整洁,不应错项、漏项			
			2	操作票填写应规范、整洁,时间应按24h制两位数填写			
			4	操作票填写应规范、整洁,每操作完一项任务在相应栏用红笔打钩(√)			
			3	操作票填写应规范、整洁,全部操作结束后,操作人和监护人应立即相互签字确认			
5	操作步骤	核对设备名称及编号	2	核对现场变压器双重命名及状态,并正确汇报核对结果,要清晰洪亮地读出来			
		操作低压刀闸	5	监护人唱票操作任务后,操作人应复诵操作任务,复诵时应说普通话,声音洪亮,咬字清楚,不卡顿,同时用手指向设备处,并用10kV绝缘操作杆将低压刀闸拉开,先拉中相,再拉下风相,最后拉上风相			
			5	监护人唱票操作任务后,操作人应复诵操作任务,复诵时应说普通话,声音洪亮,咬字清楚,不卡顿,同时用手指向设备处,检查低压刀闸确在断开位置			
			5	监护人唱票操作任务后,操作人应复诵操作任务,同时用手指向设备处,在低压刀闸操作把手上悬挂标示牌			
		低压刀闸操作情况	2	操作人应正确穿戴绝缘鞋和绝缘手套			
			5	操作过程中要求熟悉操作步骤,动作连贯,不卡顿			
		操作跌落式熔断器	5	监护人唱票操作任务后,操作人应复诵操作任务,复诵时应说普通话,声音洪亮,咬字清楚,不卡顿,同时用手指向设备处,将跌落式熔断器拉开,先拉中相,再拉下风相,最后拉上风相			
			5	监护人唱票操作任务后,操作人应复诵操作任务,同时用手指向设备处,检查跌落式熔断器确在拉开位置			
			5	监护人唱票操作任务后,操作人应复诵操作任务,复诵时应说普通话,声音洪亮,咬字清楚,不卡顿,同时用手指向设备处,在变压器跌落式熔断器下方合适位置悬挂标示牌			

续表

序号	项目	考核要点	配分	评分标准	得分	扣分	备注
5	操作步骤	跌落式熔断器操作情况	2	操作人应正确穿戴绝缘鞋和绝缘手套			
			5	操作过程中要求熟悉操作步骤，动作连贯，不卡顿			
		操作隔离刀闸	5	监护人唱票操作任务后，操作人应复诵操作任务，复诵时应说普通话，声音洪亮，咬字清楚，不卡顿，同时用手指向设备处，将变压器隔离刀闸拉开，先拉中相，再拉下风相，最后拉上风相			
			5	监护人唱票操作任务后，操作人应复诵操作任务，复诵时应说普通话，声音洪亮，咬字清楚，不卡顿，同时用手指向设备处，检查隔离刀闸确在断开位置			
			5	监护人唱票操作任务后，操作人应复诵操作任务，复诵时应说普通话，声音洪亮，咬字清楚，不卡顿，同时用手指向设备处，在10kV侧上层隔离刀闸下方合适位置悬挂标示牌			
		隔离刀闸操作情况	2	操作人应正确穿戴绝缘鞋和绝缘手套			
			5	操作过程中要求熟悉操作步骤，动作连贯，不卡顿			
6	事后清理	清理现场	3	操作完毕后，将工器具、材料整齐摆放在指定位置			
	结束报告	工作汇报	1	操作完毕后，向考评员汇报工作结束			
		合 计 得 分					

否定项说明：1.违反《国家电网公司电力安全工作规程（配电部分）》相关规定；2.违反职业技能鉴定考场纪律；3.造成设备重大损坏；4.发生人身伤害事故。

考评员：　　　　　　　　　　　　　　　　　　　年　　月　　日

2.2.3　接地体接地电阻测量

一、培训目标

了解接地电阻测试仪的结构和原理，掌握测量工作要求和规定，能正确使用仪表并把握安全注意事项。

二、培训场所及设施

（一）培训场所

配电综合实训场。

（二）培训设施

培训工具及器材如表2-10所示。

表 2-10 培训工具及器材（每个工位）

序号	名称	规格型号	单位	数量	备注
1	接地电阻测试仪	2571	台	1	现场准备
2	携带型检修接地线		组	1	现场准备
3	可拆装模拟接地体	引下线螺栓连接	组	1	现场准备
4	绝缘手套	10kV	副	1	现场准备
5	清洁布		块	若干	现场准备
6	皮卷尺	50m	个	1	现场准备
7	活动扳手	250	把	1	现场准备
8	手锤	2kg	把	1	现场准备
9	安全遮栏		套	若干	现场准备
10	警示牌	止步，高压危险	块	4	现场准备
11	警示牌	从此进出	块	2	现场准备
12	中性笔		支	2	考生自备
13	通用电工工具		套	1	考生自备
14	安全帽		顶	1	考生自备
15	绝缘鞋		双	1	考生自备
16	工作服		套	1	考生自备
17	线手套		副	1	考生自备
18	急救箱（配备外伤急救用品）		个	1	现场准备

三、培训参考教材与规程

（1）国家电网公司：《国家电网公司电力安全工作规程（配电部分）》，中国电力出版社，2014。

（2）国家质量技术监督局：《接地系统的土壤电阻率、接地阻抗和地面电位测量导则 第1部分：常规测量》（GB/T 17949.1—2000），2000。

（3）国网山东省电力公司，国网技术学院：《农网配电营业工标准化考评作业指导书》，中国电力出版社，2014。

（4）国家电网公司人力资源部：国家电网公司生产技能人员职业能力培训专用教材《农网配电》，中国电力出版社，2010。

四、培训对象

农网配电营业工（台区经理）。

五、培训方式及时间

（一）培训方式

教师现场讲解、示范，学员进行技能操作训练，培训结束后进行理论考核与技能测试。

（二）培训时间

（1）接地电阻测试仪的结构和原理知识：1学时。

（2）接地电阻测试作业流程操作讲解、示范：1学时。

（3）分组技能操作训练：4学时。

（4）技能测试：2学时。

合计：8学时。

六、基础知识

（一）接地电阻测试相关知识

(1) 接地电阻测试仪的结构和原理。

(2) 接地电阻测试作业流程。

(3) 接地电阻测试仪读数和数据记录。

(4) 安全工作规程。

（二）接地电阻测试作业流程

作业前的准备→处理接地极连接点→接地电阻测试仪布线→测量接地电阻并记录→拆除接地电阻测试仪导线、恢复接地极连接→清理现场→工作结束。

七、技能培训步骤

（一）准备工作

1. 工作现场准备

必备4个工位，可以同时进行作业的室外场地。每个工位场地设置安全遮栏，在施工人员出入口向外悬挂"从此进出"警示牌，在遮栏四周向外悬挂"止步，高压危险"警示牌。布置现场工作间距不小于3m，场地清洁，无干扰。

2. 工具器材及使用材料准备

对进场的仪器、工器具进行检查，确保能够正常使用，并整齐摆放。工具器材要求质量合格、安全可靠、数量满足需要。

3. 安全措施及风险点分析

（1）防触电伤害。

① 专人监护，戴绝缘手套断开或恢复引下线与接地体的连接，按操作规程正确步骤装拆接地线。

② 严禁直接接触与地断开的接地引线；恢复接地体连接后，才能拆除临时接地线。

③ 无临近电源，或与带电设备有防护、安全距离足够。

④ 避免在雷雨时测试，夜间测试应有足够的照明。

（2）防设备或仪器损坏。

① 测量接地体接地电阻工作，将接地体与被保护的电气设备断开，不得带电检测。

② 测量前，仪表水平放置，检查仪表是否合格并在试验有效期内，以及外观是否完好。

③ 使用接地电阻测试仪时，测量接地棒选择土壤较好的地段，如果仪表LCD显示数字不稳，可适当调整测量接地棒的深度，尽量避免与高压线或地下管道平行，以减小环境对测量的干扰。

④ 雨后不得测量接地电阻，此时所测得的数据不是正常的接地电阻数据。

（3）使用手锤。

使用手锤前检查手锤锤头安装是否牢固，使用时禁止戴线手套。

（二）操作步骤

(1) 工具及器材进行外观检查，熟悉现场、接地体情况和测量数据记录表。

（2）检查并核对测试接地体，戴绝缘手套断开接地引线与接地体的连接，在拆开的接地引线断开处装设临时接地线。

（3）观察测量面（点）是否无杂质，若有则必须进行处理，不得破坏接地体镀锌防腐层。

（4）沿被测接地极 E（C2、P2）和电位探针 P1 及电流探针 C1，依直线彼此相距 20m，使电位探针处于 E、C 中间位置，按要求将探针插入大地深处 400mm（不应小于探测棒长度的 3/4），测量引线两端连接牢靠，导线无损伤。

（5）用专用导线将电阻仪端子 E（C2、P2）、P1、C1 与探针所在位置对应连接。

（6）开启接地电阻仪电源开关"ON"，选择合适挡位轻按一下键，该挡指标灯亮，表头 LCD 显示的数值即为被测的接地电阻数值。

接地电阻测量如图 2-4 所示。

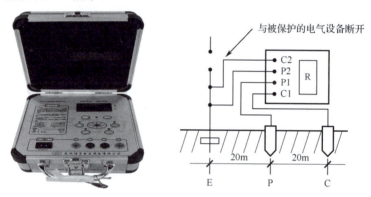

图 2-4　接地电阻测量

（7）根据数字显示得出数值并记录在测试表中，测两次后，对比设定值（设计标准或上一周期测试值）并进行分析，得出结论；记录表填写要求字迹工整，填写规范。

（8）测量完毕拆除接地电阻测试仪接线，拆除接地探测棒并整理放回原处，按操作规程戴绝缘手套，首先恢复接地引线与接地体的连接，然后拆除引下线端连接点，最后拔出临时接地线接地极。

（三）工作结束

（1）工器具、仪表、设备整理归位。

（2）清理现场，工作结束，离场。

八、技能等级认证标准（评分）

接地体接地电阻测量考核评分记录表如表 2-11 所示。

表 2-11　接地体接地电阻测量考核评分记录表

姓名：　　　　　　　　准考证号：　　　　　　　　单位：

序号	项目	考核要点	配分	评分标准	得分	扣分	备注
1				工作准备			
1.1	着装穿戴	穿工作服、绝缘鞋；戴安全帽、线手套	5	1.未穿工作服、绝缘鞋，未戴安全帽、线手套，每缺少一项扣 2 分；2.着装穿戴不规范，每处扣 1 分			

续表

序号	项目	考核要点	配分	评分标准	得分	扣分	备注
1.2	工器具检查	材料及工器具准备齐全；检查试验工器具	5	1. 工器具齐全，缺少或不符合要求每件扣1分； 2. 工器具未检查试验、检查项目不全、方法不规范每件扣1分			
2				工作过程			
2.1	引线处理	戴绝缘手套断开接地引线与接地体的连接；对拆开的接地引线断开处装设临时接地线	10	1. 未戴绝缘手套扣3分； 2. 未可靠断开扣2分； 3. 未检查、清洁连接点或处理不当扣2分； 4. 未装设临时接地线、装设临时接地线方法不规范，每项扣5分			
2.2	接地棒装设	准确测量接地棒间隔距离（20m与20m）；垂直地插入地面深处400mm（不应小于接地棒长度的3/4）	10	1. 测量距离不符合要求每处扣2分； 2. 未垂直插入、布线方向不垂直每处扣2分； 3. 深度不符合要求、使用手锤、戴线手套扣4分			
2.3	接线	用5m线连接表上接线柱E和接地装置的接地体；用20m线连接表上接线柱C和接地棒（电流极）；用20m线连接表上接线柱P和接地棒（电压极）	10	1. 接线松动每处扣2分； 2. 接地探测棒选错每处扣4分； 3. 接线错误一项扣5分； 4. 测量引线缠绕每处扣1分			
2.4	仪表使用	开启电阻仪电源开关"ON"，选择合适挡位轻按一下键，该挡指标灯亮	10	不符合要求每项扣5分			
2.5	测量、读数	直视表盘、正确读数，表头LCD显示的数值即为被测的接地电阻。摇测两次	30	1. 指针未稳定就读数扣5分； 2. 读数方法不正确扣5分； 3. 测量低于两次扣10分； 4. 读数错误扣5分； 5. 分析、结论不正确扣5分			
2.6	恢复接地	拆除仪表接线；恢复接地；拆除临时接地线	10	1. 拆除方法错误扣2分； 2. 未拆除临时接地线扣4分； 3. 未恢复引下线与接地体连接扣5分； 4. 接地恢复压接不符合要求扣4分			
3				工作终结验收			
3.1	安全文明生产	汇报结束前，所选工器具放回原位，摆放整齐；无损坏元件、工具；恢复现场；无不安全行为	10	1. 出现不安全行为每次扣5分； 2. 作业完毕，现场未清理恢复扣5分，恢复不彻底扣2分； 3. 损坏工器具每件扣3分			
			合计得分				

否定项说明：1. 违反《国家电网公司电力安全工作规程（配电部分）》相关规定；2. 违反职业技能鉴定考场纪律；3. 造成设备重大损坏；4. 发生人身伤害事故

考评员：　　　　　　　　　　　　　　　　　　　　　　年　　月　　日

2.2.4 项目1：更换10kV柱上避雷器

一、培训目标

通过专业理论学习和技能操作训练，使学员了解10kV避雷器绝缘电阻的测量、更换方法，熟练掌握更换10kV避雷器作业的操作流程、仪表使用及安全注意事项。

二、培训场所及设施

（一）培训场所

配电综合实训场。

（二）培训设施

培训工具及器材如表2-12所示。

表2-12 培训工具及器材（每个工位）

序号	名称	规格型号	单位	数量	备注
1	避雷器	10kV	只	1	现场准备
2	绝缘电阻表	2500V	块	1	现场准备
3	传递绳		根	1	现场准备
4	脚扣		副	1	现场准备
5	安全带	全方位	副	1	现场准备
6	梯子		架	1	现场准备
7	中性笔		支	2	考生自备
8	通用电工工具		套	1	考生自备
9	安全帽		顶	1	考生自备
10	绝缘鞋		双	1	考生自备
11	工作服		套	1	考生自备
12	线手套		副	1	考生自备
13	急救箱（配备外伤急救用品）		个	1	现场准备

三、培训参考教材与规程

（1）国家电网公司：《国家电网公司电力安全工作规程（配电部分）》，中国电力出版社，2014。

（2）电力行业职业技能鉴定指导中心：11-047职业技能鉴定指导书《配电线路（第二版）》，中国电力出版社，2008。

（3）电力行业职业技能鉴定指导中心：6-07-05-06职业技能鉴定指导书《农网配电营业工》（电力工程农电专业），中国电力出版社，2007。

（4）国家电网公司人力资源部：国家电网公司生产技能人员职业能力培训专用教材《农网配电》，中国电力出版社，2010。

（5）国家电网公司人力资源部：国家电网公司生产技能人员职业能力培训专用教材《配电线路检修》，中国电力出版社，2010。

四、培训对象

农网配电营业工（台区经理）。

五、培训方式及时间

（一）培训方式

教师现场讲解、示范，学员进行技能操作训练，培训结束后进行理论考核与技能测试。

（二）培训时间

（1）更换 10kV 避雷器专业知识：2 学时。

（2）更换 10kV 避雷器作业流程：0.5 学时。

（3）操作讲解、示范：0.5 学时。

（4）分组技能操作训练：3 学时。

（5）技能测试：2 学时。

合计：8 学时。

六、基础知识

（一）高压设备

10kV 避雷器。

（二）登高操作

（1）登高工具的使用。

（2）脚扣登杆、梯上作业的操作方法和注意事项。

（三）仪表使用

绝缘电阻表的使用及注意事项。

（四）更换 10kV 避雷器作业流程

作业前的准备→选择外观合格的避雷器→对避雷器进行绝缘电阻摇测→拆除旧避雷器→更换新避雷器→清理现场→工作结束。

七、技能培训步骤

（一）准备工作

1. 工作现场准备

必备 4 个工位，布置现场工作间距不小于 3m，各工位之间用栅状遮栏隔离，场地清洁。每个工位在电杆（墙）上已安装 10kV 避雷器，引线已连接；每个工位已做好停电、验电、装设接地线的安全措施。

2. 工具器材准备

对进场的工器具进行检查，确保能够正常使用，并整齐摆放于工具架上。

3. 安全措施及风险点分析

（1）防触电伤害。

绝缘电阻测试时专人监护，注意与测试线裸露部分的安全距离。

（2）防止高空坠落。

专人监护，登杆前检查登高工具，使用全方位安全带并检查是否扣牢，安全带要系在牢固的构件上，采取防坠落措施，由专人扶梯。

（3）防止高空落物。

绑设备材料时打好绳结，用完工器具放在包内；地面人员尽量避免停留在作业点下方；戴好安全帽。

（二）操作步骤

（1）对工具、材料进行外观检查，对登高工具（安全带、保护绳、脚扣、梯子）做冲击试验，对电杆和墙面进行检查，应牢固、表面无裂纹、有足够的机械强度；避雷器用绝缘电阻表进行绝缘电阻测试。

（2）检查杆根（或梯角）；登杆前对脚扣、安全带进行人体载荷冲击检查；上、下杆（梯）要平稳、踏实，防止出现脚扣虚扣、滑脱或滑落现象；正确使用安全带；探身姿势应舒展，站位正确；避免高空意外落物；材料传递过程中使用传递绳，并将传递绳固定在牢固构件上。

（3）拆除旧避雷器。

拆除避雷器上、下端引线；拆除避雷器，杆上与地面工作人员互相配合，用传递绳将避雷器绑牢送至地面。

（4）安装新避雷器。将避雷器用绳索绑牢，传递给杆上人员；安装避雷器；连接避雷器上、下端引线。

（5）完工后进行检查，避雷器应垂直安装，不歪斜，固定牢固，排列整齐，高低一致，相间距离不小于350mm。

（三）工作结束

（1）工器具、仪表、设备整理归位。
（2）清理现场，工作结束，离场。

八、技能等级认证标准（评分）

更换10kV避雷器项目考核评分记录表如表2-13所示。

表2-13 更换10kV避雷器项目考核评分记录表

姓名： 准考证号： 单位：

序号	项目	考核要点	配分	评分标准	得分	扣分	备注
1				工 作 准 备			
1.1	着装穿戴	穿工作服、绝缘鞋；戴安全帽、线手套	5	1. 未穿工作服、绝缘鞋，未戴安全帽、线手套，缺少每项扣2分； 2. 着装穿戴不规范，每处扣1分			
1.2	材料选择及工器具检查	选择材料及工器具齐全，符合使用要求	15	1. 工器具齐全，缺少或不符合要求每件扣1分； 2. 工器具未检查试验、检查项目不全、方法不规范每件扣1分； 3. 设备材料未做外观检查每件扣1分，避雷器未试验扣3分； 4. 备料不充分扣5分			

续表

序号	项目	考核要点	配分	评分标准	得分	扣分	备注
2				工作过程			
2.1	登高作业	1. 检查杆根（或梯角）；2. 登杆（梯）平稳、踩牢；正确使用安全带；探身姿势应舒展，站位正确；避免高空意外落物；材料传递过程中不得碰电杆（梯子）	40	1. 未检查杆根、杆身（或梯角）扣2分；2. 使用梯子，未检查防滑措施、限高标志、梯阶距离，每项扣2分，梯子与地面夹角应为55°～60°，过大或过小每次扣3分；3. 未检查电杆名称、色标、编号扣2分；4. 登杆前脚扣、安全带（或梯子）未进行冲击试验每项扣2分；5. 登杆（梯）不平稳，脚扣虚扣、滑脱或滑脚每次扣1分，掉脚扣每次扣3分；6. 不正确使用安全带扣3分；7. 不检查扣环或安全带扣环不正确、不牢固每项扣2分；8. 探身姿势不舒展扣2分；9. 高空意外落物每次扣2分；10. 材料传递过程中碰电杆（梯子）每次扣1分；11. 不用绳传递物品每件扣1分；12. 传递绳未固定在牢固构件上传递物品每次扣2分；13. 站位不正确每次扣2分			
2.2	更换避雷器	1. 避雷器固定牢固，不歪斜，两端水平一致，安装完整无损；2. 引线固定牢靠	30	1. 避雷器固定不牢固、歪斜或两端不平衡每处扣2分；2. 螺钉缺少平垫、弹垫每个扣1分；3. 引线固定不牢固扣2分；4. 避雷器安装过程中造成破损扣20分			
3				工作终结验收			
3.1	安全文明生产	汇报结束前，所选工器具放回原位，摆放整齐；无损坏元件、工具；恢复现场；无不安全行为	10	1. 出现不安全行为每次扣5分；2. 作业完毕，现场未清理恢复扣5分，恢复不彻底扣2分；3. 损坏工器具每件扣3分			
			合计得分				

否定项说明：1. 违反《国家电网公司电力安全工作规程（配电部分）》相关规定；2. 违反职业技能鉴定考场纪律；3. 造成设备重大损坏；4. 发生人身伤害事故

考评员： 年 月 日

2.2.5 项目2：钢芯铝绞线插接法连接

一、培训目标

通过专业理论学习和技能操作训练，使学员了解导线的各种连接方法，掌握钢芯铝绞线插接法连接的技术规范要求，熟练掌握钢芯铝绞线插接法连接的操作工艺和操作步骤，保证导线的导通能力和连接强度，确保电网的正常运行。

二、培训场所及设施

（一）培训场所

配电综合实训场。

（二）培训设施

培训工具及器材如表 2-14 所示。

表 2-14 培训工具及器材（每个工位）

序号	名称	规格型号	单位	数量	备注
1	钢芯铝绞线	LGJ-50	m	若干	现场准备
2	断线钳	600mm	把	1	现场准备
3	木锤		把	1	现场准备
4	砂纸	100～200 号	张	1	现场准备
5	细钢丝刷		把	1	现场准备
6	电力复合脂		盒	1	现场准备
7	木质垫板		块	1	现场准备
8	棉纱		块	若干	现场准备
9	清洁布		块	若干	现场准备
10	米尺	2m	把	1	现场准备
11	镀锌铁丝	20#	m	若干	现场准备
12	汽油	92#	升	0.5	现场准备
13	中性笔		支	1	考生自备
14	通用电工工具		套	1	考生自备
15	工作服		套	1	考生自备
16	安全帽		顶	1	考生自备
17	绝缘鞋		双	1	考生自备
18	线手套		副	1	考生自备
19	急救箱（配备外伤急救用品）		个	1	现场准备

三、培训参考教材与规程

（1）国家电网公司农电工作部：《农村供电所人员上岗培训教材》，中国电力出版社，2006。

（2）国家电网公司：《国家电网公司电力安全工作规程（配电部分）》，中国电力出版社，2014。

（3）中华人民共和国电力行业标准《农村低压电力技术规程》(DL/T 499—2001)，中华人民共和国国家经济贸易委员会，2001。

（4）电力行业职业技能鉴定指导中心：11-047 职业技能鉴定指导书《配电线路（第二版）》，中国电力出版社，2008。

（5）国家电网公司人力资源部：国家电网公司生产技能人员职业能力培训专用教材《农网配电》，中国电力出版社，2010。

（6）国网公司人力资源部：国家电网公司生产技能人员职业能力培训专用教材《配电线路检修》，中国电力出版社，2010。

（7）电力行业职业技能鉴定指导中心：6-07-05-06 职业技能鉴定指导书《农网配电营业工》（电力工程农电专业），中国电力出版社，2007。

（8）中国电力企业联合会：《电气装置安装工程 66kV 及以下架空电力线路施工及验收规范》(GB 50173—2014)，中国计划出版社，2014。

（9）国网山东省电力公司，国网技术学院：《农网配电营业工标准化考评作业指导书》，中国电力出版社，2014。

四、培训对象

农网配电营业工（台区经理）。

五、培训方式及时间

（一）培训方式

教师现场讲解、示范，学员进行技能操作训练，培训结束后进行理论考核与技能测试。

（二）培训时间

（1）各种导线的连接知识：1 学时。

（2）钢芯铝绞线插接法连接流程：0.5 学时。

（3）操作讲解、示范：0.5 学时。

（4）分组技能操作训练：4 学时。

（5）技能测试：2 学时。

合计：8 学时。

六、基础知识

（一）钢芯铝绞线插接法连接在实际施工工作中的应用知识

（1）架空线路施工常用工具的选择及使用。

（2）架空线路施工验收规范。

（3）导线接续连接专业知识。

（4）钢芯铝绞线插接法的工艺要求及操作规程。

（5）钢芯铝绞线插接法使用时所需材料规格、使用方法。

（二）钢芯铝绞线插接法连接工作流程

作业前的准备→选取所需材料→线头清洗→钢芯铝绞线插接法连接→端头处理→涂电力复合脂→检查验收→清理场地→工作结束。

七、技能培训步骤

（一）准备工作

1. 工作现场准备

（1）场地准备：必备 4 个工位，可以同时进行作业。

（2）功能准备：布置现场工作间距不小于 3m，各工位之间用遮栏隔离、放置警示牌，场地清洁，无干扰。

2. 工具器材及使用材料准备

对进场的工器具进行检查，确保能够正常使用，并整齐摆放于工具架上。工具器材要求质量合格、安全可靠、数量满足需要。

3. 安全措施及风险点分析

（1）防止人身伤害事故。

① 全程使用劳动防护用品。

② 工作中不得随意移动、跨越现场设置的考试工器具。

③ 工作时，正确使用工器具。

（2）防止线头伤人。

① 正确配戴防护用具。

② 操作人员与辅助人员保持一定的距离。

③ 保证线头长度在规定的长度范围内。

④ 操作时主操作人操作，辅助人员配合、协调一致。

（3）防止木锤对人体造成伤害。

① 使用前检查木锤，锤头安装要牢固。

② 使用木锤时不准戴线手套，锤头方向不能对着人体。

（二）操作步骤

1. 工作前的准备

正确着装，穿工作服、绝缘鞋；戴安全帽、线手套。

2. 工器具及使用材料准备

正确选择工器具及材料，准备齐全，外观检查周全，熟悉现场情况。

3. 线头处理

（1）长度取 400～500mm，用 20# 镀锌铁丝缠绕 2～3 圈固定，分成伞状（6 铝芯，伞状打开不能超过 30°），钢芯线从分开位置起向端头量取 120mm 用断线钳剪断，伞状根部不能松散。

（2）清理导线，去除氧化层。用细钢丝刷从伞根部向线头单向擦磨不低于两次，再用砂纸从伞根部向线头单向擦磨不低于两次，随后用清洁布擦去导线上的氧化层碎屑，最后用棉纱团蘸汽油分别对每股导线进行清洗后晾干。

4. 钢芯铝绞线插接法连接

（1）把单根伞状理成 15°，去除缠绕的 20# 镀锌铁丝，将芯线头隔根对叉，伞状根部理顺贴紧，并捏平交叉部芯线，用木锤整理。

（2）将任意一根芯线折成 90°，按导线绞向缠绕 6～7 圈后，余下的芯线顺主线折成 90°，再把下面第二根芯线折成 90°，顺导线绞向紧紧压住前一根折直的芯线缠绕 6～7 圈。

（3）第三、四、五、六根芯线依次类推，第六根缠绕 6～7 圈后，用钢丝钳与任意一根芯线头拧 3～4 转，余线和剩余芯线一并用钢丝钳剪去，顺着导线方向压平。

（4）用同样的方法缠绕另一边芯线，注意缠绕方法要正确、缠绕紧密、圆滑，圈数、组数应符合要求。钢芯铝绞线插接操作分解示意图如图 2-5 所示。

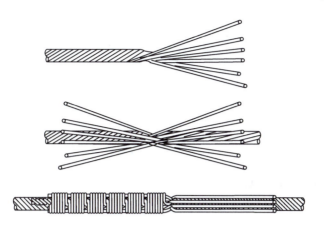

图 2-5 钢芯铝绞线插接操作分解示意图

5. 涂抹电力复合脂

在接头缠绕处均匀地涂抹电力复合脂,涂抹时,从线头的中间分别向两端进行。

6. 检查验收

(1)操作方法、步骤必须正确,每道工序后均应检查、修正。

(2)缠绕必须紧密、整齐。

(3)各股接茬应在导线的同一平面上。

(4)当剪断成根导线、钢芯线时用断线钳,纯铝线剪断、打节用钢丝钳,其余操作不能用钢丝钳,以免伤及导线。

(三)工作结束

(1)将现场所有工器具放回原位,摆放整齐。

(2)清理工作现场,离场。

八、技能等级认证标准(评分)

钢芯铝绞线插接法连接考核评分记录表如表 2-15 所示。

表 2-15 钢芯铝绞线插接法连接考核评分记录表

姓名: 准考证号: 单位:

序号	项目	考核要点	配分	评分标准	得分	扣分	备注
1				工作准备			
1.1	着装穿戴	穿工作服、绝缘鞋,戴安全帽、线手套	5	1. 未穿工作服、绝缘鞋,未戴安全帽、线手套,每缺少一项扣 2 分; 2. 着装穿戴不规范,每处扣 1 分			
1.2	备料及检查工器具	选择材料及工器具,准备齐全,符合使用要求	10	1. 工器具齐全,缺少或不符合要求,每件扣 1 分; 2. 工器具未检查、检查项目不全、方法不规范,每件扣 1 分; 3. 工器具不符合要求每件扣 1 分; 4. 备料不充分扣 5 分			

续表

序号	项目	考核要点	配分	评分标准	得分	扣分	备注
2				工作过程			
2.1	工器具使用	工器具使用恰当，不得掉落	5	1. 工器具使用不当每次扣 1 分； 2. 工器具掉落每次扣 1 分			
2.2	导线分离、清除氧化层	导线分离及拉直长度符合要求，钢芯线裁剪准确，氧化层处理规范	10	1. 铝线分离长度为 400～500mm，每超出范围 10mm 扣 2 分； 2. 钢芯线裁剪长度 120mm，每超出 10mm 扣 2 分； 3. 损伤导线，每处扣 2 分； 4. 每线芯未用细钢丝刷、砂纸单向擦磨或擦磨低于两次，扣 2 分； 5. 未用清洁布擦除碎屑扣 2 分； 6. 未用汽油清洗晾干，每处扣 2 分			
2.3	导线分芯伞状	伞根芯线紧密，伞根绑扎，芯线开伞角度适宜	10	1. 导线分芯时，伞根芯线未绞紧、松散，每处扣 2 分； 2. 伞根未绑扎，每处扣 2 分； 3. 伞状打开超过 30°，每芯线扣 1 分			
2.4	导线对叉、分芯缠绕	插接芯线间隔交叉并敷实，导线缠绕紧密、圆滑，圈数、匝数、组数（12 组）符合要求，顺导线绞向缠绕	25	1. 伞状芯线未分隔对插，每处扣 2 分； 2. 未用木锤整理，扣 3 分； 3. 使用木锤时带手套，扣 3 分； 4. 缠绕不紧密、不圆滑，每处扣 1 分； 5. 缠绕的圈数不符合要求（6～7 圈），每处扣 3 分； 6. 绑扎、组数不符合要求，每少一组扣 5 分； 7. 缠绕方向错误，扣 10 分； 8 出现返工重绕，每次扣 5 分			
2.5	导线芯线处理	绑线、芯线端头叠压自然，端头处理正确	20	1. 多余的芯线头未处理、处理不规范，每根芯线扣 1 分； 2. 绑线线端未钳平，每处扣 2 分； 3. 收尾未拧紧、少于 3 转扣 3 分； 4. 收尾未剪断压平，每处扣 2 分			
2.6	涂抹电力复合脂	在缠绕处涂抹电力复合脂	5	1. 涂抹电力复合脂不均匀扣 2 分； 2. 涂抹不规范扣 2 分； 3. 没有涂抹电力复合脂扣 5 分			
3				工作终结验收			
3.1	安全文明生产	汇报结束前，所选工器具放回原位，摆放整齐；无损坏元件、工具；恢复现场；无不安全行为	10	1. 出现不安全行为每次扣 5 分； 2. 作业完毕，现场未清理扣 5 分，清理恢复不彻底扣 2 分； 3. 损坏工器具，每件扣 3 分			
			合计得分				

否定项说明：1. 违反《国家电网公司电力安全工作规程（配电部分）》相关规定；2. 违反职业技能鉴定考场纪律；3. 造成设备重大损坏；4. 发生人身伤害事故

考评员：　　　　　　　　　　　　　　　　　　　年　　月　　日

2.2.6 项目 3：拉线制作

一、培训目标

通过专业理论学习和技能操作训练，使学员掌握拉线制作的工艺要求、器件安装的技术要求，了解拉线在线路中的作用及安全注意事项。

二、培训场所及设施

（一）培训场所

配电综合实训场。

（二）培训设施

培训工具及器材如表 2-16 所示。

表 2-16 培训工具及器材（每个工位）

序号	名称	规格型号	单位	数量	备注
1	钢绞线	GJ-25/35	m	若干	现场准备
2	铁丝	10号和20号	m	若干	现场准备
3	拉线绝缘子	J-4.5	个	1	现场准备
4	UT线夹	NUT-1	只	1	现场准备
5	楔形线夹	NX-1	只	1	现场准备
6	钢线卡子	JK-1	个	8	现场准备
7	断线钳		把	1	现场准备
8	手锤	木锤/橡胶锤	把	1	现场准备
9	通用电工工具		套	1	考生自备
10	安全帽		顶	1	考生自备
11	绝缘鞋		双	1	考生自备
12	中性笔		支	1	考生自备
13	急救箱		个	1	考生自备
14	工作服		套	1	考生自备
15	线手套		副	1	考生自备

三、培训参考教材与规程

（1）国家电网公司：《国家电网公司电力安全工作规程（配电部分）》，中国电力出版社，2014。

（2）中华人民共和国电力行业标准《农村低压电力技术规程》（DL/T 499—2001），中华人民共和国国家经济贸易委员会，2001。

（3）电力行业职业技能鉴定指导中心：11-047 职业技能鉴定指导书《配电线路（第二版）》，中国电力出版社，2008。

（4）电力行业职业技能鉴定指导中心：6-07-05-06 职业技能鉴定指导书《农网配电营业工》（电力工程农电专业），中国电力出版社，2007。

（5）国家电网公司人力资源部：国家电网公司生产技能人员职业能力培训专用教材《农

网配电》，中国电力出版社，2010。

四、培训对象

农网配电营业工（台区经理）。

五、培训方式及时间

（一）培训方式

教师现场讲解、示范，学员进行技能操作训练，培训结束后进行理论考核与技能测试。

（二）培训时间

(1) 基础知识学习：1 学时。

(2) 拉线制作工艺及流程：1 学时。

(3) 操作讲解、示范：1 学时。

(4) 分组技能操作训练：3 学时。

(5) 技能测试：2 学时。

合计：8 学时。

六、基础知识

（一）拉线制作的专业知识及技术要求

(1) 拉线的种类、作用。

(2) 拉线金具的规格、型号。

(3) 拉线制作的技术标准。

（二）制作流程

作业前的准备→材料选择及截取→拉线组装→清理现场→工作结束。

七、技能实训步骤

（一）准备工作

1. 工作现场准备

(1) 场地准备：必备 4 个工位，布置现场工作间距不小于 3m，各工位之间用栅状遮栏隔离，场地清洁，无干扰。

(2) 功能准备：4 个工位可以同时进行作业，工位间安全距离符合要求，学员间不得相互影响，能够保证学员独立操作。

2. 工具器材准备

对现场的工器具进行检查，确保能够正常使用，并整齐摆放于工具架上。工具器材要求质量合格、安全可靠、数量满足需要。

3. 安全措施及风险点分析

(1) 使用手锤时防止滑手或锤头脱落。

使用手锤时不准戴线手套，锤头方向不得正对人体，使用前检查手锤，锤头安装要牢固。

(2) 防止钢绞线反弹伤人。

放钢绞线时要将钢绞线的弹性释放掉，剪断时将断头固定好。

(3) 用铁丝绑扎拉线端头时，防止铁丝伤人。

注意人身安全，防止铁丝伤人。

（4）避免钢绞线折弯时弹出伤人。

工作时穿工作服、戴安全帽、戴线手套，个人独立完成，用力均匀。

（二）操作步骤

1. 工作前的准备

（1）正确合理着装。

（2）正确选择工具及器材。

2. 拉线制作

（1）材料选择及截取。

钢绞线放好后，要在钢绞线上量出楔形线夹、UT 弯曲部分的尺寸，做圆弧处理。镀锌钢绞线与拉线绝缘子、钢线卡子要按标准配套安装。

（2）拉线制作流程。

① 拉线上把制作。

线夹舌板与拉线接触紧密，受力后无滑动现象，线夹凸肚在尾线侧，安装时不应损伤线股，线夹凸肚朝向应统一；楔形线夹处拉线尾线应露出线夹 200～300mm，用直径 2mm 镀锌铁线与主拉线绑扎 20mm；拉线回弯部分不应有明显松脱、灯笼状，不得用钢线卡子代替镀锌铁线绑扎。

② 拉线中把制作。

拉线与拉线绝缘子接触紧密，穿拉线绝缘子时应交叉，拉线绝缘子安装方向正确；拉线绝缘子尾线两端长度为 600mm，尾线回头后与主线用钢线卡子扎牢，第一个钢线卡子 U 形螺钉（U 形丝或 U 形丝杆）应在尾线侧，拉线绝缘子两侧（各）三个钢线卡子每个卡子之间的距离为 150mm，尾线露出 50mm，钢线卡子要正反交替安装，在两个钢线卡子之间的平行钢绞线夹缝间应加装配套的铸铁垫块，相互间距宜为 100～150mm，螺钉拧紧；用楔形线夹连接时同拉线上把制作要求。

③ 拉线下把制作。

A. 用紧线器调整拉线适度受力，不得过大或过小，UT 线夹舌板与拉线接触紧密，受力后无滑动现象，线夹凸肚在尾线侧，安装时不应损伤线股；拉线弯曲部分无明显松股，尾线头用铁丝绑扎，防止散股，尾线用铁丝绑扎时要整齐、紧密，缠绕长度符合要求，绑扎长度为 80～100mm，绑扎后尾线露出 50mm；铁丝收尾要拧紧、剪断并压平；楔形 UT 线夹处拉线尾线应露出线夹 300～500mm，用直径 2mm 镀锌铁线与主拉线绑扎 40mm。

B. 拉线完成后钢绞线在绑把内无绞花（扭曲）现象，绞向正确；UT 线夹安装前丝扣上应涂润滑剂；UT 线夹的螺杆应有不小于 1/2 螺杆丝扣长度可供调紧；UT 线夹和楔形线夹安装方向要一致，UT 线夹的双螺母应并紧；拉线断线时拉线绝缘子距地面不得小于 2.5m。

C. 采用绝缘钢绞线的拉线，除满足一般拉线的安装要求外，应选用规格型号配套的 UT 线夹及楔形线夹进行固定，不应损伤绝缘钢绞线的绝缘层。

（三）工作结束

（1）工具归位，回收剩余物料，清理现场。

（2）工作结束，离场。

八、技能等级认证标准(评分)

拉线制作项目考核评分记录表如表 2-17 所示。

表 2-17　拉线制作项目考核评分记录表

姓名：　　　　　　　　　　　准考证号：　　　　　　　　　单位：

序号	项目	考核要点	配分	评分标准	得分	扣分	备注
1				工作准备			
1.1	着装穿戴	穿工作服、绝缘鞋，戴安全帽、线手套	5	1. 未戴安全帽、线手套，未穿工作服及绝缘鞋，每项各扣 2 分； 2. 着装不规范，每处扣 1 分			
1.2	检查材料工具	材料及工器具准备齐全，符合使用要求	5	1. 工器具齐全，缺少或不符合要求每件扣 2 分； 2. 工器具未检查、检查项目不全、方法不规范，每处扣 1 分； 3. 备料不充分扣 5 分			
2				工作过程			
2.1	工器具使用	工器具使用恰当，不得掉落	10	1. 工器具使用不当每次扣 1 分； 2. 工器具掉落每次扣 2 分			
2.2	拉线上把制作	正确制作拉线上把，线夹舌板与拉线接触紧密，受力后无滑动现象，线夹凸肚在尾线侧，安装时不应损伤线股，线夹凸肚朝向应统一；楔形线夹处拉线尾线应露出线夹 200～300mm，用直径 2mm 镀锌铁线与主拉线绑扎 20mm；拉线回弯部分不应有明显松脱、灯笼状，不得用钢线卡子代替镀锌铁线绑扎	25	1. 尾头未用铁丝绑扎、钢绞线散股每处扣 2 分； 2. 尾线露出长度每超 ±10mm 扣 1 分/处； 3. 线夹凸肚方向安装错误每处扣 2 分； 4. 钢绞线剪下废料每超 200mm 扣 1 分； 5. 尾线方向错误每处扣 5 分； 6. 钢绞线与舌块间隙超过 2mm 每处扣 1 分； 7. 钢绞线损伤、线夹损伤每件扣 1 分； 8. 镀锌铁线绑扎不正确扣 1 分； 9. 拉线回弯部分有明显松脱、灯笼状每处扣 1 分； 10. 螺钉不紧固每处扣 1 分			
2.3	拉线中把制作	拉线与拉线绝缘子接触紧密，穿拉线绝缘子时应交叉，拉线绝缘子安装方向正确；拉线绝缘子尾线两端长度为 600mm，尾线回头后与主线用钢线卡子扎牢，第一个钢线卡子 U 形螺钉（U 形丝或 U 形丝杆）应在尾线侧，拉线绝缘子两侧（各）三个钢线卡子每个卡子之间的距离为 150mm，尾线露出 50mm，钢线卡子要正反交替安装，在两个钢线卡子之间的平行钢绞线夹缝间应加装配套的铸铁垫块，相互间距宜为 100～150mm，螺钉拧紧；用楔形线夹连接时同拉线上把制作要求	25	1. 尾头未用铁丝绑扎、钢绞线散股每处扣 2 分； 2. 拉线绝缘子方向安装错误扣 5 分； 3. 尾线长度每超 ±10mm 每处扣 1 分； 4. 钢绞线剪下废料每超 200mm 扣 1 分； 5. 钢绞线损伤每件扣 1 分； 6. 镀锌铁线绑扎不正确扣 1 分； 7. 拉线绝缘子两侧（各）三个钢线卡子每个卡子之间的距离超 ±10mm 每处扣 1 分； 8. 螺钉不紧固每处扣 1 分			

续表

序号	项目	考核要点	配分	评分标准	得分	扣分	备注
2.4	拉线下把制作	1. 用紧线器调整拉线要适度，受力不得过大或过小，UT线夹舌板与拉线接触紧密，受力后无滑动现象，线夹凸肚在尾线侧，安装时不应损伤线夹；拉线弯曲部分无明显松股，尾线头用铁丝绑扎，防止散股，尾线用铁丝绑扎时要整齐、紧密，缠绕长度符合要求，绑扎长度为80～100mm，绑扎后尾线露出50mm；铁丝收尾要拧紧、剪断并压平；楔形UT线夹处拉线尾线应露出线夹300～500mm，用直径2mm镀锌铁线与主拉线绑扎40mm。2. 拉线完成后钢绞线在绑把内无绞花（扭曲）现象，绞向正确；UT安装前丝扣上应涂润滑剂；UT线夹的螺杆应有不小于1/2螺杆丝扣长度可供调紧；UT线夹和楔形线夹安装方向要一致，UT线夹的双螺母应并紧；拉线断线时拉线绝缘子距地面不得小于2.5m。3. 采用绝缘钢绞线的拉线，除满足一般拉线的安装要求外，应选用规格型号配套的UT线夹及楔形线夹进行固定，不应损伤绝缘钢绞线的绝缘层	25	1. 尾头未用铁丝绑扎、钢绞线散股每处扣2分；2. 尾线露出长度每超±10mm扣1分；3. 线夹凸肚方向安装错误每处扣2分；4. 钢绞线剪下废料每超200mm扣1分；5. 尾线方向错误扣5分；6. 钢绞线与舌块间隙超过2mm每处扣1分；7. 铁丝绑扎长度每超±10mm扣1分；8. 尾线端头每超±10mm扣1分；9. 绑扎缝隙超过1mm每处扣1分；10. 绑线损伤、钢绞线损伤、线夹损伤每件扣1分；11. UT线夹双锣帽紧固后露出丝距小于2个丝扣的长度或超出1/2丝杆扣2分；12. 缺少垫片备帽或备帽不紧扣1分；13. 拉线完成后钢绞线在绑把内绞花扣2分，绞向不对扣5分；14. 收尾没有拧紧、收尾不规范（小辫少于3扣）、收尾没有剪断压平、小辫压平方向不正确，每处扣2分			
3			工作终结验收				
3.1	安全文明生产	汇报结束前，恢复现场；所选工器具放回原位，摆放整齐，无损坏工具；无不安全行为	5	1. 出现不安全行为每次扣5分；2. 作业完毕，现场未清理扣5分，清理不彻底扣2分；3. 损坏工器具每件扣3分			
		合 计 得 分					

否定项说明：1. 违反《国家电网公司电力安全工作规程（配电部分）》相关规定；2. 违反职业技能鉴定考场纪律；3. 造成设备重大损坏；4. 发生人身伤害事故

考评员：　　　　　　　　　　　　　　　　　　　　　　　年　　月　　日

2.2.7 项目4：低压配电线路验电、装拆接地线

一、培训目标

通过专业理论学习和技能操作训练，使学员进一步掌握低压配电线路验电、装拆接地线的基本知识，熟悉低压配电线路验电、接地的流程，以及安全注意事项。

二、培训场所及设施

（一）培训场所

配电综合实训场。

（二）培训设施

培训工具及器材如表 2-18 所示。

表 2-18 培训工具及器材（每个工位）

序号	名 称	规格型号	单位	数量	备注
1	个人工具		套	1	现场准备
2	安全带	全方位	副	1	现场准备
3	脚口		副	1	现场准备
4	低压验电器（测电笔）	氖管式	支	1	现场准备
5	低压接地线		组	1	现场准备
6	绝缘手套		副	1	现场准备
7	传递绳		条	1	现场准备
8	工作服		套	1	考生自备
9	线手套		副	1	考生自备
10	中性笔		支	2	考生自备
11	通用电工工具		套	1	考生自备
12	安全帽		顶	1	考生自备
13	绝缘鞋		双	1	考生自备
14	急救箱（配备外伤急救用品）		个	1	现场准备

三、培训参考教材与规程

（1）国家电网公司：《国家电网公司电力安全工作规程（配电部分）（试行）》，中国电力出版社，2014。

（2）中华人民共和国电力行业标准《农村低压电力技术规程》（DL/T 499—2001），中华人民共和国国家经济贸易委员会，2001。

（3）电力行业职业技能鉴定指导中心：11-047 职业技能鉴定指导书《配电线路（第二版）》，中国电力出版社，2008。

（4）电力行业职业技能鉴定指导中心：6-07-05-06 职业技能鉴定指导书《农网配电营业工》（电力工程农电专业），中国电力出版社，2007。

（5）国家电网公司人力资源部：国家电网公司生产技能人员职业能力培训专用教材《农网配电》，中国电力出版社，2010。

（6）国网公司人力资源部：国家电网公司生产技能人员职业能力培训专用教材《配电线路检修》，中国电力出版社，2010。

（7）国家能源局：《10kV 及以下架空配电线路设计规范》（DL/T 5220—2021），2021。

（8）住房和城乡建设部：《电气装置安装工程 66kV 及以下架空电力线路施工及验收规范》（GB 50173—2014），2015。

四、培训对象

农网配电营业工（台区经理）。

五、培训方式及时间

（一）培训方式

教师现场讲解、示范，学员进行技能操作训练，培训结束后进行理论考核与技能测试。

（二）培训时间

（1）低压配电线路组成及相关专业知识：1 学时。

（2）低压验电器（测电笔）及低压接地线使用、安装操作步骤：0.5 学时。

（3）安规相关验电、接地知识学习：0.5 学时。

（4）实操训练：4 学时。

（5）技能测试：2 学时。

合计：8 学时。

六、基础知识

（一）低压配电线路验电、装拆接地线相关知识

（1）低压配电线路的组成及相关知识。

（2）低压验电器（测电笔）及低压接地线使用、安装操作步骤。

（3）安规相关验电、接地知识学习。

（4）登杆相关知识学习。

（二）低压配电线路验电、装拆接地线作业流程

工作前准备→选择工器具→检查测试低压验电器（测电笔）→低压接地线接地端安装→登杆前检查→验电、装拆接地线→清理现场，汇报工作，结束。

七、技能培训步骤

（一）准备工作

1. 工作现场准备

（1）场地准备：必备 4 个工位，可以同时进行作业。

（2）功能准备：布置现场工作间距不小于 3m，各工位之间用遮栏隔离，场地清洁，无干扰。

2. 工具器材准备

对进场的工器具进行检查，确保能够正常使用，并整齐摆放于工具架上。工具器材要求质量合格、安全可靠、数量满足需要。

3. 安全措施及风险点分析

（1）防止误登带电线路杆塔。

控制措施：登杆塔前认真核对线路名称和杆号。

（2）防止工器具使用伤人。

控制措施：检查工器具是否合格、配套、齐全。

（3）防止高空中坠落。

控制措施：登杆作业全过程使用安全带并应系在牢固构件上；检查扣环是否扣牢；转位时，不得失去安全带保护；杆上有人作业时不得调整或拆除拉线。

（4）防止落物伤人。

控制措施：工作地点设置围栏，禁止非工作人员进入；现场工作人员必须戴安全帽，杆

上人员用绳索传递物品，使用的工具、材料等应放在工具袋内；作业正下方避免人员逗留；传递工器具、材料时，杆上人员停止作业。

（二）操作步骤

1. 工作前的准备

（1）正确着装。

（2）选择合格的工器具、材料，并对其进行清洁、测试。

（3）登杆工具进行外观检查，并进行人体冲击实验。

2. 工作过程

（1）低压验电前先将验电器或测电笔在低压设备有电部位上试验，以验证验电器或测电笔良好。

（2）将低压接地线伸展，连接接地端，临时接地体埋入地下深度大于 0.6m。

（3）登杆前核对线路名称和杆号，检查杆根、杆身有无裂纹、下沉，拉线是否紧固，安全围栏、警示牌设置齐全。

（4）登杆全过程不得失去安全带的保护，安全带和后备保护绳应分别挂在杆塔不同部位的牢固构件上。

（5）按由近及远、由下到上的顺序逐项验明低压线路确无电压。

（6）按由近及远、由下到上的顺序逐相装设接地线，拆除时顺序相反。

（三）工作结束

（1）检查杆上无遗留物，操作人员下杆。

（2）清理现场，工作结束。

八、技能等级认证标准（评分）

低压配电线路验电、装拆接地线考核评分记录表如表 2-19 所示。

表 2-19 低压配电线路验电、装拆接地线考核评分记录表

姓名： 准考证号： 单位：

序号	项目	考核要点	配分	评分标准	得分	扣分	备注
1				工作准备			
1.1	着装穿戴	1. 穿工作服、绝缘鞋； 2. 戴安全帽、线手套	5	1. 未穿工作服、绝缘鞋，未戴安全帽、线手套，每缺少一项扣 2 分； 2. 着装穿戴不规范，每处扣 1 分			
1.2	工器具、材料选择及检查	选择材料及工器具齐全，符合使用要求	10	1. 工器具齐全，缺少或不符合要求每件扣 1 分； 2. 工具材料未检查、检查项目不全、方法不规范每件扣 1 分； 3. 备料不充分扣 5 分			
2				工作过程			
2.1	工器具使用	工器具使用恰当，不得掉落	10	1. 工器具使用不当每次扣 1 分； 2. 工器具掉落每次扣 2 分			
2.2	低压验电器（测电笔）测试	低压验电前先将验电器或测电笔在低压设备有电部位上试验，以验证验电器或测电笔良好	5	未将验电器或测电笔在低压设备有电部位上试验，扣 5 分			

续表

序号	项目	考核要点	配分	评分标准	得分	扣分	备注
2.3	作业现场安全要求	登杆操作及工作过程规范，符合安全技术规程要求；登杆全过程使用安全带，传递绳系在杆塔或牢固的构件上；正确使用验电器验电，先验近侧、后验远侧，正确安全悬挂接地线，先挂近侧、后挂远侧	30	1. 未检查杆根、杆身扣2分； 2. 未检查电杆名称、色标、编号扣2分； 3. 登杆前脚扣、安全带未做冲击试验，每项扣2分； 4. 登杆不平稳，脚扣虚扣、滑脱或滑脚每次扣1分，掉脚扣每次扣3分； 5. 不正确使用安全带扣3分，未检查扣环扣2分； 6. 探身姿势不舒展、站位不正确扣2分； 7. 高空落物每次扣2分； 8. 验电顺序错误每次扣3分； 9. 拆、接接地线顺序错误每次扣3分，身体碰触接地线每次扣3分； 10. 验电前和拆接地线后，人体接近至安全距离以内扣5分； 11. 验电、装拆接地线不戴绝缘手套每次扣5分； 12. 接地极深度不足0.6m扣2分； 13. 工器具传递时碰电杆每次扣1分，未用传递绳每次扣1分，戴绝缘手套提物件每次扣2分，传递绳未固定在牢固构件上提物件扣2分			
3	工作终结验收							
3.1	安全文明生产	汇报结束后，所选工器具放回原位，摆放整齐；无损坏元件、工具；恢复现场；无不安全行为	10	1. 出现不安全行为每次扣5分； 2. 作业完毕，现场未清理恢复扣5分，恢复不彻底扣2分； 3. 损坏工器具每件扣3分			
合计得分							

否定项说明：1. 违反《国家电网公司电力安全工作规程（配电部分）》相关规定；2. 违反职业技能鉴定考场纪律；3. 造成设备重大损坏；4. 发生人身伤害事故

考评员：　　　　　　　　　　　　　　　　　　年　　月　　日

2.2.8　项目5：绝缘子顶扎法、颈扎法绑扎

一、培训目标

通过专业理论学习和技能操作训练，使学员了解绝缘子顶扎法、颈扎法的操作步骤和工艺要求，熟练掌握绝缘子顶扎法、颈扎法的作业流程、方法、步骤及安全注意事项。

二、培训场所及设施

(一) 培训场所

配电综合实训场。

(二) 培训设施

培训工具及器材如表2-20所示。

表 2-20 培训工具及器材（每个工位）

序号	名称	规格型号	单位	数量	备注
1	绑扎工作台		套	1	现场准备
2	钢芯铝绞线	LGJ-35（LGJ-50）	kg	若干	现场准备
3	绑线	直径2.11mm	m	若干	现场准备
4	铝包带	1×10	kg	若干	现场准备
5	中性笔		支	2	考生自备
6	通用电工工具		套	1	考生自备
7	安全帽		顶	1	考生自备
8	绝缘鞋		双	1	考生自备
9	工作服		套	1	考生自备
10	线手套		副	1	考生自备
11	急救箱（配备外伤急救用品）		个	1	现场准备

三、培训参考教材与规程

（1）国家电网公司：《国家电网公司电力安全工作规程（配电部分）》，中国电力出版社，2014。

（2）国家能源局：《10kV及以下架空配电线路设计规范》（DL/T 5220—2021），2021。

（3）住房和城乡建设部：《电气装置安装工程 66kV及以下架空电力线路施工及验收规范》（GB 50173—2014），2015。

（4）电力行业职业技能鉴定指导中心：6-07-05-06 职业技能鉴定指导书《农网配电营业工》（电力工程农电专业），中国电力出版社，2007。

（5）电力行业职业技能鉴定指导中心：11-047 职业技能鉴定指导书《配电线路（第二版）》，中国电力出版社，2008。

（6）国家电网公司人力资源部：国家电网公司生产技能人员职业能力培训专用教材《农网配电》，中国电力出版社，2010。

四、培训对象

农网配电营业工（台区经理）。

五、培训方式及时间

（一）培训方式

教师现场讲解、示范，学员进行技能操作训练，培训结束后进行理论考核与技能测试。

（二）培训时间

（1）配电线路基本知识：1学时（选学）。

（2）绝缘子顶扎法：1学时。

（3）绝缘子颈扎法：1学时。

（4）现场练习：4学时。

（5）现场测评：1学时。

合计：7（8）学时。

六、基础知识

（1）绝缘子顶扎法、颈扎法安装作业专业知识。

（2）绑扎线的截取。

（3）铝包带缠绕。

（4）绝缘子顶扎。

（5）绝缘子颈扎。

七、技能培训步骤

（一）准备工作

1. 工作现场准备

布置现场工作间距不小于 3m，各工位之间用栅状遮栏隔离，场地清洁；4 个工位可以同时进行作业；每个工位能实现绝缘子顶扎法、颈扎法作业；工位间安全距离符合要求，无干扰。

2. 工器具及使用材料准备

对进场的工器具、材料进行检查，确保能够正常使用，并整齐摆放于防潮布上。

3. 安全措施及风险点分析

（1）绑扎线线头伤人：戴线手套，注意安全距离，防止伤人和被伤。绑线要盘成圆圈；尾线用钳子拧紧，不得用手。

（2）铝包带伤人：戴线手套，注意安全。尾端用钳子钳平，不得用手。

（二）操作步骤

（1）工具及器材进行外观检查，正确使用工器具。

（2）正确缠绕铝包带，缠绕均匀、圆滑、紧密，无重叠现象；缠绕方向与导线绞向一致；缠绕要超出绑线边缘 20～30mm；铝包带尾端要钳平。

（3）绝缘子顶扎法操作步骤。

顶扎法操作分解示意图如图 2-6 所示。

① 将绑扎线留出长度为 250mm 的短头，由导线下方自脖颈外侧穿入，将绑扎线在绝缘子脖颈的外侧由导线的下方绕到导线上方，绑扎线与导线同绞向缠绕 3 圈，如图 2-6（a）所示。

② 将绑扎线在绝缘子的脖颈上由外侧绕绝缘子脖颈 1.5 圈，绕到绝缘子右侧导线下面，由脖颈内侧向上，经过绝缘子顶部交叉压住导线，如图 2-6（b）所示。

③ 将绑扎线从绝缘子左侧向下经过绝缘子脖颈内侧，绕到绝缘子右侧导线下面，由脖颈外侧向上，经过绝缘子顶部交叉压住导线，如图 2-6（c）所示。

④ 将绑扎线在绝缘子脖颈的内侧向下，由导线的下方经过绝缘子脖颈外侧，绕到绝缘子右侧导线下面，将绑扎线在绝缘子脖颈的内侧由导线的下方绕到导线上方，绑扎线与导线同绞向缠绕 3 圈，如图 2-6（d）所示。

⑤ 将绑扎线在绝缘子脖颈的内侧由导线的下方绕到绝缘子左侧导线下面，将绑扎线在绝缘子脖颈的外侧由导线的下方绕到导线上方，绑扎线与导线同绞向缠绕 3 圈，如图 2-6（e）所示。

⑥ 将绑扎线在绝缘子脖颈的内侧向下，由导线的下方经过绝缘子脖颈外侧绕到绝缘子

右侧导线的下面，将绑扎线在绝缘子脖颈的内侧由导线下方绕到导线上方，绑扎线与导线同绞向缠绕 3 圈，如图 2-6（e）所示。

⑦ 将绑扎线从绝缘子右侧的脖颈外侧，经过导线下方与短头在绝缘子脖颈内侧中间收尾拧紧，收尾旋转不少于 3 转，将尾线剪断并朝线路方向压平，如图 2-6（f）、（g）所示。

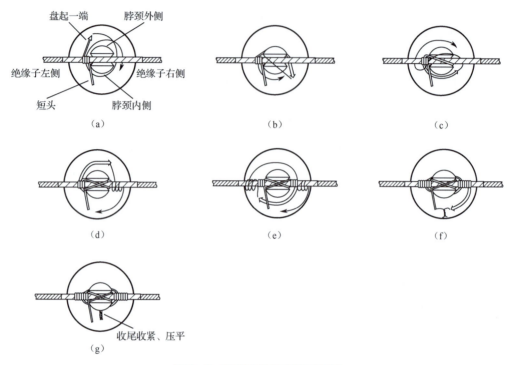

图 2-6　顶扎法操作分解示意图

（4）绝缘子颈扎法操作步骤。

颈扎法操作分解示意图如图 2-7 所示。

① 将绑扎线留出长度为 250mm 的短头，由绝缘子脖颈外侧的导线下方穿向脖颈内侧，将绑扎线由下向上，与导线同绞向缠绕 3 圈，如图 2-7（a）所示。

② 将绑扎线自绝缘子内侧短头下，从绝缘子脖颈内侧绕到绝缘子右侧导线上面，从导线上方在脖颈外侧交叉压住导线，如图 2-7（a）所示。

③ 将绑扎线从绝缘子左侧导线下方继续由脖颈内侧自左向右绕到绝缘子右侧，从导线下方在脖颈外侧再次交叉压住导线，如图 2-7（b）所示。

④ 将绑扎线从绝缘子左侧导线上方继续由脖颈内侧自左向右绕到绝缘子右侧导线下，再从脖颈外侧绕向上方后，在导线上缠绕 3 圈，如图 2-7（c）所示。

⑤ 将绑扎线从导线上方继续由脖颈内侧自右向左绕到绝缘子左侧导线下，再从脖颈外侧绕向上方后，在导线上缠绕 3 圈；将绑扎线经过绝缘子脖颈内侧，绕到绝缘子右侧导线下面，再从脖颈外侧绕向上方后，在导线上缠绕 3 圈，如图 2-7（c）所示。

⑥ 将绑扎线从绝缘子右侧的脖颈外侧，由导线上方从脖颈内侧经过导线下方绕绝缘子脖颈一圈，绕到绝缘子右侧导线下方，如图 2-7（d）所示。

⑦ 将绑扎线经过右侧导线下方与短头在绝缘子脖颈内侧中间收尾拧紧，收尾旋转不少于 3 转，将尾线剪断并朝线路方向压平，如图 2-7（e）所示。

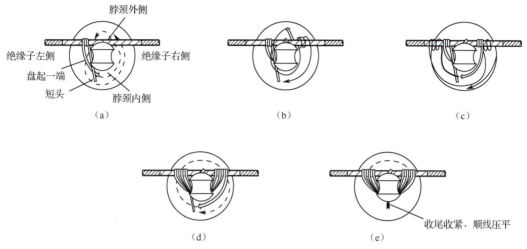

图 2-7　颈扎法操作分解示意图

（5）质量检查。

① 绑扎线必须使用与导线同一金属材质的合格绑线。

② 铝包带缠绕紧密、不留缝隙，绞向与导线一致，须超出绑扎部分（或金具外）20～30mm；绑扎方向与导线绞向一致。

③ 绑扎线直径符合要求（绑扎 $35mm^2$ 导线扎线直径为 2.11mm）；绑扎方法正确，缠绕均匀、紧密，绑扎缝隙不超过 0.2mm；绑扎、交叉线牢固。

④ 绑扎线收尾在绝缘子脖颈中间；收尾线拧紧，不少于 3 转，尾线剪断并朝线路方向压平。

（三）工作结束

（1）将现场所有工器具放回原位，摆放整齐。

（2）清理工作现场，离场。

八、技能等级认证标准（评分）

绝缘子顶扎法、颈扎法绑扎项目考核评分记录表如表 2-21 所示。

表 2-21　绝缘子顶扎法、颈扎法绑扎项目考核评分记录表

姓名：　　　　　　　　　　　准考证号：　　　　　　　　　单位：

序号	项目	考核要点	配分	评分标准	得分	扣分	备注
1				工 作 准 备			
1.1	着装穿戴	穿工作服、绝缘鞋，戴安全帽、线手套	5	1. 未穿工作服、绝缘鞋，未戴安全帽、线手套，缺少每项扣 2 分； 2. 着装穿戴不规范，每处扣 1 分			
1.2	材料选择及工器具检查	选择材料及工器具齐全，符合使用要求	10	1. 工器具齐全，缺少或不符合要求每件扣 1 分； 2. 工器具未检查、检查项目不全、方法不规范每件扣 1 分； 3. 材料不符合要求每件扣 2 分； 4. 备料不充分扣 5 分			

续表

序号	项目	考核要点	配分	评分标准	得分	扣分	备注
2				工作过程			
2.1	工具使用	工具使用恰当，不得掉落	5	1. 工具使用不当每次扣 1 分； 2. 工具、材料掉落每次扣 2 分			
2.2	铝包带缠绕	正确缠绕铝包带，缠绕均匀、圆滑、紧密	20	1. 缠绕方向与导线绞向不一致扣 5 分； 2. 缠绕不均匀、不圆滑、不紧密、有重叠现象，每处扣 1 分； 3. 缠绕应超出绑线边缘 20～30mm，每处小于或大于 1mm 扣 2 分； 4. 尾端没有钳平每处扣 2 分			
2.3	导线绑扎	正确采用顶扎法绑扎、颈扎法绑扎，扎线缠绕均匀、紧密	50	1. 绑扎方向与导线绞向不一致扣 5 分； 2. 绑扎线的绑扎方法不正确每处扣 2 分； 3. 绑扎、交叉线不牢固每处扣 3 分； 4. 绑扎不均匀，缝隙超过 0.2mm，每处扣 2 分； 5. 顶扎法绝缘子脖颈的内、外侧缠绕均为 4 圈，导线左、右侧缠绕均为 6 圈，顶部交叉扎线 2 道；颈扎法绝缘子脖颈的内侧缠绕 6 圈，外侧交叉扎线 2 道，导线左、右侧缠绕均为 6 圈。圈数每少一圈扣 2 分； 6. 线头没有回到绝缘子中间收尾扣 2 分； 7. 绑扎线损伤每处扣 2 分； 8. 收尾线未拧紧、少于 3 转、未剪断压平、未朝线路方向压平，每处扣 2 分			
3				工作终结验收			
3.1	安全文明生产	汇报结束前，所选工器具放回原位，摆放整齐；无损坏元件、工具；恢复现场；无不安全行为	10	1. 出现不安全行为每次扣 5 分； 2. 作业完毕，现场未清理恢复扣 5 分，恢复不彻底扣 2 分； 3. 损坏工器具每件扣 3 分			
			合计得分				

否定项说明：1. 违反《国家电网公司电力安全工作规程（配电部分）》相关规定；2. 违反职业技能鉴定考场纪律；3. 造成设备重大损坏；4. 发生人身伤害事故

考评员：　　　　　　　　　　　　　　　年　　月　　日

2.2.9 项目 6：绳扣制作

一、培训目标

通过专业理论学习和技能操作训练，使学员了解绳扣在实际施工作业中的应用，熟练掌握电力工程施工中常用的几种绳扣的制作流程及安全注意事项，根据物件正确使用绳扣。

二、培训场所及设施

（一）培训场所

配电综合实训场。

（二）培训设施

培训工具及器材如表 2-22 所示。

表 2-22 培训工具及器材（每个工位）

序 号	名 称	规格型号	单 位	数 量	备 注
1	绳索	$\phi 12\times 3000$	条	4	现场准备
2	铁横担	L6×60×1500	条	1	现场准备
3	针式绝缘子	PS-15	只	1	现场准备
4	拉盘	LP-8	块	1	现场准备
5	桩锚	L8×80×1000	条	1	现场准备
6	木棍	2m	根	1	现场准备
7	吊钩	1.5t	件	1	现场准备
8	铝绑线	2.6mm	m	若干	现场准备
9	铁绑线	20#	盘	1	现场准备
10	绝缘线	BLV-50mm^2	m	1	现场准备
11	木桩	$\phi 150\times 50$	个	1	现场准备
12	中性笔		支	1	考生自备
13	通用电工工具		套	1	考生自备
14	工作服		套	1	考生自备
15	安全帽		顶	1	考生自备
16	绝缘鞋		双	1	考生自备
17	线手套		副	1	考生自备
18	急救箱（配备外伤急救用品）		个	1	现场准备

三、培训参考教材与规程

（1）国家电网公司农电工作部：《农村供电所人员上岗培训教材》，中国电力出版社，2006。

（2）国家电网公司：《国家电网公司电力安全工作规程（配电部分）》，中国电力出版社，2014。

（3）中华人民共和国电力行业标准《农村低压电力技术规程》(DL/T 499—2001)，中华人民共和国国家经济贸易委员会，2001。

（4）电力行业职业技能鉴定指导中心：11-047 职业技能鉴定指导书《配电线路（第二版）》，中国电力出版社，2008。

（5）国家电网公司人力资源部：国家电网公司生产技能人员职业能力培训专用教材《农网配电》，中国电力出版社，2010。

（6）国网公司人力资源部：国家电网公司生产技能人员职业能力培训专用教材《配电线路检修》，中国电力出版社，2010。

四、培训对象

农网配电营业工（台区经理）。

五、培训方式及时间

(一)培训方式

教师现场讲解、示范，学员进行技能操作训练，培训结束后进行理论考核与技能测试。

（二）培训时间

（1）绳扣在实际施工作业中的应用知识：1学时。

（2）绳扣系法作业流程：0.5学时。

（3）操作讲解、示范：0.5学时。

（4）分组技能操作训练：4学时。

（5）技能测试：2学时。

合计：8学时。

六、基础知识

（一）绳扣在实际施工作业中的应用知识

（1）绳扣制作在工程施工中的重要性、要求及特点。

（2）常用绳扣选择的原则。

（3）常用绳扣的制作方法。

（二）绳扣制作工作流程

作业前的准备→给定被绑扎物体→按要求对物体进行绳扣制作→对绳扣松紧度、位置进行调整→清理现场→工作结束。

七、技能培训步骤

（一）准备工作

1. 工作现场准备

（1）场地准备：必备4个工位，可以同时进行作业。

（2）功能准备：布置现场工作间距不小于3m，各工位之间用遮栏隔离、放置警示牌，场地清洁，无干扰。

2. 工具器材及使用材料准备

对进场的工器具进行检查，确保能够正常使用，并整齐摆放于工具架上。工具器材要求质量合格、安全可靠、数量满足需要。

3. 安全措施及风险点分析

（1）防止人身伤害事故。

① 全程使用劳动防护用品。

② 工作中不得随意移动、跨越现场设置的考试工器具。

③ 工作时，人体与操作无关的设备保持安全距离。

（2）防止设备损害事故。

工作中，安全文明施工，禁止抛掷行为。

（二）操作步骤

1. 工作前的准备

（1）着工装，戴安全帽、线手套，穿绝缘鞋。

（2）工具及材料进行外观检查，熟悉现场、设备情况。

2. 绳扣制作

（1）直扣。直扣又称为十字结，是临时将麻绳的两端接在一起，具有能自紧、容易解开的特点。直扣系法如图 2-8 所示。首先将两个绳头中的右绳头在左绳头上相交，然后一个绳头向另一个绳头上绕一圈即成一半结，见图 2-8（a）；第二次将两个绳头中的左绳头搭在右绳头上相交，再将一个绳头按箭头所示方向穿越，见图 2-8（b）；整个直扣完成后的松散状如图 2-8（c）所示；图 2-8（d）为整个直扣收紧后的造型。

（2）活扣。活扣的用途和特点与直扣基本相似，不同的是它用于需要迅速解开的情况。活扣系法如图 2-9 所示。活扣系法与直扣系法的不同之处是在第二次穿越时留有绳耳，故解结时极为方便，只要将绳头向箭头所示方向一抽即可。

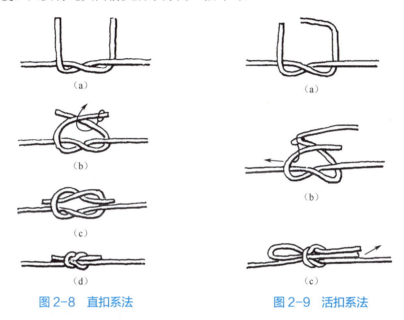

图 2-8　直扣系法　　　　图 2-9　活扣系法

（3）倒扣。倒扣在临时拉线往地锚上固定时使用。倒扣系法如图 2-10 所示。在桩锚上制作倒扣，尾绳长度在 100～200mm 之间。将绳索绕过桩锚，把绳头部分在绳身上绕圈并穿越再间隔一段距离，按箭头所示方向继续穿越。应当注意的是，每次的缠绕方向应一致，并且注意在实际工作现场中，此扣系完后，应在上部用 20# 铁绑线将短头与主绳固定，固定长度不少于 20mm，以防止绳长的突然变化。

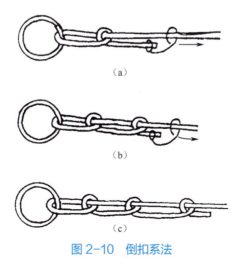

图 2-10　倒扣系法

（4）双套扣。双套扣俗称猪蹄扣，在传递物件和抱杆顶部等处绑绳时使用，具有能自紧、容易解开的特点。如图 2-11 所示，在针式绝缘子上制作双套扣，尾绳长度在 300～400mm 之间。

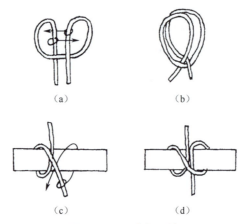

图 2-11 双套扣系法

（5）拴马扣。在绑扎临时拉绳时使用拴马扣。拴马扣系法如图 2-12 所示。在桩锚上制作拴马扣，尾绳长度在 300～400mm 之间。拴马扣在某些物件的临时绑扎时使用，有普通系法和活扣系法两种。将绳穿越物件用主绳在短头上缠绕一圈，然后按箭头所示方向继续穿越，见图 2-12（a）；用短头折回头，收紧主绳后按箭头方向穿越即完成此结，见图 2-12（b）。制作完成的拴马扣如图 2-12（c）所示，活拴马扣系法如图 2-12（d）所示。

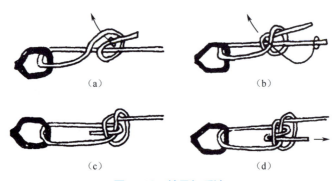

图 2-12 拴马扣系法

（6）紧线扣。紧线扣是小截面导线紧线时用来绑接导线的，导线尾端需回头，使用 2.6mm 铝质绑线缠绕 8～10 匝，尾端对扭 2～3 转；也可用于栓腰绳系扣，具有能自紧、容易解开的特点。在绝缘线上制作紧线扣，尾绳长度为 300～400mm。紧线扣系法如图 2-13 所示。

（7）抬扣。抬扣在抬重物时使用，调节和解开都比较方便。抬扣系法如图 2-14 所示。

（8）背扣。背扣又称为木匠结，在杆上作业时，上下传递较小荷重的工具、材料时使用。在木桩上制作背扣，尾绳缠绕不少于两转，尾绳长度为 300～400mm。背扣系法如图 2-15 所示。

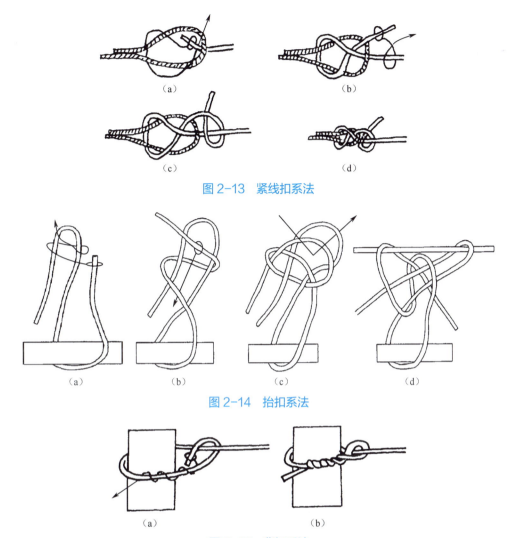

图 2-13 紧线扣系法

图 2-14 抬扣系法

图 2-15 背扣系法

(9) 倒背扣。倒背扣又称双环绞缠结,在垂直起吊重量轻而长的物件时使用。倒背扣系法如图 2-16 所示。在横担上制作倒背扣,尾绳缠绕不少于两转,尾绳长度为 300～400mm。

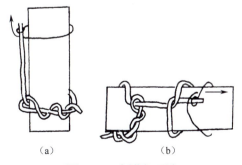

图 2-16 倒背扣系法

(10) 瓶扣。使用瓶扣吊物体,起吊时能保持可靠、稳定。在针式绝缘子上制作瓶扣,尾绳长度在 300～400mm 之间。瓶扣系法如图 2-17 所示。

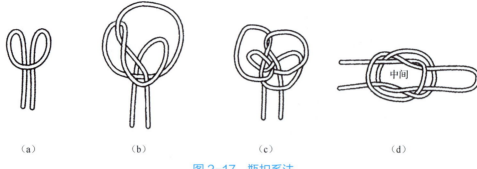

（a）　　　　（b）　　　　（c）　　　　（d）

图 2-17　瓶扣系法

（11）吊钩扣。吊钩扣用于起吊设备绳索打结，能防止因绳索的移动造成吊物倾斜。吊钩扣系法如图 2-18 所示。

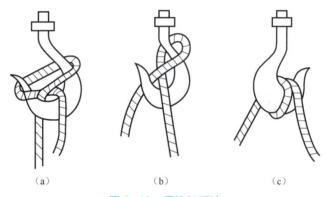

（a）　　　　　　（b）　　　　　　（c）

图 2-18　吊钩扣系法

3. 绳扣制作组合

（1）抬扣、吊钩扣、双套扣、背扣。

（2）紧线扣、直扣、拴马扣、瓶扣。

（3）倒扣、双套扣、倒背扣、活扣。

4. 现场从以上三个组合中抽取一个进行考核。

（三）工作结束

（1）将现场所有工器具放回原位，摆放整齐。

（2）清理工作现场，离场。

八、技能等级认证标准（评分）

绳扣制作考核评分记录表如表 2-23 所示。

表 2-23　绳扣制作考核评分记录表

姓名：　　　　　　　　　准考证号：　　　　　　　　　单位：

序号	项目	考核要点	配分	评分标准	得分	扣分	备注
1	工作准备						
1.1	着装穿戴	穿工作服、绝缘鞋、戴安全帽、线手套	5	1. 未穿工作服、绝缘鞋，未戴安全帽、线手套，每缺少一项扣 2 分； 2. 着装穿戴不规范，每处扣 2 分			

续表

序号	项目	考核要点	配分	评分标准	得分	扣分	备注
1.2	材料、工器具选择与检查	根据选中考项要求正确选择材料及工器具，准备齐全；符合使用要求	10	1. 材料齐全，错选、漏选，每件扣1分； 2. 工器具未检查、检查项目不全、方法不规范，每件扣1分； 3. 工器具不符合要求每件扣1分； 4. 备料不充分扣5分			
2				工作过程			
2.1	工器具使用	工器具使用恰当，不得掉落	5	1. 工器具使用不当每次扣1分； 2. 工器具掉落每次扣2分			
2.2	紧线扣	绝缘线尾端需回头，使用2.6mm铝质绑线缠绕8～10匝，尾端对扭2～3转；系法正确；受力后尾端无滑动现象；尾绳长度300～400mm	25	1. 导线未绑扎不得分； 2. 绑扎匝数超出范围一匝，扣3分； 3. 扎线选用错误，扣5分； 4. 系法不正确，扣15分； 5. 受力出现滑动，每次扣5分； 6. 尾绳超出范围100mm，扣3分； 7. 返工，每次扣2分			
2.3	倒扣	系法正确；受力后尾端无滑动现象；倒扣尾部应与主绳用20#铁绑线固定，绑扎不少于20mm；尾绳长度100～200mm	25	1. 系法不正确，扣15分； 2. 受力出现滑动，每次扣3分； 3. 未用铁绑线固定，扣10分，每少5mm扣2分； 4. 尾绳超出范围100mm，扣3分； 5. 返工，每次扣2分			
2.4	抬扣	系法正确；调整绳头，受力后尾端无滑动现象	25	1. 系法不正确，每个扣15分； 2. 受力出现滑动，每次扣3分； 3. 返工，每次扣2分			
2.5	直扣或活扣	系法正确；调整绳头，受力后尾端无滑动现象；尾绳长度300～400mm	15	1. 系法不正确，扣10分； 2. 受力出现滑动，每次扣3分； 3. 尾绳超出范围100mm，扣3分； 4. 返工，每次扣2分			
2.6	拴马扣或背扣	系法正确；背扣尾绳缠绕不少于两转；受力后尾端无滑动现象；尾绳长度300～400mm	15	1. 系法不正确，扣10分； 2. 受力出现滑动，每次扣3分； 3. 尾绳超出范围100mm，扣3分； 4. 返工，每次扣2分			
2.7	倒背扣或吊钩扣	倒背扣尾绳在角铁外平面，且系于横担重心偏下位置，尾绳缠绕不少于两转，倒背扣位置适当；吊钩扣两个绳端不得滑动	15	1. 系法不正确，扣10分； 2. 受力出现滑动，每次扣3分； 3. 倒背扣位置、尾绳方位不正确，扣5分，少于两转扣3分； 4. 返工，每次扣2分			
2.8	双套扣或瓶扣	系法正确；在针式绝缘子上系双套扣；颈槽系瓶扣；受力后尾端无滑动、绝缘子无坠落现象，尾绳长度300～400mm	15	1. 系法不正确，扣10分； 2. 受力出现滑动，每次扣3分； 3. 绝缘子坠落或损伤均不得分； 4. 尾绳超出范围100mm，扣3分； 5. 返工，每次扣2分			

续表

序号	项目	考核要点	配分	评分标准	得分	扣分	备注
3				工作终结验收			
3.1	安全文明生产	爱护工具、节约材料，按要求进行拆装，操作现场清理干净彻底；汇报结束后，恢复现场；无不安全行为	10	1. 出现不安全行为每次扣5分； 2. 作业完毕，现场未清理恢复扣5分，恢复不彻底扣2分； 3. 损坏工器具每件扣3分			
		合 计 得 分					

否定项说明：1. 违反《国家电网公司电力安全工作规程（配电部分）》相关规定；2. 违反职业技能鉴定考场纪律；3. 造成设备重大损坏；4. 发生人身伤害事故

考评员：　　　　　　　　　　　　　　　　　　年　　月　　日

2.3 营销技能

2.3.1 电费收费管理

一、培训目标

通过专业理论学习和技能操作训练，使学员以热情的态度正确受理客户柜台以现金、POS机刷卡、进账单等方式的交费需求，并符合唱收唱付等工作要求。

二、培训场所及设施

（一）培训场所

多媒体教室。

（二）培训设施

培训工具及器材如表2-24所示。

表2-24　培训工具及器材（每个工位）

序号	名称	规格型号	单位	数量	备注
1	纠错视频		张	1	现场准备
2	答题纸	A4	张	若干	现场准备
3	中性笔	黑色	支	1	现场准备
4	计算机		台	1	现场准备
5	耳机		副	1	现场准备
6	桌子		张	1	现场准备
7	椅子		把	1	现场准备
8	打草纸	A4	张	1	现场准备

三、培训参考教材与规程

（1）《国家电网公司供电服务规范》。

（2）《国网山东省电力公司电费账务管理办法》。

(3)《国网山东省电力公司供电营业厅标准化管理手册》。
(4)《国网山东省电力公司供电营业厅标准化服务手册》。
(5)《国家电网公司员工服务"十个不准"》。
(6)《国家电网公司资金管理办法》。
(7)《国家电网公司电费抄核收管理规则》。

四、培训对象

农网配电营业工(综合柜员)。

五、培训方式及时间

(一)培训方式

播放视频、教师现场讲解、学员模拟训练,培训结束后进行操作测试。

(二)培训时间

(1)基础知识学习:1学时。
(2)设备介绍:1学时。
(3)操作讲解、示范:1学时。
(4)分组模拟训练:1学时。
(5)技能测试:1学时。
合计:5学时。

六、基础知识

(一)掌握与客户沟通的技巧及注意事项

(1)与客户交谈时,做到语言亲切、语气诚恳、语音清晰、语速适中、语调平和、言简意赅。

(2)对语速较快、语音不清的客户,可用文明用语示意客户减缓语速,如确实没有听清,可用文明用语请求客户重复,重要内容要注意复述、确认。

(3)客户叙述不清时,应用客气周到的语言引导或提示客户,尽量少用生僻的电力专业术语,以免影响与客户的交流效果。

(4)营业窗口服务人员使用普通话。

(5)服务窗口"五个不说",即损害客户自尊心和人格的话不说,埋怨客户的话不说,顶撞、反驳、教训客户的话不说,庸俗骂人的话及口头禅不说,刺激客户、激化矛盾的话不说。

(6)收费过程中要唱收唱付。

(二)熟悉柜台收费操作流程

柜台收费操作流程如图2-19所示。

七、技能培训步骤

(一)准备工作

1. 工作现场准备

提前做好视频播放准备工作。

2. 工具器材及使用材料准备

打开计算机、耳机,查看是否正常运行。

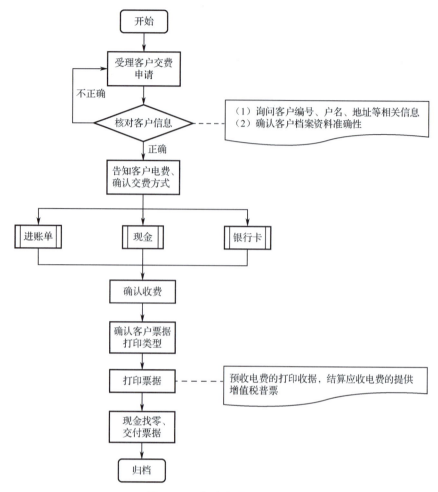

图 2-19 柜台收费操作流程

（二）操作步骤

（1）正确开机，对办公计算机进行检查，以确保能正常开机使用。

（2）柜台现金收费流程：登录电力营销业务应用系统，单击"电费收缴及营销账务管理"→"客户缴费管理"→"功能"→"柜台收费"，如图 2-20 所示，查询出用户编号，结算方式选择"现金"，选择相应的票据，输入收款金额，单击"收费"按钮。

（3）柜台 POS 机刷卡收费流程：进入电力营销业务应用系统，单击"电费收缴及营销账务管理"→"客户缴费管理"→"功能"→"柜台收费"，如图 2-21 所示，查询出用户编号，结算方式选择"POS 机刷卡"，选择相应的票据，输入收款金额，单击"收费"按钮。

（4）柜台进账单收费流程：进入电力营销业务应用系统，单击"电费收缴及营销账务管理"→"客户缴费管理"→"进账单管理"→"进账单收费"，如图 2-22 所示。

选择银行账号、到账日期等查询条件，单击"查询"按钮，即可查询该银行账户下未收费入账的全部进账单流水信息，勾选要收费的流水信息，可自动匹配到该笔流水付款账号对应的已维护的用电客户信息。核对无误后勾选相应户号，默认收费金额为流水金额，单击"收费"按钮，完成收费。

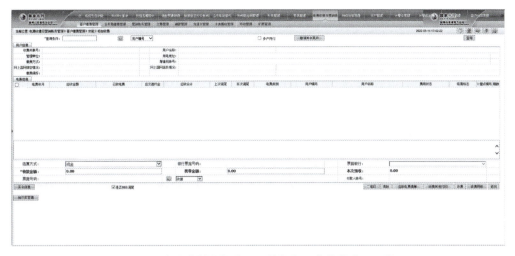

图 2-20　电力营销业务应用系统柜台现金收费流程示意图

图 2-21　电力营销业务应用系统柜台 POS 机刷卡收费流程示意图

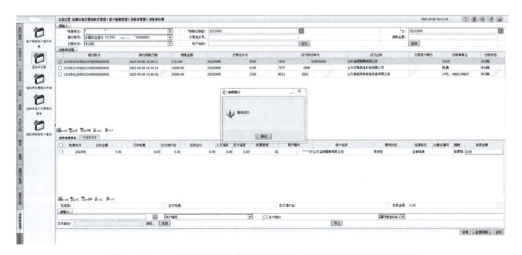

图 2-22　电力营销业务应用系统柜台进账单收费流程示意图

若未匹配到用户或者匹配的用户不是收费用户，可以手动录入用户编号。对于多户合并收费的，勾选"多户同付"复选框，手动添加多个用户编号，分别录入收费金额，单击"收费"按钮，如图 2-23 所示。

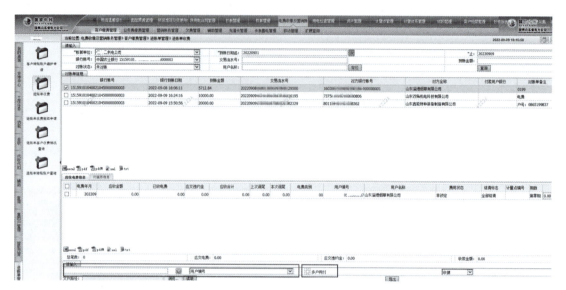

图 2-23　电力营销业务应用系统手动添加用户编号示意图

备注：单户的收费金额或多户的收费总金额应等于银行流水到账金额，否则无法收费。

（三）工作结束

（1）清理现场桌面，关闭考场计算机。

（2）上交答题纸及打草纸。

八、技能等级认证标准（评分）

柜台收费项目考核评分记录表如表 2-25 所示。

表 2-25　柜台收费项目考核评分记录表

姓名：			准考证号：			单位：	
序号	项目	考核要点	配分	评分标准	得分	扣分	备注
1				工作准备			
1.1	营业准备规范	1. 营业开始前，营业窗口服务人员提前到岗，按照仪容仪表规范进行个人整理； 2. 营业前，检查各类表单、服务资料、办公用品是否齐全，数量是否充足，按照定置定位要求摆放整齐；	10	1. 未按营业厅规范标准着工装，扣 10 分； 2. 着装穿戴不规范（不成套、衬衣下摆未扎于裤/裙内，衬衣扣未扣齐），每处扣 2 分； 3. 未佩戴配套的配饰（女员工未戴头花、领花，男员工未系领带），每项扣 2 分；			

续表

序号	项目	考核要点	配分	评分标准	得分	扣分	备注
1.1	营业准备规范	3. 营业前，开启设备电源，启动计算机、打印机等办公设备，检查自助交费终端等信息化设备是否正常运行	10	4. 未穿黑色正装皮鞋、佩戴工号牌（工号牌位于工装左胸处），每项扣2分；5. 浓妆艳抹，佩戴夸张首饰，每处扣2分；6. 女员工长发应统一束起，短发清爽整洁，无乱发，男员工不留怪异发型，不染发，每处不规范扣2分；7. 本项业务所需资料准备不齐全，每项扣2分；8. 未检查设备是否正常运行，每项扣2分			
2	工作过程：未找出错误，每少一项扣8分；未写出正确表述，每处扣5分；正确表述不规范，每个扣3分							
2.1	工作时间牌	错误1：工作时间悬挂"休息中"	8	正确表述：应悬挂"营业中"标牌			
2.2	着装	错误2：工作人员未统一着装	8	正确表述：工作人员应统一着营业厅工装			
2.3	工号牌	错误3：工作人员未佩戴工号牌	8	正确表述：工作人员应统一着装，并配戴工号牌			
2.4	营业准备	错误4：工作人员工作时间未做好营业准备工作	8	正确表述：营业人员必须准点上岗，做好营业前的各项准备工作			
2.5	引导员	错误5：客户进门无人引导	8	正确表述：A级营业厅应有引导员引导客户			
2.6	服务牌摆放	错误6：工作人员离开，未摆放"暂停服务"标牌	8	正确表述：应将岗位牌翻转至"暂停服务"			
2.7	坐姿	错误7：坐姿不正确	8	正确表述：坐下时，上身自然挺直，不抖动腿和跷二郎腿			
2.8	文明用语	错误8：查询电费时间长，未向客户致歉	8	正确表述：因计算机系统出现故障而影响业务办理时，若短时间内可以恢复，应请客户稍候并致歉			
2.9	收费规范	错误9：与客户交接钱物未唱收唱付，收费错误	8	正确表述：与客户交接钱物时，应收唱付，轻拿轻放，不抛不丢。系统收费金额应与客户现金金额、刷卡金额、银行到账金额一致			
2.10	文明用语	错误10：工作人员未做到去有送声	8	正确表述：工作人员应向客户说慢走、再见等文明用语，做到来有迎声，去有送声			
3	工作终结							
3.1	工作区域整理	将工作区域内的办公物品及设备按要求归位，无损坏设施；清洁个人工作区域，保持环境干净整洁	10	1. 造成设备、设施损坏，此项不得分；2. 设施未恢复原样，每处扣5分，扣完为止；3. 现场遗留纸屑等未清理，扣5分			
合计得分								
否定项说明：1.违反国家电网公司、省公司有关服务规范要求；2.违反技能等级评价考场纪律；3.造成设备重大损坏								

考评员：　　　　　　　　　　　年　　月　　日

2.3.2 票据管理

一、培训目标

（1）通过培训使综合柜员能够根据提供的账号熟练登录电力营销业务应用系统，并能找到"柜台收费""电子发票补打"和"客户票据信息维护"功能模块。

（2）从电力营销业务应用系统中根据提供的用户编号及要求，正确开具或补打用户相应月份的增值税普通发票或者电费收据，并能正确维护用户票据信息（包括用户增值税名、增值税号、增值税账号、增值税银行、注册地址、纳税人电话、开征起始日期、开征终止日期等内容）。

二、培训场所及设施

（一）培训场所

营业厅实训室（需要电力营销业务应用系统）。

（二）培训设施

培训工具及器材如表 2-26 所示。

表 2-26　培训工具及器材（每个工位）

序号	名称	规格型号	单位	数量	备注
1	计算机		台	1	现场准备
2	营销仿真系统		套	1	现场准备
3	桌子		张	1	现场准备
4	凳子		把	1	现场准备
5	答题纸		张	若干	现场准备
6	板夹		块	1	现场准备
7	签字笔		支	1	现场准备
8	针式打印机		台	1	现场准备
9	A4 纸		张	若干	现场准备

三、培训参考教材与规程

（1）国家电网公司：《国家电网有限公司电费抄核收管理办法》[国网（营销/3）273—2019]，2019。

（2）《电力营销业务系统操作规范》。

四、培训对象

农网配电营业工（综合柜员）。

五、培训方式及时间

（一）培训方式

基本知识模块现场授课，其余环节需要上机实操（机考）。

（二）培训时间

（1）基本知识：1 学时（选学）。

（2）增值税发票打印：0.5 学时。

(3)电费收据打印：0.5学时。

(4)电费发票信息维护：0.5学时。

合计：1.5（2.5）学时。

六、基础知识

(1)电力营销业务应用系统的基本操作，主要涉及电费收据的开具及电费发票补打的相关操作路径和操作方法。

(2)电费票据管理规定。设置专人负责电费票据的申印、申领及库管工作。未经税务机关批准，电费发票不得超越范围使用。严禁转借、转让、代开或重复出具电费票据。增值税电费发票开具须专人负责，并按财务制度规定做好申领、缴销等工作。票据管理和使用人员变更时，应办理票据交接登记手续。

(3)电费发票应严格管理。经当地税务部门批准后方可印制，并应加印监制章和专用章。电费票据的领取、核对、作废及保管应有完备的登记和签收手续。

(4)营业厅着装、服务规范。

(5)注意保护客户信息安全。

七、技能培训步骤

（一）准备工作

1. 工作现场准备

计算机工作状态：保证计算机正常开启。

2. 工具器材及使用材料准备

电力营销业务应用系统，需进行票据信息维护的客户信息、答题纸、签字笔。

（二）操作步骤

1. 增值税发票打印

(1)打开浏览器，按照提供的账号密码登录电力营销业务应用系统，如图2-24所示。

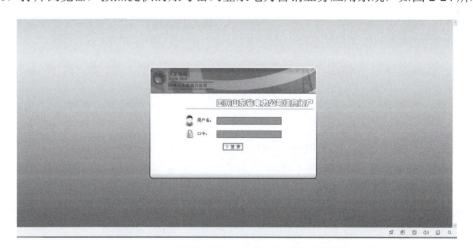

图2-24 电力营销业务应用系统门户登录界面示意图

(2)收费及电子发票开具。

第一步：单击"电费收缴及营销账务管理"→"客户缴费管理"→"功能"→"柜台收费"，

打开"柜台收费"功能模块,如图 2-25 所示。

图 2-25 "柜台收费"功能模块界面示意图

第二步:在"查询条件"下输入提供的用户编号,单击"查询"按钮,查询到用户电费信息,输入收费金额,选择票据打印类型为"国网增值税电子发票",单击"收费"按钮,完成电费收取并打印国网增值税电子发票,如图 2-26 所示。

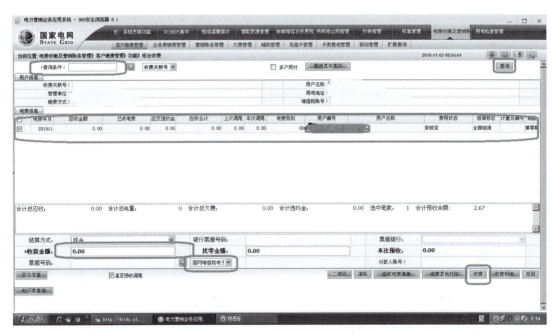

图 2-26 国网增值税电子发票打印界面示意图

(3)电子发票补打。

第一步:单击"电费收缴及营销账务管理"→"客户缴费管理"→"功能"→"电子发票补打",打开"电子发票补打"功能模块,如图 2-27 所示。

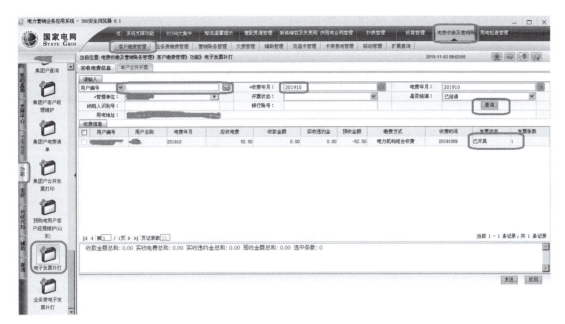

图 2-27 "电子发票补打"功能模块界面示意图

第二步:输入"用户编号""收费年月",单击"查询"按钮,选中相应条目单击"发送"按钮,显示"已开具"、发票张数为"1"即为开具成功。单击发票张数"1"下载打印用户电子发票。

(4)将打印成功的增值税普通发票交由考评员统一处理。

2. 电费收据打印

(1)打开浏览器,按照提供的账号密码登录营销业务系统,如图 2-28 所示。

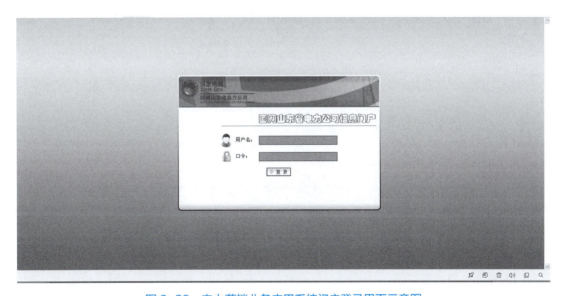

图 2-28 电力营销业务应用系统门户登录界面示意图

(2)收费完成打印电费收据。

第一步:单击"电费收缴及营销账务管理"→"客户缴费管理"→"功能"→"柜台收费",

打开"柜台收费"功能模块,如图2-29所示。

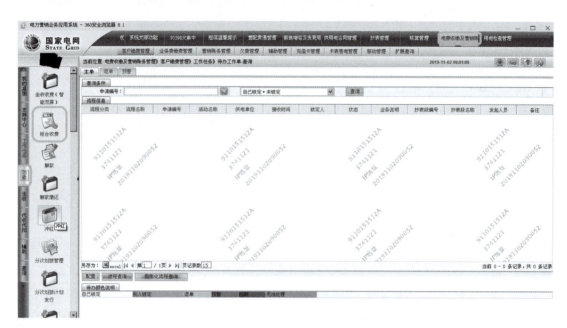

图2-29 "柜台收费"功能模块界面示意图

第二步:在"查询条件"下输入用户编号,单击"查询"按钮,查询到用户电费信息,输入收款金额,选择票据打印类型为"收据",单击"收费"按钮,完成电费收取并打印用户收据,如图2-30所示。

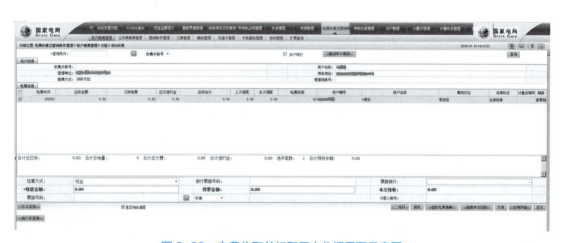

图2-30 电费收取并打印用户收据界面示意图

(3)补打电费收据。

第一步:单击"电费收缴及营销账务管理"→"辅助管理"→"功能"→"发票补打",打开"发票补打"功能模块,如图2-31所示。

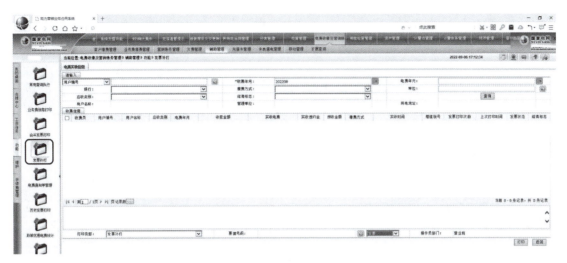

图 2-31 "发票补打"功能模块界面示意图

第二步：输入"用户编号""收费年月"，单击"查询"按钮，找到相应年月的条目，选中，票据类型选择"收据"，单击"打印"按钮，完成相应年月的收据补打，如图 2-32 所示。

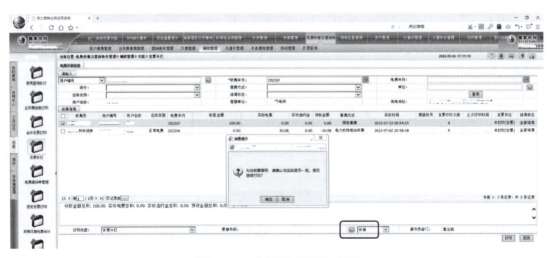

图 2-32 收据补打界面示意图

（4）将打印成功的收据统一交由考评员回收处理。

3. 发票信息维护

（1）打开浏览器，按照提供的账号密码登录电力营销业务应用系统，如图 2-33 所示。

图 2-33　电力营销业务应用系统门户登录界面示意图

（2）用电户增值税信息维护。

第一步：单击"客户档案管理"→"档案维护"→"功能"→"增值税信息维护"，打开"增值税信息维护"功能模块，如图 2-34 所示。

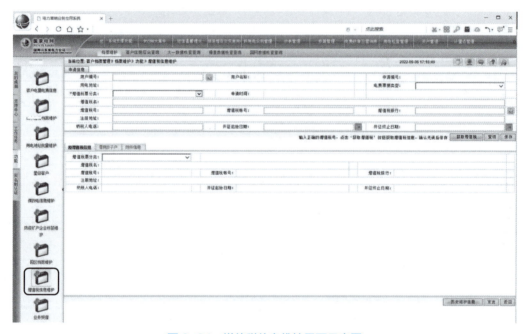

图 2-34　增值税信息维护界面示意图

第二步：输入提供的用户编号，按回车键，查询到用户信息，然后单击"增值税票分类"下拉按钮，在列表中选择"增值税普通用户"，如图 2-35 所示。填写用户增值税名、增值税号、增值税账号、增值税银行、注册地址、纳税人电话、开征起始日期、开征终止日期等内容，确认信息无误后单击"保存"按钮。

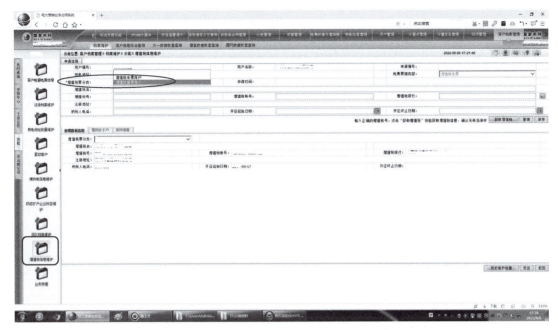

图 2-35　增值税普通用户维护界面示意图

(三) 工作结束

(1) 汇报结束前，注销并退出系统，关闭浏览器恢复至计算机桌面。

(2) 清理工作现场，离场。

八、技能等级评价标准 (评分)

票据管理项目考核评分记录表如表 2-27 所示。

表 2-27　票据管理项目考核评分记录表

姓名：　　　　　　　　　　　准考证号：　　　　　　　　　　单位：

序号	项目	考核要点	配分	评分标准	得分	扣分	备注
1				工作准备			
1.1	营业准备规范	1. 营业开始前，营业窗口服务人员提前到岗，按照仪容仪表规范进行个人整理； 2. 营业前，检查各类表单、服务资料、办公用品是否齐全，数量是否充足，按照定置定位要求摆放整齐； 3. 营业前开启设备电源，启动计算机、打印机等办公设备，检查自助交费终端等信息化设备是否正常运行	10	1. 未按营业厅规范标准着工装，扣 10 分； 2. 着装穿戴不规范（不成套、衬衣下摆未扎于裤/裙内，衬衣扣未扣齐），每处扣 2 分； 3. 未佩戴工号牌（工号牌位于工装左胸处），扣 2 分； 4. 浓妆艳抹，佩戴夸张首饰，每处扣 2 分； 5. 女员工长发应统一束起，短发清爽整洁，无乱发，男员工不留怪异发型，不染发，每处不规范扣 2 分； 6. 本项业务所需资料准备不齐全，每项扣 2 分； 7. 未检查设备是否正常运行，每项扣 2 分			

续表

序号	项目	考核要点	配分	评分标准	得分	扣分	备注
1.2	服务行为规范	姿态规范：站姿、坐姿规范	5	1. 站立时身体抖动，随意扶、倚、靠等，每项扣 1 分； 2. 坐立时托腮或趴在工作台上，抖动腿、跷二郎腿、左顾右盼，每项扣 1 分			
2				工作过程			
2.1	礼貌术语	工作开始前向考评员报告参考人员信息	5	考试前未向考评员汇报，扣 5 分			
2.2	设备检查	提前检查打印机、计算机工作状态，保证计算机、打印机正常开启，纸质票据正确安装到打印机。设备检查完毕并确认无误，口述检查完毕	10	1. 未按要求检查打印机，扣 2 分； 2. 未按要求检查打印机是否装有纸张，扣 2 分； 3. 未检查计算机是否开启，扣 5 分； 4. 检查结束后未向考评员汇报，扣 5 分			
2.3	系统登录	正确登录电力营销业务应用系统	5	系统登录失败，扣 5 分			
2.4	增值税发票打印	找到柜台收费功能模块，完成一笔电费实收并打印收据。打开"电子发票补打"功能模块，按要求补打相应月份的增值税普通发票	25	1. 未完成电费实收，扣 10 分； 2. 未完成增值税普通发票的开具，扣 15 分； 3. 未成功打印增值税普通发票，扣 15 分； 4. 补打增值税普通发票月份错误，扣 5 分			
2.5	电费收据打印	在之前完成电费实收的基础上，打开系统"发票补打"功能模块，按要求补打相应月份的电费收据	15	1. 未成功补打收据，扣 15 分； 2. 补打收据月份错误，扣 10 分			
2.6	发票信息维护	打开"客户档案管理"→"档案维护"→"用电户增值税信息维护"功能模块，按要求完成用户票据信息维护（用户增值税名、增值税号、增值税账号、增值税银行、注册地址、纳税人电话、开征起始日期、开征终止日期），然后对维护的用户票据信息进行核对，口述"票据信息维护完成"	20	1. 未找到"用电户增值税信息维护"模块，扣 5 分； 2. 未找到"档案维护"模块，扣 5 分； 3. 未找到"客户档案管理"模块，扣 5 分； 4. 未完成用户信息维护，该项不得分； 5. 出现用户增值税信息维护错误，每项扣 5 分； 6. 信息维护结束未再次确认核对，扣 10 分			
3				工作终结验收			
3.1	工作台面整理	汇报结束前，清洁个人工作区域，保持干净整洁。将工作区域内的办公物品及设备按要求整齐归位，无损坏设备、设施	5	1. 造成设备、设施损坏，此项不得分； 2. 设施未恢复原样，每项扣 2 分； 3. 现场遗留纸屑等未清理，扣 2 分； 4. 营销系统账号未退出，扣 5 分； 5. 考核完毕，柜员应将岗位牌翻至"暂停营业"后离岗，未将岗位牌翻至"暂停营业"的，扣 5 分			
			合计得分				

否定项说明：1. 违反国家电网公司、省公司有关服务规范要求；2. 违反技能等级评价考场纪律

考评员：　　　　　　　　　　　　　　　　　　　　年　　月　　日

2.3.3 电能计量装置安装与调试

一、培训目标

通过专业理论学习和技能操作训练,使学员进一步掌握低压电能计量装置安装与调试的基础知识,熟练掌握低压计量装置检查仪器仪表的使用、检查方法与技巧,从而提高实际工作的效率。

二、培训场所及设施

(一)培训场所

装表接电实训室。

(二)培训设施

培训工具及器材如表 2-28 所示。

表 2-28　培训工具及器材(每个工位)

序号	名　称	规格型号	单位	数量	备注
1	电能计量装置接线实训装置		台	1	现场准备
2	单相智能电能表	220V,5(60)A	只	1	现场准备
3	单相集中器		只	1	现场准备
4	交流电源	3×220/380V		1	现场准备
5	万用表	数字式	只	1	现场准备
6	验电笔	500V	支	1	现场准备
7	铜芯线	10mm² 红色	m	100	现场准备
8	铜芯线	16mm² 蓝色	m	100	现场准备
9	RS-485 线	2×0.75mm²	m	100	现场准备
10	通用电工工具		套	1	现场准备
11	配电第二种工作票	A4	页	若干	现场准备
12	封印		粒	若干	现场准备
13	急救箱		个	1	现场准备
14	塑料扎带		包	1	现场准备
15	安全帽		顶	1	现场准备

三、培训参考教材与规程

(1)国家能源局:《电能计量装置安装接线规则》(DL/T 825—2021),2021。
(2)国家能源局:《电能计量装置技术管理规程》(DL/T 448—2016),2016。
(3)国家电网公司:《电力用户用电信息采集系统技术规范 第三部分:通信单元技术规范》(Q/GDW 374.3—2009),2009。

四、培训对象

农网配电营业工(台区经理)。

五、培训方式及时间

(一)培训方式

教师现场讲解、示范,学员进行技能操作训练,培训结束后进行技能测试。

（二）培训时间

(1) 电工基础：1学时。

(2) 接线图的识读：1学时。

(3) 接线常用的施工方法：1学时。

(4) 操作讲解和示范：1学时。

(5) 分组技能训练：2学时。

(6) 技能测试：2学时。

合计：8学时。

六、基础知识

（一）接线图识别

(1) 单相智能电能表接线原理图。

(2) 经TA接入三相三线有功电能表的表尾接线图。

（二）接线常用的施工方法

(1) 线长测量与导线截取。

(2) 线头的剥削。

(3) 导线的走线、捆绑和线端余线处理。

(4) 接线的整理和检查。

七、技能培训步骤

（一）准备工作

1. 工作现场准备

单相智能电能表、单相集中器、连接导线、万用表、验电笔、终端天线等设备齐全。

2. 工具器材及使用材料准备

对工器具、材料、仪表进行检查，确保合格且能够正常使用，并整齐摆放于操作台上。

3. 安全措施及风险点分析

安全措施及风险点分析如表2-29所示。

表2-29 安全措施及风险点分析

序 号	危 险 点	原因分析	控制措施和方法
1	台体	漏电	将台体进行保护接地，工作时设专人监护，用验电笔验明确无电压后方可开始工作。操作时戴线手套，使用有绝缘手柄的工器具，站在干燥的绝缘垫上
2	电源侧开关	带电运行	设专人监护，戴线手套，检查或安装时应拉开电源侧开关，注意不得触碰开关上口或带电部位

（二）操作步骤

(1) 填写工作单，检查所用工器具。

(2) 检查电能表检定合格证是否在检定周期内。

(3) 检查各模块插接是否牢固。

(4) 对电能表进行导通测试。

(5)断开电路电源。

(6)在带电部位进行试验后,对工作点进行验电。

(7)选取导线并截取。

(8)对导线绝缘层进行剥削。

(9)电能表接线端钮盒导线进行压接。

(10)导线布线,负荷侧开关导线进行压接。

(11)电源侧开关导线进行压接。

(12)RS-485 通信线进行压接、天线安装。

(13)单相集中器进行参数设置与调试。

(14)导线绑扎。

(15)表尾加封,清理现场。

(16)上交工作单。

(17)汇报工作终结。

(三)工作结束

(1)仪器和器具清理:应将仪表、工器具放到原来的位置。

(2)清理操作现场,确保做到"工完场清"。

八、技能等级认证标准(评分)

电能计量装置安装与调试考核评分记录表如表 2-30 所示。

表 2-30 电能计量装置安装与调试考核评分记录表

姓名: 准考证号: 单位:

序号	项目	考核要点	配分	评分标准	得分	扣分	备注
1				工 作 准 备			
1.1	着装穿戴	戴安全帽、线手套,穿工作服及绝缘鞋,按标准要求着装	5	1. 未戴安全帽、线手套,未穿工作服及绝缘鞋,每项扣 2 分; 2. 着装穿戴不规范,每处扣 1 分			
1.2	选择材料及检查工器具	材料及工器具齐全,符合使用要求	5	1. 工器具、仪表齐全,缺少或不符合要求,每件扣 1 分; 2. 工器具、仪表未检查、检查项目不全、方法不规范,每件扣 1 分			
2				工 作 过 程			
2.1	填写工作单	正确填写工作单	5	1. 工作单漏填、错填,每处扣 2 分; 2. 工作单填写涂改,每处扣 1 分			
2.2	采集器检查	检查各部件完好	5	1. 各模块插接牢固,未检查每处扣 2 分; 2. 接收天线位置不正确,未检查扣 1 分			
2.3	电路检查	检查开关是否断开,正确验电	10	1. 未检查扣 5 分; 2. 未验电扣 5 分,方法错误扣 2 分			
2.4	导通测试	测试方法正确	5	不能正确进行电能表导通测试扣 5 分			

续表

序号	项目	考核要点	配分	评分标准	得分	扣分	备注
2.5	接线正确无误	接线正确，导线选择合理	15	1. 导线选择错误，每处扣2分； 2. 相色选择错误，每处扣5分； 3. RS-485信号线接错，本项不得分； 4. 接线错误，本项及2.6项不得分			
2.6	接线工艺	布线美观，横平竖直，压点牢固，压线符合规范	40	1. 压点紧固复紧不超过1/2周但又不伤线、滑丝，尾线压点应有两处明显压痕但不伤线，导线不能压绝缘皮，达不到要求每处扣2分； 2. 横平竖直偏值差大于3mm每处扣1分，转弯半径不符合要求每处扣2分； 3. 导线未扎紧，不符合工艺每处扣2分； 4. 芯线裸露超过1mm，每处扣1分； 5. 导线剥削过程中损伤，每处扣2分； 6. 导线长度超过15cm，每根扣2分； 7. 螺钉、工器具掉落，每次扣2分； 8. 漏装表尾盖、终端盖，每处扣2分； 9. 未实施铅封，每处扣5分			
3	工作终结验收							
3.1	安全文明生产	汇报结束前，所选工器具放回原位，摆放整齐，现场恢复原状	10	1. 出现不安全行为扣5分； 2. 现场未恢复扣5分，恢复不彻底扣2分； 3. 损坏工器具、元件，每处扣2分； 4. 工作单未上交扣5分			
			合计得分				

否定项说明：1.违反《国家电网公司电力安全工作规程（配电部分）》相关规定；2.违反职业技能鉴定考场纪律；3.造成设备重大损坏；4.发生人身伤害事故

考评员：　　　　　　　　　　　　　　　　　　　　年　　月　　日

2.3.4 用电业务咨询与办理

一、培训目标

通过专业理论学习和技能操作训练，使学员进一步掌握业扩报装、更名过户类业务咨询的基础知识，从而更好地为客户提供咨询服务、解答客户疑惑。

二、培训场所及设施

（一）培训场所

模拟用电业务咨询实训室。

（二）培训设施

培训工具及器材如表2-31所示。

表2-31 培训工具及器材（每个工位）

序号	名称	规格型号	单位	数量	是否现场准备	备注
1	计算机		台	1	是	
2	宣传折页	业扩报装	套	1	是	

续表

序号	名称	规格型号	单位	数量	是否现场准备	备注
3	一次性告知书	低压居民	张	1	是	
4	有效身份证明	身份证或户口本	张	1	是	
5	中性笔	黑色	支	1	是	
6	桌子		张	1	是	
7	椅子		把	1	是	
8	营销系统账号	测试账号（专人专用）	个	1	是	
9	95598智能知识库	测试账号（专人专用）	个	1	是	综合柜员考核用

三、培训参考教材与规程

（1）中华人民共和国国务院：中华人民共和国国务院令第722号《优化营商环境条例》，2019。

（2）国家发展改革委，国家能源局：发改能源规〔2020〕1479号《关于全面提升"获得电力"服务水平 持续优化用电营商环境的意见》，2020。

（3）国家电网有限公司：《国家电网有限公司关于修订发布供电服务"十项承诺"和员工服务"十个不准"的通知》（国家电网办〔2020〕16号），2020。

（4）国家电网有限公司：《供电服务标准》(Q/GDW 10403—2021)，2021。

四、培训对象

农网配电营业工（台区经理、综合柜员）。

五、培训方式及时间

（一）培训方式

教师现场讲解、示范，学员进行技能操作训练，培训结束后进行理论考核与技能测试。

（二）培训时间

（1）基础知识学习：1学时。

（2）业务介绍：1学时。

（3）操作讲解、示范：1学时。

（4）分组技能操作训练：2学时。

（5）技能测试：3学时。

合计：8学时。

六、基础知识

（一）业扩报装、更名过户业务概述

（二）解答客户用电业务申请咨询时的注意事项

（1）一次性告知客户所办理业扩报装、更名过户业务需要的资料。如客户前来咨询业扩新装时，向客户提供"用电办理一次性告知书"，在需提供资料后打"√"，一次性告知客户需提交的资料清单，并告知客户可以通过国网App线上发起新装、更名过户用电申请，减少客户重复往返。

（2）一次性告知客户所办理低压居民业扩报装、更名过户业务需要的时限。

七、技能培训步骤

（一）准备工作

1. 工作现场准备

办公计算机正常连接网络，有供测试用的营销数据库及营销账号。

2. 工具器材及使用材料准备

准备最新版宣传折页及一次性告知书，并整齐摆放于工作台上。

（二）操作步骤

（1）正确开机，对办公计算机进行检查，保证正常开机使用。

（2）正确告知提供资料、注意事项。

（3）正确使用一次性告知书。

（三）工作结束

（1）咨询业务办理完毕后，将办公计算机所有系统、文件关闭，进入待机模式。

（2）现场清理：工作结束，清理操作现场，确保"工完场清"。

八、技能等级认证标准（评分）

业扩报装咨询项目考核评分记录表（综合柜员）如表 2-32 所示。

表 2-32　业扩报装咨询项目考核评分记录表（综合柜员）

姓名：			准考证号：		单位：		
序号	项目	考核要点	配分	评分标准	得分	扣分	备注
1				工 作 准 备			
1.1	营业准备规范	1. 营业开始前，营业窗口服务人员提前到岗，按照仪容仪表规范进行个人整理； 2. 营业前，检查各类表单、服务资料、办公用品是否齐全、数量是否充足，按照定置定位要求摆放整齐； 3. 营业前，开启设备电源，启动计算机、打印机等办公设备，检查自助交费终端等信息化设备是否正常运行	5	1. 未按营业厅规范标准着工装扣5分； 2. 着装穿戴不规范（不成套、衬衣下摆未扎于裤/裙内，衬衣扣未扣齐），每处扣1分； 3. 未正确佩戴工号牌（工号牌位于工装左胸处），每项扣1分； 4. 浓妆艳抹，佩戴夸张首饰，每处扣1分； 5. 女员工长发应统一束起，短发清爽整洁，无乱发，男员工不留怪异发型，不染发，每处不规范扣1分； 6. 本项业务所需资料准备不齐全，每项扣1分； 7. 未检查设备是否正常运行，每项扣1分			
1.2	服务行为规范	姿态规范：站姿、坐姿规范	2	1. 站立时身体抖动，随意扶、倚、靠、踩，每项扣1分； 2. 坐立时托腮或趴在工作台上，抖动腿、跷二郎腿、左顾右盼，每项扣1分			
2				工 作 过 程			
2.1	设备使用	计算机、打印机等办公设备正常开启，并进入电力营销业务应用系统界面（综合柜员需同时登录95598智能知识库系统界面）	5	1. 未提前开启办公设备，扣5分； 2. 营业系统未提前登录，扣2分； 3. 营业系统账号混用，扣2分； 4. （综合柜员）95598智能知识库系统未登录，扣2分			

续表

序号	项目	考核要点	配分	评分标准	得分	扣分	备注
2.2	服务行为	热情礼貌迎接客户、文明用语的使用、主动服务意识	5	1. 未主动微笑迎接客户并示坐，每次扣1分； 2. 未使用规范文明用语，每次扣1分； 3. 未双手递物，每次扣1分； 4. 接待客户语气生硬，每次扣1分； 5. 站立时身体抖动，随意扶、倚、靠、踩，每项扣1分； 6. 坐立时托腮或趴在工作台上，抖动腿、跷二郎腿、左顾右盼，每项扣1分			
2.3	日常工作规范	为客户解答用电业务问题是否正常，有无主动一次性告知，办理业务是否超时限	10	1. 办理客户咨询业务一般每件不超过10分钟，如超时按每超出1分钟扣5分； 2. 随意打断客户讲话，每次扣5分； 3. 告知客户办理业务所需资料和时限，并主动提供一次性告知书，未主动告知扣2分； 4. 未使用告别语，扣3分			
		低压居民新装用电受理相关政策	5	未能正确回答对低压居民客户新装用电实行何种政策，扣5分			模拟咨询
		低压居民业扩报装资料	5	未能正确回答低压居民业扩报装资料种类及名称，每答错一项扣2分			模拟咨询
		低压业扩办电环节与时限	5	未能正确回答低压业扩办电压减后的环节及时限，每答错一项扣3分			模拟咨询
		高压业扩环节	5	1. 未能正确回答高压业扩压减后的环节，扣2分； 2. 未能正确回答对投资界面延伸至红线的高压客户压减后的环节，扣3分			模拟咨询
3				工作终结验收			
3.1	工作区域整理	1. 汇报结束前，清点营业各类工作表单，检查有无未完结业务； 2. 将工作区域内的办公物品及设备按要求归位，无损坏设施； 3. 清洁个人工作区域，保持环境干净整洁	3	1. 造成设备、设施损坏，此项不得分； 2. 设施未恢复原样，每项扣1分； 3. 现场遗留纸屑等未清理，扣1分； 4. 营销系统账号未退出，扣1分； 5. 考核完毕，柜员应将岗位牌翻至"暂停营业"后离岗，未将岗位牌翻至"暂停营业"，扣1分			
		合计得分					

否定项说明：1. 违反国家电网公司、省公司有关服务规范要求；2. 违反技能等级评价考场纪律；3. 造成设备重大损坏

考评员：　　　　　　　　　　　　　　　　年　月　日

更名过户业务咨询项目考核评分记录表（综合柜员）如表2-33所示。

表 2-33 更名过户业务咨询项目考核评分记录表（综合柜员）

姓名：　　　　　　　　　　　　准考证号：　　　　　　　　　　　单位：

序号	项目	考核要点	配分	评分标准	得分	扣分	备注
1				工作准备			
1.1	营业准备规范	1. 营业开始前，营业窗口服务人员提前到岗，按照仪容仪表规范进行个人整理；2. 营业前，检查各类表单、服务资料、办公用品是否齐全、数量是否充足，按照定置定位要求摆放整齐；3. 营业前，开启设备电源，启动计算机、打印机等办公设备，检查自助交费终端等信息化设备是否正常运行	5	1. 未按营业厅规范标准着工装扣 5 分；2. 着装穿戴不规范（不成套、衬衣下摆未扎于裤/裙内，衬衣扣未扣齐），每处扣 1 分；3. 未正确佩戴工号牌（工号牌位于工装左胸处），每项扣 1 分；4. 浓妆艳抹，佩戴夸张首饰，每处扣 1 分；5. 女员工长发应统一束起，短发清爽整洁，无乱发，男员工不留怪异发型，不染发，每处不规范扣 1 分；6. 本项业务所需资料准备不齐全，每项扣 1 分；7. 未检查设备是否正常运行，每项扣 1 分			
1.2	服务行为规范	姿态规范：站姿、坐姿规范	2	1. 站立时身体抖动，随意扶、倚、靠、踩，每项扣 1 分；2. 坐立时托腮或趴在工作台上，抖动腿、跷二郎腿、左顾右盼，每项扣 1 分			
2				工作过程			
2.1	服务行为	热情礼貌迎接客户、文明用语的使用、主动服务意识	2	1. 未主动微笑迎接客户并示坐，扣 1 分；2. 未使用规范文明用语，扣 1 分；3. 未双手递物，每次扣 1 分；4. 接待客户语气生硬，每次扣 1 分；5. 站立时身体抖动，随意扶、倚、靠、踩，每次扣 1 分；6. 坐立时托腮或趴在工作台上，抖动腿、跷二郎腿、左顾右盼，每次扣 1 分			
2.2	日常工作规范	更名（过户）业务定义	10	未能正确回答更名（过户）的定义，不得分			模拟咨询
		办理更名（过户）的条件	10	未能正确回答允许办理更名（过户）的条件，不得分			模拟咨询
		过户的条件	10	未能正确回答过户的条件，不得分			模拟咨询
		为客户解答用电业务问题是否正常，有无主动一次性告知，办理业务是否超时限	8	1. 对客户咨询问题未及时答复，每次扣 2 分；2. 未主动提醒客户办理业务时所需注意事项，每次扣 2 分；3. 随意打断客户讲话，每次扣 2 分；4. 未主动告知客户办理业务所需资料和办理时限，未主动提供一次性告知书，扣 3 分；5. 未使用告别语，每次扣 3 分；6. 超时办理客户用电咨询业务，每超出 1 分钟扣 2 分，扣完为止			

续表

序号	项目	考核要点	配分	评分标准	得分	扣分	备注
3			工作终结验收				
3.1	工作区域整理	1. 汇报结束前，清点营业各类工作表单，检查有无未完结业务；2. 将工作区域内的办公物品及设备按要求归位，无损坏设施；3. 清洁个人工作区域，保持环境干净整洁	3	1. 造成设备、设施损坏，此项不得分；2. 设施未恢复原样，每项扣2分；3. 现场遗留纸屑等未清理，扣2分；4. 营销系统账号未退出，扣5分；5. 考核完毕，柜员应将岗位牌翻至"暂停营业"后离岗，未将岗位牌翻至"暂停营业"，扣5分			
			合计得分				

否定项说明：1. 违反国家电网公司、省公司有关服务规范要求；2. 违反技能等级评价考场纪律；3. 造成设备重大损坏

考评员：　　　　　　　　　　　　　　　　　年　　月　　日

业扩报装咨询项目考核评分记录表（台区经理）如表2-34所示。

表2-34　业扩报装咨询项目考核评分记录表（台区经理）

姓名：　　　　　　　　　准考证号：　　　　　　　　　单位：

序号	项目	考核要点	配分	评分标准	得分	扣分	备注
1			工作准备				
1.1	着装穿戴	戴安全帽、线手套，穿工作服及绝缘鞋，按标准要求着装	10	1. 未戴安全帽、线手套，未穿工作服及绝缘鞋，每项扣2分；2. 着装穿戴不规范，每处扣2分			
1.2	服务行为规范	姿态规范：站姿、坐姿规范	2	1. 站立时身体抖动，随意扶、倚、靠、踩，每项扣1分；2. 坐立时托腮或趴在工作台上，抖动腿、跷二郎腿、左顾右盼，每项扣1分			
2			工作过程				
2.1	服务行为	热情礼貌迎接客户、文明用语的使用、主动服务意识	15	1. 未主动微笑迎接客户并示坐，每次扣2分；2. 未使用规范文明用语，每次扣2分；3. 未双手递物，每次扣2分；4. 接待客户语气生硬，每次扣2分；5. 站立时身体抖动，随意扶、倚、靠、踩，每项扣2分；6. 坐立时托腮或趴在工作台上，抖动腿、跷二郎腿、左顾右盼，每项扣2分			
2.2	日常工作规范	为客户解答用电业务问题是否正常，有无主动一次性告知，办理业务是否超时限	10	1. 超时办理客户咨询业务，每超出1分钟扣5分，扣完为止；2. 随意打断客户讲话，每次扣5分；3. 告知客户办理业务所需资料和时限，并主动提供一次性告知书，未主动告知扣2分；4. 未使用告别语，扣3分			
		低压居民新装用电受理相关政策	5	未能正确回答低压居民新装用电实行何种政策，不得分			模拟咨询
		低压居民业扩报装资料	5	未能正确回答低压居民业扩报装资料种类及名称，每答错一项扣2分			模拟咨询

续表

序号	项目	考核要点	配分	评分标准	得分	扣分	备注
		低压业扩办电环节与时限	5	未能正确回答低压业扩办电环节与时限，每答错一项扣3分			模拟咨询
		高压业扩环节	5	1. 未能正确回答高压业扩压减后的环节，扣2分； 2. 未能正确回答对投资界面延伸至红线的高压客户压减后的环节，扣3分			模拟咨询
3				工作终结验收			
3.1	安全文明生产	考核结束前，表单摆放整齐，设备恢复原状	3	1. 表单资料摆放不规范，扣3分； 2. 现场未恢复扣3分，恢复不彻底扣1～2分			
				合 计 得 分			

否定项说明：1. 违反《国家电网公司电力安全工作规程（配电部分）》相关规定；2. 违反职业技能鉴定考场纪律；3. 造成设备重大损坏；4. 发生人身伤害事故

考评员： 　　　　　　　　　　　　　　　年　　月　　日

更名过户业务咨询项目考核评分记录表（台区经理）如表2-35所示。

表2-35　更名过户业务咨询项目考核评分记录表（台区经理）

姓名：　　　　　　　　　　准考证号：　　　　　　　　　　单位：

序号	项目	考核要点	配分	评分标准	得分	扣分	备注
1				工 作 准 备			
1.1	准备规范	1. 工作人员提前到岗，着装规范； 2. 检查设备是否正常运行	5	1. 未按标准着工装，扣5分； 2. 本项业务所需资料准备不齐全，每项扣2分； 3. 未检查设备是否正常运行，扣2分			
1.2	服务行为规范	姿态规范：站姿、坐姿规范	2	1. 站立时身体抖动，随意扶、倚、靠、踩，每项扣1分； 2. 坐立时托腮或趴在工作台上，抖动腿、跷二郎腿、左顾右盼，每项扣1分			
2				工 作 过 程			
2.1	服务行为	热情礼貌迎接客户、文明用语的使用、主动服务意识	2	1. 未主动微笑迎接客户并示坐，扣1分； 2. 未使用规范文明用语，扣1分； 3. 未双手递物，每次扣1分； 4. 接待客户语气生硬，每次扣1分； 5. 站立时身体抖动，随意扶、倚、靠、踩，每次扣1分； 6. 坐立时托腮或趴在工作台上，抖动腿、跷二郎腿、左顾右盼，每次扣1分			

续表

序号	项目	考核要点	配分	评分标准	得分	扣分	备注
2.2	日常工作规范	更名（过户）业务定义	10	未能正确回答更名（过户）业务定义，不得分			模拟咨询
		办理更名（过户）的条件	10	未能正确回答办理更名（过户）的条件，不得分			模拟咨询
		过户的条件	10	未能正确回答过户条件，不得分			模拟咨询
		为客户解答用电业务问题是否正常，有无主动一次性告知，办理业务是否超时限	8	1. 对客户咨询问题未及时答复，每次扣 2 分； 2. 未主动提醒客户办理业务时所需注意事项，每次扣 2 分； 3. 随意打断客户讲话，每次扣 2 分； 4. 未主动告知客户办理业务所需资料和办理时限，未主动提供一次性告知书，扣 3 分； 5. 未使用告别语，每次扣 3 分； 6. 超时办理客户用电咨询业务，每超时 1 分钟扣 2 分，扣完为止			
3				工作终结验收			
3.1	工作区域整理	汇报结束前，将工作区域内的办公物品及设备按要求归位，无损坏设施。清洁个人工作区域，保持环境干净整洁	3	1. 造成设备、设施损坏，此项不得分； 2. 设施未恢复原样，每项扣 2 分； 3. 现场遗留纸屑等未清理，扣 2 分			
			合 计 得 分				
否定项说明：1. 违反国家电网公司、省公司有关服务规范要求；2. 违反技能等级评价考场纪律；3. 造成设备重大损坏

考评员： 　　　　　　　　　　　　　　　　　　　　年　　月　　日

2.3.5 电费核算（居民阶梯电价用户）

一、培训目标

本项目为低压居民阶梯电费计算，学员在培训师指导下，通过专业理论学习和技能操作训练，进一步熟悉低压居民客户电费核算的基础知识，掌握居民阶梯电价政策、阶梯分挡电量和分挡电费的计算方式，正确计算居民阶梯电费，从而提高实际工作的效率，更好地为客户提供服务。

二、培训场所及设施

（一）培训场所

教室。

（二）培训设施

培训工具及器材如表 2-36 所示。

表 2-36　培训工具及器材（每个工位）

序号	名称	规格型号	单位	数量	备注
1	科学计算器		个	1	
2	桌子		张	1	
3	凳子		把	1	
4	答题纸		张	若干	
5	分挡标准		份	1	
6	分时电价执行规定		张	1	
7	电价表		张	1	
8	中性笔	黑色	支	1	

三、培训参考教材与规程

（1）张俊玲：《抄表核算收费》，中国电力出版社，2013。

（2）国家电网公司：《国家电网有限公司电费抄核收管理办法》[国网（营销/3）273—2019]，2019。

（3）国家发改委：《国家发展改革委关于调整销售电价分类结构有关问题的通知》（发改价格〔2013〕973号），2013。

（4）国家发改委：《国家发展改革委印发关于居民生活用电试行阶梯电价的指导意见的通知》（发改价格〔2011〕2617号），2011。

四、培训对象

综合柜员（农网配电营业工）。

五、培训方式及时间

（一）培训方式

教师现场讲解、示范，学员进行技能操作训练，培训结束后进行理论考核与技能测试。

（二）培训时间

（1）基础知识学习：1学时。

（2）分组技能操作训练：1学时。

（3）技能测试：1学时。

合计：3学时。

六、基础知识

（一）销售电价分类

销售电价分类按用户用电可分为居民生活用电、农业生产用电、工商业及其他用电和大工业用电。

1.居民生活用电

居民生活用电包含以下六类用电。

（1）城乡居民住宅用电。

城乡居民住宅用电是指城乡居民家庭住宅，以及机关、部队、学校、企事业单位集体宿舍的生活用电。

（2）城乡居民住宅小区公用附属设施用电。

是指城乡居民家庭住宅小区内的公共场所照明、电梯、电子防盗门、电子门铃、消防、绿地、门卫、车库等非经营性用电。

（3）学校教学和学生生活用电。

是指学校的教室、图书馆、实验室、体育用房、校系行政用房等教学设施，以及学生食堂、澡堂、宿舍等学生生活设施用电。

执行居民用电价格的学校，是指经国家有关部门批准，由政府及其有关部门、社会组织和公民个人举办的公办、民办学校。包括：

① 普通高等学校（包括大学、独立设置的学院和高等专科学校）；

② 普通高中、成人高中和中等职业学校（包括普通中专、成人中专、职业高中、技工学校）；

③ 普通初中、职业初中、成人初中；

④ 普通小学、成人小学；

⑤ 幼儿园（托儿所）；

⑥ 特殊教育学校（对残障儿童、少年实施义务教育的机构）。

学校教学和学生生活用电中不含各类经营性培训机构，如驾校、烹饪、美容美发、语言、计算机培训等。

（4）社会福利场所生活用电。

是指经县级及以上人民政府民政部门批准，由国家、社会组织和公民个人举办的，为老年人、残疾人、孤儿、弃婴提供养护、康复、托管等服务场所的生活用电。

（5）宗教场所生活用电。

是指经县级及以上人民政府宗教事务部门登记的寺院、宫观、清真寺、教堂等宗教活动场所常住人员和外来暂住人员的生活用电。

（6）城乡社区居民委员会服务设施用电。

是指城乡居民社区居民委员会工作场所及非经营公益服务设施的用电。

2. 农业生产用电

农业生产用电包含以下七类用电。

（1）农业用电。

是指各种农作物的种植活动用电，包括谷物、豆类、薯类、棉花、油料、糖料、麻类、烟草、蔬菜、食用菌、园艺作物、水果、坚果、含油果、饮料和香料作物、中药材及其他农作物种植用电。

（2）林木培育和种植用电。

是指林木育种和育苗、造林和更新、森林经营和管护等活动用电。其中，森林经营和管护用电是指在林木生长的不同时期进行的促进林木生长发育的活动用电。

（3）畜牧业用电。

是指为了获得各种畜禽产品而从事的动物饲养活动用电，不包括专门供体育活动和休闲等活动相关的畜禽饲养用电。

（4）渔业用电。

是指在内陆水域对各种水生动物进行养殖、捕捞，以及在海水中对各种水生动植物进行养殖、捕捞活动用电，不包括专门供体育活动和休闲钓鱼等活动用电及水产品的加工用电。

（5）农业灌溉用电。

指为农业生产服务的灌溉及排涝用电。

（6）农产品初加工用电。

是指对各种农产品（包括天然橡胶、纺织纤维原料）进行脱水、凝固、去籽、净化、分类、晒干、剥皮、初烤、沤软或大批包装以提供初级市场的用电。

（7）保鲜仓储设施用电。

是指家庭农场、农民合作社、供销合作社、邮政快递企业、产业化龙头企业在农村建设的保鲜仓储设施用电。

3. 工商业及其他用电

一般工商业电价就是将非工业、普通工业、非居民照明、商业用电四类合并为一类，合并后的电价实施范围包括以下两类。

（1）一般工商业用电：除居民生活、农业生产及大工业用电以外的用电。

（2）农副食品加工业用电（容量不足315kVA）：直接以农、林、牧、渔产品为原料进行的谷物磨制、饲料加工、植物油和制糖加工、屠宰及肉类加工、水产品加工，以及蔬菜、水果、坚果等食品的加工用电。

4. 大工业用电

大工业用电是指受电变压器（含不通过受电变压器的高压电动机）容量在315kVA及以上的下列用电。

（1）以电为原动力，或以电冶炼、烘焙、熔焊、电解、电化、电热的工业生产用电。

（2）铁路（包括地下铁路、城铁）、航运、电车及石油（天然气、热力）加压站生产用电。

（3）自来水、工业实验、电子计算中心、垃圾处理、污水处理生产用电。

（二）峰谷分时电价

峰谷分时电价是根据一天内不同时段用电，按照不同价格分别计算电费的一种电价制度。峰谷分时电价根据电网的负荷变化情况，将每天24h划分为高峰、平段、低谷等多个时间段，对各时间段分别制定不同的电价，以鼓励用电客户合理安排用电时间。

峰谷分时电价是在保持销售电价总水平基本稳定的基础上，将用电高峰时期的电价提高、低谷时期的电价降低，通过价格杠杆调节，引导用户削峰填谷、改善电力供需状况、促进新能源消纳，为构建以新能源为主体的新型电力系统、保障电力系统安全、稳定、经济运行提供支撑。

各地的峰谷分时电价的执行范围、时段划分和浮动比例差异化较大，通过市场交易购电的工商业用户，不再执行峰谷分时电价。由供电公司代购的工商业用户，继续执行峰谷分时电价，具体执行要求以当地分时电价政策为准。执行居民阶梯电价的用户，部分地区已经放开分时电价的执行，用户可按自己的用电情况，选择执行还是不执行。合表的居民生活电价用户，其中小区的充电设施用电部分地区已放开执行分时电价。农业生产和农业排灌用电，除少数地区规定执行分时电价外，多地没有放开执行分时电价。

（三）居民阶梯电费计算

居民阶梯电价是指将现行单一形式的居民电价，改为按照用户消费的电量分段定价，用电价格随用电量增加呈阶梯状逐级递增的一种电价定价机制。

根据《国家发展改革委印发关于居民生活用电试行阶梯电价的指导意见的通知》(发改价格〔2011〕2617号)，为促进资源节约型和环境友好型社会建设，引导居民合理用电、节约用电，自2012年7月1日起对居民生活用电实行阶梯电价。

1. 电量分挡和电价标准

根据国家规定，居民每月用电量划分为三挡，电价实行分挡递增。

（1）第一挡电量电价标准维持现价不变。

（2）第二挡电量电价标准比第一挡电价提高不低于0.05元/千瓦时。

（3）第三挡电量电价标准比第一挡电价提高0.3元/千瓦时。

（4）免费政策：

对城乡"低保户"和农村"五保户"家庭的困难群体，给予每户每月10～15度免费用电基数。采取"即收即返"的方式，供电企业根据民政部门定期提供的城乡"低保户"和农村"五保户"家庭清单，从抄表月份第一挡电量中扣除对应的免费电量后计算当月应收电费。免费电量按年清算。

对家庭户籍人口在5人（含5人）以上的用户，每月增加阶梯电价基数（各省有差异）。

2. 实施范围及方式

"一户一表"的城乡居民用电户执行居民阶梯电价。居民用户原则上以住宅为单位，一个房产证明对应的住宅为"一户"。没有房产证明的，以供电企业为居民安装的电表为单位。

未实行"一户一表"的合表居民用户和执行居民电价的非居民用户（如学校、社区居委会、社会福利机构等），暂不执行居民阶梯电价。

3. 结算方式

（1）月阶梯：全年分挡电量按照月度电量标准计算，执行相应分挡的电价标准。

（2）年阶梯：全年分挡电量按照月度电量标准乘以月份计算，执行相应分挡的电价标准。

4. 计算方式

将结算电量按阶梯梯度标准划分出各挡次的结算电量值，并根据各挡次对应阶梯浮动电价计算出相应阶梯电费。如用户抄表方式为多月抄表，在划分各挡次电量值时阶梯梯度标准需乘以抄表间隔月数。

居民用户发生用电变更，按照实际用电月份数计算分挡电量，用电不足一个月的按一个月计算。

居民用户自愿选择执行居民峰谷分时电价。实施阶梯电价后，居民用户电费按照"先峰谷、后阶梯"的方式计算。

（1）不分时段进行阶梯浮动的计算方式：

$$阶梯电费 = \sum_{i=1}^{n} 结算电量_i \times 阶梯浮动电价_i$$

其中i表示各挡次。

（2）分时段进行阶梯浮动的计算方式：

$$阶梯电费_j = \sum_{i=1}^{n} 结算电量_{ij} \times 阶梯浮动电价_{ij}$$

$$阶梯电费 = \sum_{j=1}^{m} 阶梯电费_j$$

其中，i 表示各挡次，j 表示各时段。

根据按梯度递增或递减情况在目录电度电费中增加或扣除相应的阶梯电费。

5. 低压居民客户电费发票票面信息构成

低压居民客户电费发票由三部分构成：客户、发票信息，票面内容，备注信息。

票面信息包含：①抄见示数；②倍率；③分时结算电量；④超挡电量；⑤分时结算、超挡电价；⑥分时结算、超挡电费；⑦电费预收及电费结存。

备注信息：客户当前各挡电量使用情况。

七、技能培训步骤

（一）准备工作

（1）进入工作场所。

（2）仪容、仪表整理。

（3）检查任务表、电价表、电量分挡标准表、计算机等电费计算资料、分时电价执行规定。

（二）操作步骤

（1）执行阶梯标准判断。

（2）计算年结算电量标准。

（3）分挡电量计算。

（4）分挡电费计算。

（5）合计电费计算。

（三）工作结束

（1）所用物品摆放整齐，无不规范行为。

（2）清理操作现场。

八、技能等级认证标准（评分）

居民阶梯电费计算考核评分记录表如表 2-37 所示。

表 2-37 居民阶梯电费计算考核评分记录表

姓名： 准考证号： 单位：

序号	项目	考核要点	配分	评分标准	得分	扣分	备注
1				工作准备			
1.1	营业准备规范	1. 营业开始前，营业窗口服务人员提前到岗，按照仪容仪表规范进行个人整理； 2. 营业前，检查各类办公用品是否齐全、数量是否充足，按照定置定位要求摆放整齐	10	1. 未按营业厅规范标准着工装，扣 10 分； 2. 着装穿戴不规范（不成套、衬衣下摆未扎于裤/裙内，衬衣扣未扣齐），每处扣 2 分； 3. 未佩戴配套的配饰（女员工未戴头花、领花，男员工未系领带），每项扣 2 分； 4. 未穿黑色正装皮鞋、佩戴工号牌（工号牌位于工装左胸处），每项扣 2 分； 5. 浓妆艳抹，佩戴夸张首饰，每处扣 2 分； 6. 女员工长发应统一束起，短发清爽整洁，无乱发，男员工不留怪异发型，不染发，每处不规范扣 2 分			

续表

序号	项目	考核要点	配分	评分标准	得分	扣分	备注
2				工作过程			
2.1	执行阶梯标准计算	1. 根据现场提供的三挡阶梯标准，判断三挡标准数据； 2. 计算年结算三挡标准电量	20	1. 未按给定标准选择三挡标准，错选一挡扣2分； 2. 年标准电量计算错误，算错一挡扣5分； 3. 无计算步骤，每项扣2分			
2.2	电量计算	1. 阶梯电量计算正确； 2. 总电量计算正确； 3. 计算步骤清晰、准确	35	1. 阶梯电量计算错误扣10分； 2. 无计算步骤，每项扣2分； 3. 公式错误，每项扣2分； 4. 无电量单位或单位错误，每处扣2分； 5. 涂改每处扣1分			
2.3	电费计算	1. 阶梯电费计算正确； 2. 总电费计算正确； 3. 计算步骤清晰、准确	35	1. 阶梯电费计算错误扣10分； 2. 无计算步骤，每项扣2分； 3. 公式错误，每项扣2分； 4. 无电费单位或单位错误，每处扣2分； 5. 涂改每处扣1分			
3				工作终结验收			
3.1	工作区域整理	汇报工作结束前，清理工作现场，退出系统，计算机、桌面及现场恢复原状	5	1. 设施未恢复原样，每项扣2分； 2. 现场遗留纸屑等未清理，扣2分			
合计得分							
否定项说明：违反技能等级评价考场纪律							

考评员： 　　　　　　　　　　　　　　　年　　月　　日

第3章

四级/中级工

3.1 配电技能

3.1.1 配电自动化 10kV 柱上断路器停送电操作

一、培训目标

通过专业理论学习和技能操作训练，使学员了解配电自动化 10kV 柱上断路器停送电操作，熟练掌握配电自动化 10kV 柱上断路器停送电的操作流程及安全注意事项。

二、培训场所及设施

(一) 培训场所

配电综合实训场。

(二) 培训设施

培训工具及器材如表 3-1 所示。

表 3-1　培训工具及器材（每个工位）

序号	名称	规格型号	单位	数量	备注
1	空白操作票		张	1	现场准备
2	绝缘操作杆		套	1	现场准备
3	中性笔		支	2	考生自备
4	安全帽		顶	1	考生自备
5	绝缘鞋		双	1	考生自备
6	工作服		套	1	考生自备
7	绝缘手套		副	1	考生自备
8	急救箱（配备外伤急救用品）		个	1	现场准备
9	安全带		副	1	现场准备
10	脚扣		副	1	现场准备
11	"禁止合闸，线路有人工作"标示牌		块	1	现场准备
12	10kV 验电笔		支	1	现场准备

三、培训参考教材与规程

（1）国家电网公司：《国家电网公司电力安全工作规程（配电部分）》，中国电力出版社，2014。

（2）电力行业职业技能鉴定指导中心：11-047 职业技能鉴定指导书《配电线路（第二版）》，中国电力出版社，2008。

（3）电力行业职业技能鉴定指导中心：6-07-05-06 职业技能鉴定指导书《农网配电营业工》（电力工程农电专业），中国电力出版社，2007。

（4）国家电网公司人力资源部：国家电网公司生产技能人员职业能力培训专用教材《农

网配电》，中国电力出版社，2010。

（5）国家电网公司人力资源部：国家电网公司生产技能人员职业能力培训专用教材《配电线路检修》，中国电力出版社，2010。

四、培训对象

农网配电营业工（台区经理）。

五、培训方式及时间

（一）培训方式

教师现场讲解、示范，学员进行技能操作训练，培训结束后进行理论考核与技能测试。

（二）培训时间

（1）安全工器具检查及使用专业知识：2学时。

（2）操作讲解、示范：1学时。

（3）分组技能操作训练：3学时。

（4）技能测试：2学时。

合计：8学时。

六、基础知识

（一）高压设备

配电自动化10kV柱上断路器。

（二）操作步骤

（1）安全工器具的检查及使用。

（2）操作的注意事项。

（三）10kV柱上断路器停送电操作流程

作业前的准备→个人着装检查→填写操作票→安全工器具检查→办理工作许可→操作→清理现场、工作结束。

七、技能培训步骤

（一）作业前的准备

1. 工作现场准备

必备4个工位，布置现场工作间距不小于3m，各工位之间用栅状遮栏隔离，场地清洁。每个工位在电杆（墙）上已安装一台10kV断路器（断路器前后装设隔离刀闸），引线已连接；每个工位已做好停电、验电、装设接地线的安全措施。

2. 工具器材准备

对进场的工器具进行检查，确保能够正常使用，并整齐摆放于工具架上。

3. 安全措施及风险点分析

（1）防触电伤害。

绝缘电阻测试时由专人监护，注意与测试线裸露部分的安全距离。

（2）防止高空坠落。

专人监护，登杆前检查登高工具，使用全方位安全带并检查是否扣牢，安全带要系在牢固的构件上，使用防坠落措施，由专人扶梯。

（3）防止高空落物。

绑设备材料时打好绳结，用完工器具放在包内；地面人员尽量避免停留在作业点下方；戴好安全帽。

（二）个人着装检查

检查着装及安全帽。

（三）安全工器具检查

10kV 绝缘手套、10kV 绝缘靴、10kV 绝缘操作棒、标示牌，对外观及检漏进行检查，对试验标签进行检查核对，并正确汇报检查结果。

（四）办理工作许可

正确填写操作票（设备名称、编号按现场设备实际填写），并履行工作许可制度。

（五）操作

按照操作规程操作配电自动化 10kV 柱上断路器。

（六）清理现场、工作结束

操作完毕后，将工器具、材料整齐摆放在指定位置。清理现场，工作结束，离场，向考评员汇报工作结束。

八、技能等级认证标准（评分）

配电自动化 10kV 柱上断路器停送电操作项目考核评分记录表如表 3-2 所示。

表 3-2 配电自动化 10kV 柱上断路器停送电操作项目考核评分记录表

姓名：				准考证号：			单位：
序号	项目	考核要点	配分	评分标准	得分	扣分	备注
1	着装及防护	劳保服、安全帽、劳保鞋	3	1. 现场工作服穿着整洁，扣好衣扣、袖扣，无错扣、漏扣、掉扣，无破损； 2. 穿着劳保鞋，鞋带绑扎扎实整齐，无安全隐患； 3. 正确佩戴安全帽，耳朵在帽带三角区，合格无破损			共 3 项，每漏 1 项扣 1 分
2	申请操作	申请操作	1	报告考评员准备工作完成，得到许可后指定工位，方可开展工作			不满足要求事项的，该项不得分
3	工器具和材料选用及检查	工器具选用及检查	2	将 10kV 绝缘手套整齐地摆放在帆布或塑料布上，对外观及检漏进行检查，对试验标签进行检查核对，并正确汇报检查结果			不满足要求事项的，该项不得分
			2	将 10kV 绝缘靴整齐地摆放在帆布或塑料布上，对外观进行检查，对试验标签进行检查核对，并正确汇报检查结果			不满足要求事项的，该项不得分
			2	将验电笔整齐地摆放在帆布或塑料布上，对外观及连接部位进行检查，并正确汇报检查结果			不满足要求事项的，该项不得分
			2	将 10kV 绝缘操作棒整齐地摆放在帆布或塑料布上，对外观及检漏进行检查，对试验标签进行检查核对，并正确汇报检查结果			不满足要求事项的，该项不得分

续表

序号	项 目	考核要点	配分	评分标准	得分	扣分	备注
3	工器具和材料选用及检查	工器具选用及检查	1	将标示牌整齐地摆放在帆布或塑料布上，对外观进行检查，并正确汇报检查结果			不满足要求事项的，该项不得分
		材料选用及检查	1	正确选用操作票、中性笔			不满足要求事项的，该项不得分
4	与调度办理工作许可手续	工作许可	5	已与调度员联系，调度员已经下达操作任务，已复诵操作任务，得到调度员的确认。正确填写操作票			不满足要求事项的，该项不得分
5	柱上开关自动化设备操作步骤	核对设备名称及编号	4	核对现场柱上开关双重命名及状态，正确汇报核对结果，并清晰洪亮地读出来			不满足要求事项的，该项不得分
		操作开关（通过终端按钮操作）	6	监护人唱票操作任务后，操作人应复诵操作任务，复诵时应说普通话，声音洪亮，咬字清楚，不卡顿，同时手指向设备处，并通过终端按钮操作断开开关			不满足要求事项的，该项不得分
			5	监护人唱票操作任务后，操作人应复诵操作任务，复诵时应说普通话，声音洪亮，咬字清楚，不卡顿，同时手指向设备处，检查开关确在断开位置			不满足要求事项的，该项不得分
		退出二次功能	5	监护人唱票操作任务后，操作人应复诵操作任务，复诵时应说普通话，声音洪亮，咬字清楚，不卡顿，同时手指向终端处，并退出终端面板上所有分合闸压板			不满足要求事项的，该项不得分
			5	监护人唱票操作任务后，操作人应复诵操作任务，复诵时应说普通话，声音洪亮，咬字清楚，不卡顿，同时手指向终端处，检查终端面板上所有分合闸压板在退出位置			不满足要求事项的，该项不得分
			5	监护人唱票操作任务后，操作人应复诵操作任务，复诵时应说普通话，声音洪亮，咬字清楚，不卡顿，同时手指向终端处，并退出终端面板上所有电源空开			不满足要求事项的，该项不得分
			5	监护人唱票操作任务后，操作人应复诵操作任务，复诵时应说普通话，声音洪亮，咬字清楚，不卡顿，同时手指向终端处，检查终端面板上所有电源空开在退出位置			不满足要求事项的，该项不得分
		对开关负荷侧进行验电	6	监护人唱票操作任务后，操作人应复诵操作任务，复诵时应说普通话，声音洪亮，咬字清楚，不卡顿，同时手指向设备处，正确使用验电器对开关负荷侧进行验电，验证开关已正确断开			不满足要求事项的，该项不得分
		操作负荷侧隔离刀闸	5	监护人唱票操作任务后，操作人应复诵操作任务，复诵时应说普通话，声音洪亮，咬字清楚，不卡顿，同时手指向设备处，将负荷侧隔离刀闸拉开，先拉中相，后拉远边相，再拉近边相			不满足要求事项的，该项不得分

续表

序号	项目	考核要点	配分	评分标准	得分	扣分	备注
5	柱上开关自动化设备操作步骤	操作负荷侧隔离刀闸	5	监护人唱票操作任务后,操作人应复诵操作任务,复诵时应说普通话,声音洪亮,咬字清楚,不卡顿,同时手指向设备处,检查负荷侧隔离刀闸确在断开位置			不满足要求事项,该项不得分
		操作电源侧隔离刀闸	5	监护人唱票操作任务后,操作人应复诵操作任务,复诵时应说普通话,声音洪亮,咬字清楚,不卡顿,同时手指向设备处,将电源侧隔离刀闸拉开,先拉中相,后拉远边相,再拉近边相			不满足要求事项,该项不得分
			5	监护人唱票操作任务后,操作人应复诵操作任务,复诵时应说普通话,声音洪亮,咬字清楚,不卡顿,同时手指向设备处,检查电源侧隔离刀闸确在断开位置			不满足要求事项,该项不得分
		悬挂标志牌	5	监护人唱票操作任务后,操作人应复诵操作任务,复诵时应说普通话,声音洪亮,咬字清楚,不卡顿,同时手指向设备处,在电源侧隔离刀闸所在杆上合适位置悬挂"禁止合闸,线路有人工作"标示牌			不满足要求事项,该项不得分
	其他要求	操作情况	5	操作人应正确穿戴绝缘鞋和绝缘手套,使用绝缘操作棒			不满足要求事项,该项不得分
			3	操作"√":操作项目完成后,立即在对应栏内标注"√"。对于监护操作由监护人完成			不满足要求事项,该项不得分
			3	操作过程中要求熟悉操作步骤,动作连贯,不卡顿			不满足要求事项,该项不得分
6	事后清理	清理现场	2	操作完毕后,将工器具、材料整齐摆放在指定位置			不满足要求事项,该项不得分
	结束报告	工作汇报	2	操作完毕后,向考评员汇报工作结束			不满足要求事项,该项不得分
			合计得分				

否定项说明:1.违反《国家电网公司电力安全工作规程(配电部分)》相关规定;2.违反职业技能鉴定考场纪律;3.造成设备重大损坏;4.发生人身伤害事故

考评员:　　　　　　　　　　　　　　　　年　　月　　日

3.1.2　配电变压器绝缘电阻测试

一、培训目标

掌握配电变压器停送电操作流程及安全措施,了解配电变压器绝缘电阻测试及绝缘电阻表的构造和原理,掌握配电变压器绝缘电阻测试标准化作业工艺流程,确保工作有序、高效;正确测量出高压与地、低压与地、高压与低压的绝缘电阻值,记录被测时的温度,根据温度进行换算，对测量结果进行分析。

二、培训场所及设施

（一）培训场所

配电综合实训场。

（二）培训设施

培训工具及器材如表 3-3 所示。

表 3-3 培训工具及器材（每个工位）

序号	名称	规格型号	单位	数量	备注
1	变压器	10kV	台	1	现场准备
2	绝缘电阻表及其组件	2500～5000V	套	1	现场准备
3	温度、湿度计		只	1	现场准备
4	秒表		只	1	现场准备
5	清洁布		块	若干	现场准备
6	通用电工工具		套	1	考生自备
7	安全帽		顶	1	考生自备
8	绝缘鞋		双	1	考生自备
9	中性笔		支	1	考生自备
10	急救箱		个	1	考生自备
11	工作服		套	1	考生自备
12	绝缘手套		副	1	考生自备

三、培训参考教材与规程

（1）国家电网公司：《国家电网公司电力安全工作规程（配电部分）》，中国电力出版社，2014。

（2）中华人民共和国电力行业标准《农村低压电力技术规程》（DL/T 499—2001），中华人民共和国国家经济贸易委员会，2001。

（3）电力行业职业技能鉴定指导中心：11-047 职业技能鉴定指导书《配电线路（第二版）》，中国电力出版社，2008。

（4）电力行业职业技能鉴定指导中心：6-07-05-06 职业技能鉴定指导书《农网配电营业工》（电力工程农电专业），中国电力出版社，2007。

（5）国家电网公司人力资源部：国家电网公司生产技能人员职业能力培训专用教材《农网配电》，中国电力出版社，2010。

（6）国家电网公司人力资源部：国家电网公司生产技能人员职业能力培训专用教材《配电线路检修》，中国电力出版社，2010。

（7）国家能源局：中华人民共和国电力行业标准《电气设备预防性试验规程》（DL/T 596—2021），2021。

四、培训对象

农网配电营业工（台区经理）。

五、培训方式及时间

(一) 培训方式

教师现场讲解、示范,学员进行技能操作训练,培训结束后进行理论考核与技能测试。

(二) 培训时间

(1) 基础知识学习:1 学时。

(2) 配电变压器绝缘电阻测试作业流程:1 学时。

(3) 操作讲解、示范:1 学时。

(4) 分组技能操作训练:3 学时。

(5) 技能测试:2 学时。

合计:8 学时。

六、基础知识

(一) 配电变压器绝缘电阻测试专业知识

(1) 配电变压器停送电流程及安全措施。

(2) 绝缘电阻表的构造和原理。

(3) 配电变压器预防性试验规范。

(4) 配电变压器分接开关的结构、作用及调整。

(5) 配电变压器绝缘电阻测量的有关要求及安全注意事项。

(二) 配电变压器绝缘电阻测试作业流程

作业前的准备→工器具选择与检查→停电操作并用放电棒对配电变压器充分放电→高压侧绝缘电阻测量→低压侧绝缘电阻测量→填写配电变压器绝缘电阻测量记录表→变压器放电→清理现场、工作结束。

七、技能培训步骤

(一) 准备工作

1. 工作现场准备

(1) 场地准备:必备 4 个工位,布置现场工作间距不小于 3m,每个工位给定待测 10kV 配电变压器,引线已解除;每个工位必备接地装置;各工位之间用遮栏隔离,场地清洁。

(2) 功能准备:工位间安全距离符合要求,学员间不得相互影响,能够保证独立操作。

(3) 对作业现场进行双勘查,并填写现场勘查记录。办理配电第一种工作票。

2. 工具器材准备

对现场的工器具进行检查,确保能够正常使用,并整齐摆放于工具架上。工具器材要求质量合格、安全可靠、数量满足需要。现场试验设备、测试线放置合理,不妨碍测试工作。

(二) 操作步骤

1. 工作前的准备

(1) 正确合理着装。

(2) 正确选择工具及仪表。检查绝缘电阻表是否良好,检查时将绝缘电阻表两根引线相碰,慢慢摇动手柄,检查指针是否指向"0",如果指针不指向"0",应调整表上的调零装置;将两根引线分开,检查指针是否指向"∞"。

2. 进行工作票许可

召开班前会,并现场执行工作票所列安全措施。

3. 配电变压器绝缘电阻测量

(1)检查被测设备是否处于停电状态,被测设备高、低压引线及避雷器等电气设备是否拆除。

(2)将配电变压器套管表面擦拭干净。确保停电后配电变压器内部设备与环境温度相同,温度误差不大于75%,以免造成测量误差。

(3)测试高压侧对低压侧及地绝缘电阻:把高压侧的三个柱头用短接线相连接,低压侧的四个桩头用短接线相连并接地,用测试引线将测试仪"接地"端和低压柱头连接,将"电路"端测试引线接于测试柱头,手摇测试仪转速由低到高,保持120r/min左右,记录读数。记录读数后,先将"电路"端测试引线与测试柱头分开,再降低手摇测试仪转速至零。对配电变压器测试柱头放电。

(4)测试低压侧对地绝缘电阻:把高压侧的三个柱头用短接线相连并接地,低压侧的四个柱头用短接线相连接,用测试引线将测试仪"接地"端和接地连接。重复上述步骤,记录读数。注意正确读数。

(5)记录被测时的温度,根据温度进行换算,分析测量结果。

(6)测试完毕思考:绝缘变化的原因是什么?

4. 填写配电变压器绝缘电阻测量记录表

(1)填写配电变压器绝缘电阻测量记录表并得出结论。

(2)要求字迹工整,填写规范。

(3)填写完后交考评人员。

配电变压器绝缘电阻测量记录表如表3-4所示。

表3-4 配电变压器绝缘电阻测量记录表

测 试 环 境			
温度(℃)		湿度(%)	
变压器		绝缘电阻表	
型　号		型　号	
额定容量		电压等级	
测 量 记 录			
		15s	60s
一次对地(MΩ)			
一次对二次(MΩ)			
二次对地(MΩ)			
吸收比			
测试结论			

（三）工作结束

（1）工具归位，清理现场。

（2）工作结束，离场。

八、技能等级认证标准（评分）

配电变压器绝缘电阻测试项目考核评分记录表如表 3-5 所示。

表 3-5 配电变压器绝缘电阻测试项目考核评分记录表

姓名： 准考证号： 单位：

序号	项目	考核要点	配分	评分标准	得分	扣分	备注
1			工作准备				
1.1	着装穿戴	穿工作服、绝缘鞋、戴安全帽、线手套	5	1. 未穿工作服、绝缘鞋，未戴安全帽、线手套，缺少每项扣 2 分；2. 着装穿戴不规范，每处扣 1 分			
1.2	测试仪器的选择与检查，被测设备的检查	1. 检查被测设备是否处在停电状态，将设备验电、充分放电、接地后，方可进行测量；2. 根据被测设备选择 2500V 绝缘电阻表、组合电工工具、测量及连接短路导线、温/湿度计等；3. 检查绝缘电阻表，首先将两根引线相碰，慢慢摇动手柄，检查指针是否指向"0"，若不指，应调整表上的调零装置；然后将两根引线分开，指针应指向"∞"	15	1. 未检查设备停电状态扣 3 分，未验电扣 5 分，验电不规范扣 3 分，未充分放电、接地扣 5 分，操作不规范每次扣 2 分；2. 选择绝缘电阻表，错选扣 5 分；3. 未对工具进行检查扣 5 分，检查不规范每项扣 2 分			
2			工作过程				
2.1	变压器高、低压引线短接	将变压器高、低压侧套管擦净，并将高压侧 A、B、C 相引线短接，将低压侧 a、b、c 相引线短接	10	1. 套管未擦扣 2 分，擦拭不净每处扣 1 分；2. 未短接扣 5 分，短接不正确扣 2 分			
2.2	兆欧表接线	兆欧表"L"端接高压侧接线柱，"E"端接低压侧接线柱	5	接线错误扣 5 分			
2.3	记录测试温、湿度值		5	1. 未记录或记录错误扣 5 分；2. 涂改每处扣 1 分			
2.4	测量读数	将表放平，左手按住兆欧表，右手顺时针摇动摇把，逐渐增高到 120r/min，接上被侧设备并计时，读取 15s 和 60s 的绝缘电阻值	20	1. 测量方法不正确扣 5 分，转速不稳读数扣 2 分；2. 手触及接线端钮扣 5 分；3. 测量值不准扣 5 分			
2.5	拆除仪表及短接线	拆除仪表及连线，先断开"L"端线，再停止摇动，防止电容电流向表、计放电。拆除短接线前，应将高、低压短接充分放电	10	1. 未放电扣 5 分，放电不规范或不充分扣 3 分；2. 引线拆除方法错误扣 5 分			

续表

序号	项目	考核要点	配分	评分标准	得分	扣分	备注
2.6	试验结果记录分析	将60s绝缘电阻值,换算到出厂试验时取同一温度值比较,判断是否合格,其阻值应不低于出厂的70%。计算R60/R15的值,判断吸收比是否合格。35kV及以下设备应不小于1.3	20	1. 绝缘电阻值未换算扣5分; 2. 判断结论错误扣10分,判断不规范扣5分			
3		工作终结验收					
3.1	安全文明生产	汇报结束前,所选工器具放回原位,摆放整齐;无损坏元件、工具;恢复现场;无不安全行为	10	1. 出现不安全行为每次扣5分; 2. 作业完毕,现场未清理恢复扣5分,恢复不彻底扣2分; 3. 损坏工器具每件扣3分			
		合计得分					

否定项说明:1. 违反《国家电网公司电力安全工作规程(配电部分)》相关规定;2. 违反职业技能等级评价考场纪律;3. 造成设备重大损坏;4. 发生人身伤害事故

考评员:　　　　　　　　　　　　　　　　　年　　月　　日

3.1.3 更换柱上跌落式熔断器

一、培训目标

通过专业理论学习和技能操作训练,使学员了解10kV跌落式熔断器绝缘电阻测量、更换方法,熔丝的选择及更换方法,熟练掌握更换10kV跌落式熔断器作业的操作流程、仪表使用及安全注意事项。

二、培训场所及设施

(一)培训场所

配电综合实训场。

(二)培训设施

培训工具及器材如表3-6所示。

表3-6 培训工具及器材(每个工位)

序号	名称	规格型号	单位	数量	备注
1	跌落式熔断器	10kV	只	1	现场准备
2	熔丝	不同型号	根	若干	现场准备
3	绝缘操作杆		套	1	现场准备
4	绝缘电阻表	2500V	块	1	现场准备
5	传递绳		根	1	现场准备
6	脚扣		副	1	现场准备
7	安全带	全方位	副	1	现场准备

续表

序号	名称	规格型号	单位	数量	备注
8	梯子		架	1	现场准备
9	中性笔		支	2	考生自备
10	通用电工工具		套	1	考生自备
11	安全帽		顶	1	考生自备
12	绝缘鞋		双	1	考生自备
13	工作服		套	1	考生自备
14	线手套		副	1	考生自备
15	急救箱（配备外伤急救用品）		个	1	现场准备

三、培训参考教材与规程

（1）国家电网公司：《国家电网公司电力安全工作规程（配电部分）》，中国电力出版社，2014。

（2）电力行业职业技能鉴定指导中心：11-047 职业技能鉴定指导书《配电线路（第二版）》，中国电力出版社，2008。

（3）电力行业职业技能鉴定指导中心：6-07-05-06 职业技能鉴定指导书《农网配电营业工》（电力工程农电专业），中国电力出版社，2007。

（4）国家电网公司人力资源部：国家电网公司生产技能人员职业能力培训专用教材《农网配电》，中国电力出版社，2010。

（5）国家电网公司人力资源部：国家电网公司生产技能人员职业能力培训专用教材《配电线路检修》，中国电力出版社，2010。

四、培训对象

农网配电营业工（台区经理）。

五、培训方式及时间

（一）培训方式

教师现场讲解、示范，学员进行技能操作训练，培训结束后进行理论考核与技能测试。

（二）培训时间

（1）更换 10kV 跌落式熔断器专业知识：2 学时。
（2）更换 10kV 跌落式熔断器作业流程：0.5 学时。
（3）操作讲解、示范：0.5 学时。
（4）分组技能操作训练：3 学时。
（5）技能测试：2 学时。
合计：8 学时。

六、基础知识

（一）高压设备

10kV 跌落式熔断器。

（二）登高操作

（1）登高工具的使用。

（2）脚扣登杆、梯上作业操作方法和注意事项。

（三）仪表使用

绝缘电阻表的使用及注意事项。

（四）更换10kV跌落式熔断器作业流程

作业前的准备→选择外观合格的跌落式熔断器→对跌落式熔断器进行绝缘电阻摇测→选择合适的熔丝并组装→拆除旧跌落式熔断器→更换新跌落式熔断器→清理现场、工作结束。

七、技能培训步骤

（一）准备工作

1. 工作现场准备

必备4个工位，布置现场工作间距不小于3m，各工位之间用栅状遮栏隔离，场地清洁。每个工位在电杆（墙）上已安装10kV跌落式熔断器，引线已连接；每个工位已做好停电、验电、装设接地线的安全措施。

2. 工具器材准备

对进场的工器具进行检查，确保能够正常使用，并整齐摆放于工具架上。

3. 安全措施及风险点分析

（1）防触电伤害。

绝缘电阻测试时由专人监护，注意与测试线裸露部分的安全距离。

（2）防止高空坠落。

专人监护，登杆前检查登高工具，使用全方位安全带并检查是否扣牢，安全带要系在牢固的构件上，使用防坠落措施，由专人扶梯。

（3）防止高空落物。

绑设备材料时打好绳结，用完工器具放在包内；地面人员尽量避免停留在作业点下方；戴好安全帽。

（二）操作步骤

对工具、材料进行外观检查，对登高工具（安全带、保护绳、脚扣、梯子）做冲击试验，对电杆和墙面进行检查，应牢固、表面无裂纹、有足够的机械强度；跌落式熔断器用绝缘电阻表进行绝缘电阻测试，选择合适熔丝并组装在新跌落式熔断器上。

检查杆根（梯角）；登杆前对脚扣、安全带进行人体载荷冲击检查；上、下杆（梯）要平稳、踏实，防止出现脚扣虚扣、滑脱或滑落；正确使用安全带；探身姿势应舒展，站位正确；避免高空意外落物；材料传递过程中使用传递绳，并将传递绳固定在牢固构件上。

（1）拆除旧跌落式熔断器。

拆除跌落式熔断器上、下引线；拆除跌落式熔断器，杆上与地面工作人员互相配合，用传递绳将跌落式熔断器绑牢送至地面。

（2）安装新跌落式熔断器。

将跌落式熔断器用绳索绑牢，传递给杆（梯）上人员；安装跌落式熔断器；连接跌落式熔断器上、下引线；熔断器应安装牢固、排列整齐，熔管轴线与地面的垂线夹角应为 15°～30°。

（3）检查安装情况。

完工后进行检查并做拉合试验 3 次，均应合格；跌落式熔断器应垂直安装，不歪斜，固定牢固，排列整齐，高低一致，相间距离不小于 500mm。

（三）工作结束

清理现场，工作结束，离场。

八、技能等级认证标准（评分）

更换 10kV 跌落式熔断器项目考核评分记录表如表 3-7 所示。

表 3-7　更换 10kV 跌落式熔断器项目考核评分记录表

姓名：　　　　　　　　　　准考证号：　　　　　　　　　单位：

序号	项　目	考核要点	配分	评分标准	得分	扣分	备注
1				工作准备			
1.1	着装穿戴	穿工作服、绝缘鞋、戴安全帽、线手套	5	1. 未穿工作服、绝缘鞋，未戴安全帽、线手套，缺少每项扣 2 分； 2. 着装穿戴不规范，每处扣 1 分			
1.2	材料选择及工器具检查	选择材料及工器具齐全，符合使用要求	10	1. 工器具齐全，缺少或不符合要求每件扣 1 分； 2. 工器具未检查、检查项目不全、方法不规范每件扣 1 分； 3. 设备材料未做外观检查每件扣 1 分，跌落式熔断器未试验扣 3 分，未清洁熔断器表面扣 1 分； 4. 备料不充分扣 5 分			
2				工作过程			
2.1	熔丝安装	熔丝安装松紧适宜，无折断	5	1. 接点及固定螺栓未压实每处扣 1 分； 2. 熔丝安装松紧适宜，过紧、过松每处扣 1 分； 3. 熔丝安装时折断每根扣 2 分			
2.2	登高作业	检查杆根（梯角）；登杆（梯）平稳、踩牢；正确使用安全带；探身姿势应舒展，站位正确；避免高空意外落物；材料传递过程中不得碰电杆（梯子）	40	1. 未检查杆根、杆身（梯角）扣 2 分； 2. 使用梯子，未检查防滑措施、限高标志、梯阶距离，每项扣 2 分，梯子与地面夹角应在 55°～60°范围内，过大或过小每次扣 3 分； 3. 未检查电杆名称、色标、编号，扣 2 分； 4. 登杆前脚扣、安全带（梯子）未做冲击试验，每项扣 2 分； 5. 登杆（梯）不平稳，脚扣虚扣、滑脱或滑脚每次扣 1 分，掉脚扣每次扣 3 分； 6. 不正确使用安全带扣 3 分； 7. 不检查D环或安全带扣扎不正确、不牢固，每项扣 2 分； 8. 探身姿势不舒展每次扣 2 分； 9. 高空意外落物每次扣 2 分； 10. 材料传递过程中碰电杆（梯子）每次扣 1 分； 11. 不用绳传递物品每件扣 1 分； 12. 传递绳未固定在牢固构件上传递每次扣 2 分； 13. 站位不正确每次扣 2 分			

续表

序号	项目	考核要点	配分	评分标准	得分	扣分	备注
2.3	跌落式熔断器及引线安装	跌落开关安装符合要求，熔管倾角符合标准，上、下端无扭曲；牢固可靠，铁件螺栓齐全紧固	30	1. 熔管倾角为150°～300°，超出范围扣3分； 2. 熔管上、下端扭曲扣2分； 3. 跌落式熔断器铁件螺栓每缺1只扣2分，每处螺栓不紧固扣2分，螺栓穿向错误每处扣1分； 4. 跌落式熔断器安装过程中破损每件扣3分； 5. 安装过程中扳手反向使用或使用扳手代替手锤每次扣2分； 6. 引流线扭曲变形扣2分； 7. 安装完成后未做拉合试验扣2分			
3				工作终结验收			
3.1	安全文明生产	汇报结束前，所选工器具放回原位，摆放整齐；无损坏元件、工具；恢复现场；无不安全行为	10	1. 出现不安全行为每次扣5分； 2. 作业完毕，现场未清理恢复扣5分，恢复不彻底扣2分； 3. 损坏工器具每件扣3分			
				合计得分			

否定项说明：1. 违反《国家电网公司电力安全工作规程（配电部分）》相关规定；2. 违反职业技能鉴定考场纪律；3. 造成设备重大损坏；4. 发生人身伤害事故

考评员：　　　　　　　　　　　　　　　　　　　　年　　月　　日

3.1.4 钢芯铝绞线钳压法连接

一、培训目标

通过专业理论学习和技能操作训练，使学员了解钢芯铝绞线钳压法，熟练掌握钳压法导线连接方法，正确清除导线氧化层，在接续管上画压接位置，按顺序交错钳压。

二、培训场所及设施

（一）培训场所

配电综合实训场。

（二）培训设施

培训工具及器材如表 3-8 所示。

表 3-8　培训工具及器材（每个工位）

序号	名称	规格型号	单位	数量	备注
1	压接钳及其钢模		套	1	现场准备
2	接续管	考评指定	套	1	现场准备
3	钢芯铝绞线	考评指定	m	若干	现场准备
4	游标卡尺		把	1	现场准备

续表

序号	名称	规格型号	单位	数量	备注
5	平锉		把	1	现场准备
6	细砂纸	200号	张	1	现场准备
7	钢丝刷		把	1	现场准备
8	细钢丝刷		把	1	现场准备
9	木锤		把	1	现场准备
10	清洁布		块	1	现场准备
11	断线钳		把	1	现场准备
12	电力复合脂		盒	1	现场准备
13	细铁丝	20号	m	若干	现场准备
14	记号笔		支	2	现场准备
15	汽油	92号	升	若干	现场准备
16	钢锯		把	1	现场准备
17	中性笔		支	1	考生自备
18	通用电工工具		套	1	考生自备
19	安全帽		顶	1	考生自备
20	绝缘鞋		双	1	考生自备
21	工作服		套	1	考生自备
22	线手套		副	1	考生自备
23	急救箱（配备外伤急救用品）		个	1	现场准备

三、培训参考教材与规程

（1）国家电网公司：《国家电网公司电力安全工作规程（配电部分）》，中国电力出版社，2014。

（2）国家经济贸易委员会：《农村低压电力技术规程》（DL/T 499—2001），2001。

（3）电力行业职业技能鉴定指导中心：11-047 职业技能鉴定指导书《配电线路（第二版）》，中国电力出版社，2008。

（4）电力行业职业技能鉴定指导中心：6-07-05-06 职业技能鉴定指导书《农网配电营业工》（电力工程农电专业），中国电力出版社，2007。

（5）国家电网公司人力资源部：国家电网公司生产技能人员职业能力培训专用教材《农网配电》，中国电力出版社，2010。

（6）国家电网公司人力资源部：国家电网公司生产技能人员职业能力培训专用教材《配电线路检修》，中国电力出版社，2010。

（7）住房和城乡建设部：《电气装置安装工程 66kV 及以下架空电力线路施工及验收规范》（GB 50173—2014），2015。

（8）国家能源局：《10kV 及以下架空配电线路设计规范》（DL/T 5220—2021），2021。

（9）《架空绝缘配电线路施工及验收规程》（DL/T 602—1996），1996。

四、培训对象

农网配电营业工（台区经理）。

五、培训方式及时间

（一）培训方式

教师现场讲解、示范，学员进行技能操作训练，培训结束后进行理论考核与技能测试。

（二）培训时间

（1）钢芯铝绞线钳压法连接专业知识：1学时。

（2）钢芯铝绞线钳压法连接作业流程：0.5学时。

（3）操作讲解、示范：0.5学时。

（4）分组技能操作训练：4学时。

（5）技能测试：2学时。

合计：8学时。

六、基础知识

（一）钢芯铝绞线钳压法连接专业知识

（1）清除导线氧化层方法。

（2）清除接续管氧化层方法。

（3）接续管的压接尺寸及准确划印方法。

（4）接续管压接步骤、方法及压接钳的使用方法。

（二）钢芯铝绞线钳压法连接作业流程

作业前的准备→工具及器材进行选择、外观检查→导线、接续管清除氧化层→用汽油清洗晾干→导线头用细铁丝绑扎→导线、接续管涂电力复合脂→导线头穿入接续管、穿入接续管垫片→游标卡尺测量、用记号笔在接续管标出压接位置→导线压接→校直→清理现场、工作结束。

七、技能培训步骤

（一）准备工作

1. 工作现场准备

（1）场地准备：必备4个工位，可以同时进行作业。

（2）功能准备：布置现场工作间距不小于3m，各工位之间用遮栏隔离，场地清洁，无干扰。

2. 工具器材准备

对进场的工器具进行检查，确保能够正常使用，并整齐摆放于工具架上。工具器材要求质量合格、安全可靠、数量满足需要。

3. 安全措施及风险点分析

（1）防止人身伤害。

① 工作中应戴线手套，使用钢丝刷、砂纸清理氧化层时注意不要划伤手指。

② 使用汽油清洗导线、接续管时，严禁出现明火，防止起火烧伤。

③ 使用压接钳压接时，防止手指误入压接钳钳口，应设专人监护，一人操作、一人监护兼辅助。

(2) 防止工器具损坏。

① 使用游标卡尺时，要轻拿轻放，使用完毕及时放入专用盒内，防止损坏。

② 使用压接钳时，要注意压接力道，防止用力过猛损伤压接钳。

(3) 防止设备损害事故。

① 操作时应严格遵守安全操作规程，正确做好钳压法接续工作。

② 操作设备时应采取正确方法，不得误碰与作业无关的实训设备。

（二）操作步骤

1. 工作前的准备

（1）工具及器材进行外观检查，熟悉压接钳的使用方法、压接尺寸及使用的工具。

（2）熟悉钢芯铝绞线钳压法连接流程。

2. 压接前的导线、接续管准备

（1）将接续管校直。

（2）将导线校直，导线校直长度比钳压接续管长60～80mm。

（3）在导线线头距裁线处10～20mm处用细铁丝进行绑扎，导线头用细砂纸和平锉打磨，用钢丝刷、细砂纸由里向外一个方向对导线氧化层进行清除，用清洁布擦拭，再用汽油清洗并晾干，涂抹电力复合脂。

（4）用细钢丝刷、细砂纸清除接续管内壁氧化层，用清洁布擦拭，再用汽油清洗接续管内壁，晾干并在内壁涂抹电力复合脂。

3. 导线压接

（1）将清理好的导线穿入接续管内，再插入垫片。

（2）在接续管上画出压接位置并编号，导线钳压压口尺寸和压口数如表3-9所示。

表3-9 导线钳压压口尺寸和压口数

《架空绝缘配电线路施工及验收规程》（DL/T 602—1996）

导线型号		钳压部位尺寸			压口尺寸 D/mm	压 口 数
		a_1/mm	a_2/mm	a_3/mm		
钢芯铝绞线	LGJ-16	28	14	28	12.5	12
	LGJ-25	32	15	31	14.5	14
	LGJ-35	34	42.5	93.5	17.5	14
	LGJ-50	38	48.5	105.5	20.5	16
	LGJ-70	46	54.5	123.5	25.5	16
	LGJ-95	54	61.5	142.5	29.5	20
	LGJ-120	62	67.5	160.5	33.5	24
	LGJ-150	64	70	166	36.5	24
	LGJ-185	66	74.5	173.5	39.5	26

续表

导线型号		钳压部位尺寸			压口尺寸 D/mm	压 口 数
		a_1/mm	a_2/mm	a_3/mm		
铝绞线	LJ-16	28	20	34	10.5	6
	LJ-25	32	20	35	12.5	6
	LJ-35	36	25	43	14.0	6
	LJ-50	40	25	45	16.5	8
	LJ-70	44	28	50	19.5	8
	LJ-95	48	32	56	23.0	10
	LJ-120	52	33	59	26.0	10
	LJ-150	56	34	62	30.0	10
	LJ-185	60	35	65	33.5	10
铜绞线	TJ-16	28	14	28	10.5	6
	TJ-25	32	16	32	12.0	6
	TJ-35	36	18	36	14.5	6
	TJ-50	40	20	40	17.5	8
	TJ-70	44	22	44	20.5	8
	TJ-95	48	24	48	24.0	10
	TJ-120	52	26	52	27.5	10
	TJ-150	56	28	56	31.5	10

注：压接后尺寸的允许误差铜钳压管为 ±0.5mm，铝钳压管为 ±1.0mm。

（3）按编号顺序钳压，每个坑压接后停留时间为 0.5min（30s）。导线钳压示意图如图 3-1 所示。

（三）工作结束

（1）将现场所有工器具放回原位，摆放整齐。

（2）清理工作现场，离场。

八、技能等级认证标准（评分）

钢芯铝绞线钳压法连接项目考核评分记录表如表 3-10 所示。

《架空绝缘配电线路施工及验收规程》(DL/T 602—1996)

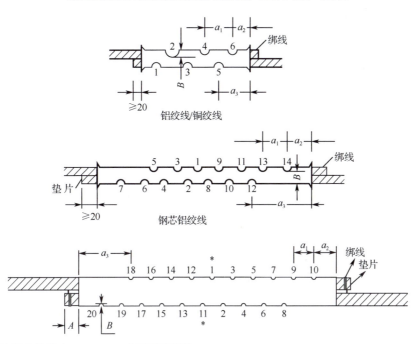

注:(1)压接管上的数字1、2、3…表示压接顺序;
(2)A 为尾线露出接续管的长度,B 为压后模深,a_1 为模与模之间的垂直距离,a_2 为最近边模与管口之间的距离,a_3 为最远边模与管口之间的距离;
(3)压接后的接续管若出现弯曲或压后尺寸不足,可进行校正或补压,压接后接续管棱角用锉和细砂纸进行打光,尾线应露出接续管 20~30mm,并留有绑扎的细铁丝;
(4)压接后弯曲度不得大于 2%,有明显的弯曲时应校直,校直后的接续管有裂纹时,应割断重接。

图 3-1 导线钳压示意图

表 3-10 钢芯铝绞线钳压法连接项目考核评分记录表

姓名: 准考证号: 单位:

序号	项目	考核要点	配分	评分标准	得分	扣分	备注
1				工作准备			
1.1	着装穿戴	穿工作服、绝缘鞋,戴安全帽、线手套	5	1. 未穿工作服、绝缘鞋,未戴安全帽、线手套,每缺少一项扣2分; 2. 着装穿戴不规范,每处扣1分			
1.2	备料及检查工器具	材料及工器具准备齐全,检查试验工具及器材	10	1. 工器具齐全,缺少或不符合要求每件扣1分; 2. 工具材料未检查、检查项目不全、方法不规范,每件扣1分; 3. 备料不充分扣5分			
2				工作过程			
2.1	工器具使用	工器具使用恰当	10	1. 工器具使用不当每次扣1分; 2. 工器具掉落每次扣3分			

续表

序号	项目	考核要点	配分	评分标准	得分	扣分	备注
2.2	裁线	线芯端头、切断处处理符合要求	10	1. 导线头未使用细铁丝绑扎每端扣2分，与端头距离大于20mm或小于10mm每差5mm扣1分； 2. 切断处未用细砂纸或平锉打磨每端扣2分			
2.3	导线、接续管清除氧化层	导线和接续管氧化层清理干净，清理方式和步骤正确	20	1. 未使用钢丝刷和细砂纸清除导线连接部位氧化层各扣3分，使用顺序不正确扣2分，未从里向外一个方向清理氧化层或方法不正确各扣2分； 2. 未对接续管内壁氧化层进行清除扣3分； 3. 未用汽油清洗导线连接部位和接续管内壁各扣3分； 4. 未对导线压接部位和接续管内壁涂电力复合脂各扣2分，涂抹长度不足各扣1分			
2.4	导线压接及工艺要求	穿管顺序正确；压接位置、尺寸画印准确，压接顺序符合规程及设计要求；压口尺寸误差为±0.5mm，每个坑压接保持压力时间大于30s	35	1. 压接顺序不正确每处扣2分； 2. 每个坑压接保持压力时间不足30s扣2分； 3. 压坑数每增减一个扣5分； 4. 任意一端a_2、a_3位置颠倒扣25分； 5. 压坑位置误差每±2mm扣1分，端头误差每±5mm扣1分，压口尺寸超误差范围±0.5mm每处扣1分； 6. 压后接续管铝垫片两端露出的尺寸不一致每差5mm扣1分，铝垫片未在两线中间扣10分，不使用铝垫片扣20分； 7. 压后接续管有明显弯曲扣3分； 8. 压后接续管棱角、毛刺未打光每处扣2分； 9. 压后导线露出的端头不足20mm或大于30mm，每5mm扣1分			
3				工作终结验收			
3.1	安全文明生产	汇报结束前，所选工器具放回原位，摆放整齐，无损坏元件、工具；恢复现场；无不安全行为	10	1. 出现不安全行为每次扣5分； 2. 作业完毕，现场未清理恢复扣5分，恢复不彻底扣2分； 3. 损坏工器具每件扣3分			
			合计得分				

否定项说明：1. 违反《国家电网公司电力安全工作规程（配电部分）》相关规定；2. 违反职业技能鉴定考场纪律；3. 造成设备重大损坏；4. 发生人身伤害事故。

考评员：　　　　　　　　　　　　　年　　月　　日

3.1.5 拉线制作及安装

一、培训目标

通过专业理论学习和技能操作训练，使学员掌握拉线制作的工艺要求、器件安装的技术要求，学习拉线安装过程中的注意事项，了解拉线在线路中的作用。

二、培训场所及设施

（一）培训场所

配电综合实训场。

（二）培训设施

培训工具及器材如表 3-11 所示。

表 3-11 培训工具及器材（每个工位）

序 号	名 称	规 格 型 号	单 位	数 量	备 注
1	钢绞线	GJ-25/35	m	若干	现场准备
2	拉线抱箍	ϕ190	副	1	现场准备
3	延长环	PH-7	个	1	现场准备
4	铁丝	10号和20号	m	若干	现场准备
5	螺栓	ϕ16×80	个	2	现场准备
6	拉线绝缘子	J-4.5	个	1	现场准备
7	UT线夹	NUT-1	只	1	现场准备
8	楔形线夹	NX-1	只	1	现场准备
9	拉线棒	ϕ16×2000	根	1	现场准备
10	钢线卡子	JK-1	个	8	现场准备
11	断线钳		把	1	现场准备
12	脚扣		副	1	现场准备
13	安全带		条	1	现场准备
14	紧线器		个	1	现场准备
15	卡线器		个	1	现场准备
16	传递绳		条	1	现场准备
17	通用电工工具		套	1	考生自备
18	安全帽		顶	1	考生自备
19	绝缘鞋		双	1	考生自备
20	中性笔		支	1	考生自备
21	急救箱（配备外伤急救用品）		个	1	现场准备
22	工作服		套	1	考生自备
23	线手套		副	1	考生自备

三、培训参考教材与规程

（1）国家电网公司：《国家电网公司电力安全工作规程（配电部分）》，中国电力出版社，2014。

(2）国家经济贸易委员会：《农村低压电力技术规程》（DL/T 499—2001），2001。

(3）电力行业职业技能鉴定指导中心：11-047 职业技能鉴定指导书《配电线路（第二版）》，中国电力出版社，2008。

(4）电力行业职业技能鉴定指导中心：6-07-05-06 职业技能鉴定指导书《农网配电营业工》（电力工程农电专业），中国电力出版社，2007。

(5）国家电网公司人力资源部：国家电网公司生产技能人员职业能力培训专用教材《农网配电》，中国电力出版社，2010。

(6）国家电网公司人力资源部：国家电网公司生产技能人员职业能力培训专用教材《配电线路检修》，中国电力出版社，2010。

四、培训对象

农网配电营业工（台区经理）。

五、培训方式及时间

（一）培训方式

教师现场讲解、示范，学员进行技能操作训练，培训结束后进行理论考核与技能测试。

（二）培训时间

(1）基础知识学习：1 学时。

(2）拉线制作及安装工艺和流程：1 学时。

(3）操作讲解、示范：1 学时。

(4）分组技能操作训练：3 学时。

(5）技能测试：2 学时。

合计：8 学时。

六、基础知识

（一）拉线制作的专业知识及技术要求

(1）拉线的种类、作用。

(2）拉线金具的规格、型号。

(3）拉线制作的技术标准。

（二）登高操作

(1）登高工具的使用。

(2）脚扣登杆、梯上作业的操作方法和注意事项。

（三）拉线制作及安装流程

作业前的准备→材料及工器具外观检查→材料选择及截取→拉线上把、中把制作→核对线路名称、杆号→杆塔基础检查→登高工具（安全带、脚扣）冲击试验→安装拉线抱箍→安装拉线→拉线下把制作→清理现场、工作结束。

七、技能培训步骤

（一）准备工作

1. 工作现场准备

(1）场地准备：必备 4 个工位，布置现场工作间距不小于 3m，各工位之间用遮栏隔离，场地清洁，无干扰。

（2）功能准备：4个工位可以同时进行作业，每个工位架设 $\phi 190\times 10m$ 的电杆，拉线盘和拉线棒埋入地下，提前安装反向拉线，实现拉线制作安装，工位间安全距离符合要求。

2. 工具器材准备

对现场的工器具进行检查，确保能够正常使用，并整齐摆放于材料区内。工具器材要求质量合格、安全可靠、数量满足需要。

3. 安全措施及风险点分析

（1）使用手锤时防止滑手或锤头脱落。

使用手锤时不准戴线手套，锤头方向不得正对人体，使用前检查手锤，锤头安装要牢固。

（2）防止钢绞线弹出、剪断时伤人。

放钢绞线时要将钢绞线的弹性释放掉，剪断时将断头固定好。

（3）防止断杆伤害。

登杆前检查杆根基础、埋深是否达到要求，杆身应牢固、表面无裂纹、有足够的机械强度，检查反向拉线是否牢固。

（4）防止高空坠落伤害。

登杆前检查登高工具是否在试验期限内，对脚扣、安全带做冲击试验，安全带应系在牢固的构件上并检查是否扣牢，系好后备保护绳，确保双重保护，登杆全过程、转向移位不得失去保护，登杆及作业时应设专人监护。

（5）防止坠物伤害。

① 杆上要用传递绳索传递工具材料，传递设备材料时绑扎必须牢固，用完工器具放在工具包内。

② 作业现场人员应戴好安全帽，严禁在作业点下方逗留。

（6）防止使用紧线器时伤人。

正确使用紧线器，加强监护，注意安全距离。

（二）操作步骤

1. 工作前的准备

（1）正确合理着装。

（2）正确选择工具及器材。

2. 拉线制作及安装

（1）材料及工具外观检查。

横担表面不应有裂纹、砂眼、锌皮剥落及锈蚀等现象，工器具应在试验期内。

（2）材料选择及截取。

钢绞线放好后，要在钢绞线上量出楔形线夹、UT 线夹弯曲部分的尺寸，做圆弧处理。镀锌钢绞线与拉线绝缘子、钢线卡子要按标准配套安装。

（3）拉线上把、中把制作。

① 制作上把时，线夹舌板与拉线接触紧密，受力后无滑动现象，线夹凸肚在尾线侧，安装时不应损伤线股，线夹凸肚朝向应统一；楔形线夹处拉线尾线应露出线夹 200～300mm，

用直径 2mm 镀锌铁线与主拉线绑扎 20mm；拉线回弯部分不应有明显松脱、灯笼状，不得用钢线卡子代替镀锌铁线绑扎。

② 制作中把时，拉线与拉线绝缘子接触紧密，穿拉线绝缘子时应交叉，拉线绝缘子安装方向正确；拉线绝缘子尾线两端长度为 600mm，尾线回头后与主线用钢线卡子扎牢，第一个钢线卡子 U 形螺钉（U 形丝或 U 形丝杆）应在尾线侧，拉线绝缘子两侧（各）三个钢线卡子每个卡子之间的距离为 150mm，尾线露出 50mm，钢线卡子要正反交替安装，在两个钢线卡子之间的平行钢绞线夹缝间应加装配套的铸铁垫块，相互间距宜为 100～150mm，螺栓拧紧；用楔形线夹连接时制作同上把制作要求。

（4）核对线路名称、杆号。

登杆前应对线路名称、杆号及相色进行确认，防止误登电杆。

（5）杆塔基础检查。

检查杆根及反向拉线，对电杆进行检查，应牢固、表面无裂纹、有足够的机械强度，反向拉线应牢固。

（6）登高工具冲击试验。

登杆前对脚扣、安全带、后备保护绳进行冲击试验，脚扣应无变形、裂纹，后备保护绳、安全带应无损伤。

（7）安装拉线抱箍。

正确安装拉线抱箍，连接楔形线夹，抱箍安装在横担下 200～300mm 处，螺栓方向正确（面向负荷侧，横对线路时，从左向右穿入，顺着线路时，从电源侧穿向负荷侧）。

（8）拉线下把制作。

① 用紧线器调整拉线适度受力，不得过大或过小，UT 线夹舌板与拉线接触紧密，受力后无滑动现象，线夹凸肚在尾线侧，安装时不应损伤线股；拉线弯曲部分无明显松股，尾线头用铁丝绑扎，防止散股，尾线用铁丝绑扎时要整齐、紧密，缠绕长度符合要求，绑扎长度 80～100mm，绑扎后尾线露出 50mm；铁丝收尾要拧紧、剪断并压平；楔形 UT 线夹处拉线尾线应露出线夹 300～500mm，用直径 2mm 镀锌铁线与主拉线绑扎 40mm。

② 拉线完成后钢绞线在绑把内无绞花（扭曲）现象，绞向正确；UT 线夹安装前丝扣上应涂润滑剂；UT 线夹的螺杆应有不小于 1/2 螺杆丝扣长度可供调紧；UT 线夹和楔形线夹安装方向要一致，UT 线夹的双螺母应并紧；拉线断线时拉线绝缘子距地面不得小于 2.5m。

③ 采用绝缘钢绞线的拉线，除满足一般拉线的安装要求外，应选用规格型号配套的 UT 线夹及楔形线夹进行固定，不应损伤绝缘钢绞线的绝缘层。

（三）工作结束

（1）工具归位，清理现场。

（2）工作结束，离场。

八、技能等级认证标准（评分）

拉线制作及安装项目考核评分记录表如表 3-12 所示。

表 3-12　拉线制作及安装项目考核评分记录表

姓名：　　　　　　　　　　　　　准考证号：　　　　　　　　　　　　　单位：

序号	项目	考核要点	配分	评分标准	得分	扣分	备注
1				工作准备			
1.1	着装穿戴	穿工作服、绝缘鞋、戴安全帽、线手套	5	1. 未穿工作服、绝缘鞋、戴安全帽、线手套，每项扣 2 分； 2. 着装穿戴不规范，每处扣 1 分			
1.2	材料选择及工器具检查	选择材料及工器具齐全，符合使用要求	5	1. 工具未检查、缺少或不符合要求，每件扣 2 分； 2. 检查项目不全、方法不规范，每件扣 1 分； 3. 设备材料未做外观检查每件扣 1 分； 4. 备料不充分扣 5 分			
2				工作过程			
2.1	工器具使用	工器具使用恰当，不得掉落	10	1. 工器具使用不当每次扣 2 分； 2. 工器具掉落每次扣 2 分； 3. 使用手锤时戴线手套扣 3 分			
2.2	拉线制作	上把两端、下把上端尾线露出的长度为 400mm；尾线用钢线卡子距尾线头 50mm 处卡住或用 10 号铁丝绑扎 100mm；线夹舌板与钢绞线接触紧密，钢绞线弯曲部分无明显松股。中把用钢线卡子加装拉线绝缘子，螺栓紧固，钢线卡子正反交替安装，各个卡子间距 150mm；拉线绝缘子距离地面符合要求。拉线断线时，拉线绝缘子距离地面不小于 2.5m	30	1. 钢绞线剪下废料每超 500mm 扣 1 分； 2. 钢绞线端头未用细铁丝绑扎扣 2 分，散股每处扣 1 分； 3. 尾线未留在线夹凸肚一侧每处扣 5 分，尾线长度每差 ±20mm 扣 1 分，尾线端头每差 ±10mm 扣 1 分； 4. 钢绞线与舌板间隙不紧密，每处每超 2mm 扣 1 分； 5. 绑线损伤、钢绞线损伤、线夹损伤，每处扣 2 分； 6. 缺少垫片、备帽扣 5 分，备帽不紧扣 2 分； 7. 钢绞线在绑把内绞花每处扣 2 分； 8. 钢线卡子距离误差每差 ±10mm 扣 1 分，钢线卡子安装方向错误每个扣 1 分，螺母不紧固每个扣 1 分； 9. 拉线绝缘子高度不够扣 10 分，方向错误扣 2 分			
2.3	登高作业	检查杆根，登杆平稳、踩牢；正确使用安全带；杆上作业站立位置正确；避免高空意外落物；材料上拔过程中不得碰电杆	25	1. 未核对线路名称、杆号、色标每项扣 2 分，未检查杆根、杆身、基础、拉线每项扣 2 分； 2. 未对安全带、脚扣做冲击性试验（冲击性试验后不检查），每件扣 2 分； 3. 上下杆过程中脚踏空、手抓空、脚扣下滑每次扣 3 分，脚扣互碰每项扣 2 分，脚扣脱落每次扣 10 分，人员滑落本项不得分； 4. 作业时瞬间失去安全带或安全绳的保护每次扣 10 分，登杆不使用安全带扣 25 分，作业时不使用安全绳每次扣 5 分； 5. 不检查扣环或安全带扣扎不正确每项扣 5 分； 6. 杆上作业两脚站立位置错误每次扣 3 分； 7. 杆上落物、掉绳每次扣 2 分，抛物每次扣 3 分； 8. 提升物件工作绳未系在牢固的构件上每次扣 2 分，提升物件碰电杆每次扣 1 分			

续表

序号	项目	考核要点	配分	评分标准	得分	扣分	备注
2.4	拉线安装	正确安装拉线，使用紧线器调整拉线；下把下端尾线从UT线夹处露出的长度为500mm，绑扎终点距尾线末端50mm，尾线用10号铁丝绑扎100mm；UT线夹留有1/2丝扣长度可供调整；尾线在线夹凸肚一侧；安装工艺规范，紧固螺栓穿向符合规定	20	1. 不使用紧线器调整拉线扣5分，使用方法错扣2分； 2. 漏装元件每件扣2分；螺栓穿向错误扣1分，金具连接方法错误每处扣5分； 3. 尾线不在同一方向扣2分； 4. 拉线未调紧扣2分，UT线夹未留出1/2可调丝扣扣2分； 5. 挂拉线时未采取防掉落保护措施扣2分； 6. 铁丝绑扎匝间有超过1mm的缝隙每处扣1分，收尾没有剪断压平各扣2分，小辫缠绕少于3圈扣2分			
3				工作终结验收			
3.1	安全文明生产	汇报结束前，所选工器具放回原位，摆放整齐；无损坏工具；恢复现场；无不安全行为	5	1. 出现不安全行为每次扣3分； 2. 现场不清理扣3分，清理不彻底扣1分； 3. 损坏工器具，每件扣3分			
			合 计 得 分				

否定项说明：1. 违反《国家电网公司电力安全工作规程（配电部分）》相关规定；2. 违反职业技能鉴定考场纪律；3. 造成设备重大损坏；4. 发生人身伤害事故

考评员：　　　　　　　　　　　　　　　　　年　　月　　日

3.1.6 直线杆柱（针）式绝缘子更换

一、培训目标

通过专业理论学习和技能操作训练，使学员了解直线杆柱（针）式绝缘子更换操作，熟练掌握安全工器具、直线杆柱（针）式绝缘子更换的操作步骤及质量标准等内容。

二、培训场所及设施

（一）培训场所

配电综合实训场。

（二）培训设施

培训工具及器材如表3-13所示。

表3-13 培训工具及器材（每个工位）

序号	名　　称	规格型号	单　位	数　量	备　　注
1	柱式绝缘子（针瓶）	10kV	只	1	现场准备
2	配电柜操作杆	10kV	套	1	现场准备
3	安全带	10kV	条	2	现场准备
4	登杆工具	10kV	套	2	现场准备
5	绝缘垫	1×2	块	2	现场准备
6	"止步，高压危险！"标示牌		块	4	现场准备
7	"从此进出！"标示牌		块	1	现场准备

续表

序号	名称	规格型号	单位	数量	备注
8	"在此工作！"标示牌		块	1	现场准备
9	铝扎线	70mm²	m	3	现场准备
10	中性笔		支	1	考生自备
11	通用电工工具、工具袋		套	1	考生自备
12	安全帽		顶	3	考生自备
13	螺栓	8mm	个	4	考生自备
14	工作服		套	1	考生自备
15	线手套		副	1	考生自备
16	急救箱（配备外伤急救用品）		个	1	现场准备

三、培训参考教材与规程

（1）国家电网公司：《国家电网公司电力安全工作规程（配电部分）》，中国电力出版社，2014。

（2）电力行业职业技能鉴定指导中心：11-047 职业技能鉴定指导书《配电线路（第二版）》，中国电力出版社，2008。

（3）电力行业职业技能鉴定指导中心：6-07-05-06 职业技能鉴定指导书《农网配电营业工》（电力工程 农电专业），中国电力出版社，2007。

（4）国家电网公司人力资源部：国家电网公司生产技能人员职业能力培训专用教材《农网配电》，中国电力出版社，2010。

（5）国家电网公司人力资源部：国家电网公司生产技能人员职业能力培训专用教材《配电线路检修》，中国电力出版社，2010。

（6）《电力行业从业人员技能等级认证职业技能标准编制技术规程（2020 年版）》。

（7）《南方电网公司地区供电局电力安全工器具与个人防护用品管理标准》。

（8）《架空配电线路及设备运行规程》。

四、培训对象

农网配电营业工（运维班组）。

五、培训方式及时间

（一）培训方式

教师现场讲解、示范，学员进行技能操作训练，培训结束后进行理论考核与技能测试。

（二）培训时间

（1）直线杆柱（针）式绝缘子更换操作专业知识：2 学时。

（2）直线杆柱（针）式绝缘子更换操作作业流程：0.5 学时。

（3）操作讲解、示范：0.5 学时。

（4）分组技能操作训练：3 学时。

（5）技能测试：2 学时。

合计：8 学时。

六、基础知识

（一）电气安全技术——电气安全用具

（1）基本电气安全用具。

（2）辅助电气安全用具。

（3）一般防护安全用具。

（二）掌握直线杆柱（针）式绝缘子更换操作所需工器具知识及作业程序

（1）工作准备。

（2）直线杆柱（针）式绝缘子更换操作步骤和注意事项。

（3）作业终结。

七、技能培训步骤

（一）准备工作

1. 工作现场准备

必备4个工位，可以同时进行作业；每个工位已安装好直线杆柱（针）式绝缘子。

2. 工具器材准备

对进场的工器具进行检查，确保能够正常使用，并整齐摆放于工具架上。

3. 安全措施及风险点分析

（1）触电风险。

预控措施落实：作业时线路必须在检修状态，登杆前必须核对确保位置正确。

（2）坠落风险。

预控措施落实：高处作业时必须正确使用登高工具、安全带，登高过程和作业中不能失去安全带保护。

（3）高空抛物风险。

作业处装设围栏、挂警示牌，防止无关人员进入，进入人员必须戴安全帽；传递物品须绑扎正确。

（4）走错间隔风险。

作业前必须进行安全交底，明确作业任务、安全措施、工作范围。

（二）操作步骤

（1）着装要求：穿工作服、穿绝缘鞋、戴安全帽。

（2）工器具及材料：选择满足工作需要的工器具及材料。

（3）工器具、材料检查：检查工器具外观合格并在试验有效期内（安全带、安全绳、脚扣或踏板必须进行冲击试验），对柱（针）式绝缘子外观进行检查，应无破损，正确判断绝缘子合格并予以清洁。

（4）登杆前准备：登杆前核对工作位置，并对杆塔进行检查，重点检查杆身、基础和拉线。

① 上杆：登杆过程（2m以上）中不得失去安全带保护，主辅带至少有一条保护，安全带应系在主杆或牢固的构件上，移位过程中不得失去安全带保护。

② 更换柱（针）式绝缘子：先拆除柱（针）式绝缘子导线绑扎线，将导线移开并固定，再拆除柱（针）式绝缘子；安装时，先安装柱（针）式绝缘子，再使用绑扎线对柱（针）式

绝缘子与导线进行绑扎，最后对安装后的绝缘子进行清洁。

③下杆：下杆过程（2m以上）中也不得失去安全带保护，主辅带至少有一条保护。

（5）操作结束，工器具归位。

（三）工作结束

（1）安全文明施工。

（2）拆除标示牌。

（3）清理现场，工作结束，人员撤离，拆除遮栏。

八、技能等级认证标准（评分）

直线杆柱（针）式绝缘子更换操作项目考核评分记录表如表3-14所示。

表3-14 直线杆柱（针）式绝缘子更换操作项目考核评分记录表

姓名： 准考证号： 单位：

序号	项目	考核要点	配分	评分标准	得分	扣分	备注
1				工作准备			
1.1	着装	穿工作服	2	穿"生产检修工作服"，要求整洁、完好、扣子扣好，衣领第一颗扣子可不扣，不符合要求扣2分			
		穿绝缘鞋	2	未穿绝缘鞋，扣2分			
		戴安全帽	2	检查合格证、外观，下颌带调节到恰当位置，低头不下滑、昂头不松动；留长发的员工将头发束好，放入安全帽内，不符合要求扣2分			
1.2	工器具、材料选择	选择满足工作需要的工器具	3	1. 未正确选择工器具（个人常用电工工具、工具袋、吊物绳、标示牌、登杆工具及安全带），扣2分； 2. 未将工器具有序放至作业区内，扣1分			
		选择满足工作需要的材料	3	1. 未正确选择材料（10kV柱式绝缘子、螺栓、铝扎线），扣2分； 2. 未将材料有序放至作业区内，扣1分			
1.3	工器具、材料检查	检查安全带	1	未检查安全带合格证在有效期内及外观（选用背带式或全身式），扣1分			
		检查脚扣（或踏板）	1	未检查脚扣（或踏板）合格证在有效期内及外观，扣1分			
		检查传递绳合格证及外观	1	未检查传递绳合格证在有效期内及外观良好，扣1分			
		检查工具袋	1	未检查工具袋外观无破损，扣1分			
		检查柱式绝缘子	4	1. 未对柱式绝缘子外观进行检查，扣2分； 2. 未清洁柱式绝缘子，扣2分			
2				工作过程			
2.1	核对工作位置	核对线路名称和工作地点杆塔号	3	未核对线路名称和工作地点杆塔号，确认位置正确，扣3分			

续表

序号	项目	考核要点	配分	评分标准	得分	扣分	备注
2.2	设置安全防护措施	装设遮栏	1	未在工作地点四周装设遮栏，扣1分			
		悬挂"止步，高压危险！"标示牌	1	未在遮栏上悬挂朝向外面的"止步,高压危险！"标示牌（每侧少于一件），扣1分			
		悬挂"在此工作！"标示牌	1	未在遮栏出入口装设"在此工作！"标示牌，扣1分			
		悬挂"从此进出！"标示牌	1	未在遮栏出入口装设"从此进出！"标示牌，扣1分			
2.3	登杆前对杆塔检查	检查杆身、基础和拉线（若有）	2	未检查杆身、基础和拉线（若有）牢固，扣2分			
2.4	登杆前对登杆工具检查	安全带、安全绳进行冲击试验	2	未对安全带、安全绳进行冲击试验，或试验后未检查关键部位，扣2分			
2.5	上杆	脚扣（或踏板）进行冲击试验	2	未对脚扣（或踏板）进行冲击试验，或试验后未检查外观关键部位，扣2分			
		上杆过程安全要求	6	1. 登杆过程（2m以上）中失去安全带保护，不使用主辅带保护，扣2分； 2. 安全带未系在主杆或牢固的构件上，扣2分； 3. 脚扣（或踏板）受力后滑落，扣2分			
2.6	更换过程	安全带使用	6	1. 移位过程中失去安全带保护，扣2分； 2. 工作过程中安全带后备保护绳未采用高挂低用（低于安全带主带），扣2分； 3. 安全带未系在主杆或牢固的构件上，系挂在锋利物件上，扣2分			
		工作站位	3	站位不正确，过高或过低、操作不便，扣3分			
		解开柱式绝缘子导线绑扎线	2	未正确解开柱式绝缘子导线绑扎线，扣2分			
		拆除柱式绝缘子	2	未正确拆除柱式绝缘子，扣2分			
		物件传递	6	1. 物件传递绑扎不正确（发生掉物），扣3分； 2. 柱式绝缘子传递过程中碰撞电杆，扣3分			
		安装柱式绝缘子	4	未正确安装柱式绝缘子，扣4分			
		柱式绝缘子与导线绑扎	4	未正确使用绑扎线对柱式绝缘子和导线进行绑扎，扣4分			
		检查螺栓紧固质量	4	柱式绝缘子装设不垂直，扣4分			
		检查固定导线质量	4	1. 未将导线放在柱式绝缘子顶部槽内，扣2分； 2. 导线的固定不牢固、可靠，绑扎未采用双十字绑扎法，扣2分			
		检查柱式绝缘子外观质量	4	柱式绝缘子有破损，扣4分			
		清洁柱式绝缘子	2	未对安装后的柱式绝缘子进行清洁，扣2分			
		更换过程中无工具碰撞柱式绝缘子	3	更换中工具碰撞柱式绝缘子，扣3分			
		更换位置正确	5	未按要求更换相应位置的柱式绝缘子，扣5分			

续表

序号	项目	考核要点	配分	评分标准	得分	扣分	备注
2.7	下杆过程	下杆	6	1. 登杆过程（2m 以上）中失去安全带保护，不使用主辅带保护，扣 2 分； 2. 安全带未系在主杆或牢固的构件上，扣 2 分； 3. 脚扣（或踏板）受力后滑落，扣 2 分			
3				工作终结验收			
3.1	安全文明施工	拆除标示牌	3	1. 未拆除"止步，高压危险！"标示牌，扣 1 分； 2. 未拆除"从此进出！"标示牌，扣 1 分； 3. 未拆除"在此工作！"标示牌，扣 1 分			
3.2		人员撤离、拆除遮栏	1	未口述"人员已撤离，遮栏已拆除"，扣 1 分			
3.3		清理现场	2	现场有遗留物，扣 2 分			
			合计得分				

否定项说明：1. 违反《国家电网公司电力安全工作规程（配电部分）》相关规定；2. 违反职业技能鉴定考场纪律；3. 造成设备重大损坏；4. 发生人身伤害事故

考评员：　　　　　　　　　　　　　　　　　　　　　　年　　月　　日

3.1.7　10kV 及以下电缆故障类型诊断

一、培训目标

通过专业理论学习和技能操作训练，使学员熟练掌握中低压电缆故障类型的分类基础知识，并能够使用万用表、绝缘电阻表等仪器进行电缆故障类型诊断。

二、培训场所及设施

（一）培训场所

电缆故障模拟实训场地。

（二）培训设施

培训工具及器材如表 3-15 所示。

表 3-15　培训工具及器材（每个工位）

序号	名称	规格型号	单位	数量	备注
1	绝缘电阻表		台	1	
2	万用表		台	1	
3	绝缘手套		副	1	
4	验电器		支	1	
5	放电棒		支	1	
6	接地线		根	3	
7	试验引线		根	若干	
8	直流高压发生器		套	1	
9	电源盘		个	1	
10	对讲机		台	2	

注：电源盘和直流高压发生器仅在 10kV 电缆故障类型诊断中使用。

三、培训参考教材与规程

(1)《电力电缆线路试验规程》(Q/GDW 11316—2014),2014。

(2)《电力电缆及通道运维规程》(Q/GDW 1512—2014),2014。

(3)国家电网公司:《国家电网公司电力安全工作规程(配电部分)》,中国电力出版社,2014。

(4)李胜祥:《电力电缆故障探测技术》,机械工业出版社,1999。

(5)国家电网公司人力资源部:国家电网公司生产技能人员职业能力培训专用教材《配电电缆》,中国电力出版社,2010。

(6)国家电网有限公司设备管理部:《中压电力电缆技术培训教材》,中国电力出版社,2021。

四、培训对象

农网配电营业工。

五、培训方式及时间

(一)培训方式

教师现场讲解基础知识、示范操作步骤,学员自主进行技能操作训练,培训结束后进行理论考核与技能测试。

(二)培训时间

(1)基础知识学习:1学时。

(2)操作讲解、示范:1学时。

(3)自主练习:1学时。

(4)技能测试:1学时。

合计:4学时。

六、基础知识

电缆故障性质诊断是电缆故障查找的第一步,只有正确地诊断出电缆故障类型,方可在后续环节中选择正确的电缆故障测距和定点方法。

1. 配电电缆故障性质分类

配电电缆故障种类很多,主要可分为如下五种类型。

(1)接地故障:电缆一芯主绝缘对地击穿故障。

(2)短路故障:电缆两芯或三芯短路。

(3)断线故障:电缆一芯或数芯被故障电流烧断或受机械外力拉断,造成导体完全断开。

(4)闪络性故障:这类故障一般发生于电缆耐压试验击穿中,并多出现在电缆中间接头或终端头内,试验时绝缘被击穿,形成间隙性放电通道。当试验电压达到某一定值时,发生击穿放电;而当击穿后放电电压降至某一值时,绝缘又恢复而不发生击穿,这种故障称为开放性闪络故障。有时在特殊条件下,绝缘击穿后又恢复正常,即使提高试验电压,也不再击穿,这种故障称为封闭性闪络故障。以上两种故障均属于闪络性故障。

(5)混合性故障:同时具有上述接地、短路、断线中两种及以上性质的同一处故障称为混合性故障。

2. 配电电缆故障诊断方法

配电电缆发生故障后，除特殊情况（如电缆终端头的爆炸故障、当时发生的外力破坏故障）可直观观察到故障点外，一般均无法通过巡视发现，必须使用电缆故障测试设备进行测试，从而确定电缆故障点的位置。由于电缆故障类型很多，测寻方法也随故障性质的不同而异，因此在故障测寻工作开始之前，须精确地确定电缆故障的性质。

配电电缆故障按故障发生的直接原因可以分为两大类，一类为试验击穿故障，另一类为运行中发生的故障；若按故障性质来分，又可分为接地故障、短路故障、断线故障、闪络性故障及混合性故障。配电电缆故障性质确定的方法和分类如下。

（1）试验击穿故障性质的确定。

在试验过程中发生击穿的故障，其性质比较简单，一般为一相接地或两相短路，很少有三相同时在试验中接地或短路的情况，更不可能发生断线故障。其另一个特点是故障电阻均比较高，一般不能直接用绝缘电阻表测出，而需要借助耐压试验设备进行测试。具体方法如下。

① 在试验中发生击穿时，对于分相屏蔽型电缆均为一相接地。对于统包型电缆，则应将未试相地线拆除，再进行加压。若仍发生击穿，则为一相接地故障；如果将未试相地线拆除后不再发生击穿，则说明是相间故障。此时应将未试相分别接地后再分别加压，以查验是哪两相之间发生短路故障。

② 在试验中，当电压升至某一定值时，电缆绝缘水平下降，发生击穿放电现象；当电压降低后，电缆绝缘恢复，击穿放电终止。这种故障即为闪络性故障。

（2）运行故障性质的确定。

配电电缆运行故障的性质和试验击穿故障的性质相比，就比较复杂，除发生接地或短路故障外，还可能发生断线故障。因此，在测寻前，还应做电缆导体连续性检查，以确定是否为断线故障。

确定电缆故障的性质，一般应用绝缘电阻表和万用表进行测量并做好记录。

① 在任意一端用绝缘电阻表测量 A-地、B-地及 C-地的绝缘电阻值，测量时另外两相不接地，以判断是否为接地故障。

② 测量各相间（A-B、B-C 及 C-A）的绝缘电阻，以判断有无相间短路故障。分相屏蔽型电缆（如交联聚乙烯电缆和分相铅包电缆）一般均为单相接地故障，无须判断有无相间短路故障。

③ 当用绝缘电阻表测得电阻为零时，应用万用表复测具体的绝缘电阻数值。

④ 当用绝缘电阻表测得电阻很高、无法确定故障相时，应对电缆进行直流电压试验，判断电缆是否存在闪络故障。

⑤ 因为运行电缆故障有发生断线的可能，所以还应做电缆导体连续性是否完好的检查。方法是在一端将 A、B、C 三相短接（不接地），到另一端用万用表的低阻挡测量各相间电阻值是否为零，检查是否完全通路。

（3）电缆低阻、高阻故障的确定。

所谓的电缆低阻、高阻故障的区分，是用来判断电缆故障测距方法是否适用的，不能简单用某个具体的数值来界定。例如：利用行波法测距时，低压脉冲设备理论上只能查找 100Ω

以下的电缆短路或接地故障,所以低阻故障与高阻故障以 100Ω 分界;而采用电桥法测距时,单臂电桥理论上可查找 10kΩ 以下的一相接地或两相短路故障,所以此时低阻故障与高阻故障以 10kΩ 分界。

七、技能培训步骤

(一) 准备工作

1. 工作现场准备

(1) 核对故障电缆线路名称、线路段名称、线路电压等级。

(2) 在测试端操作区装设安全围栏,悬挂安全警示牌,检测前封闭安全围栏。

(3) 做好停电、验电、放电和接地工作,确认电缆接地良好。

(4) 把电缆从系统中拆除,使电缆彻底独立出来,两终端不要连接任何其他设备。

2. 工具器材及使用仪器准备

(1) 检验电缆主绝缘故障测寻设备性能是否正常,保证设备电量充足或者现场交流电源满足仪器使用要求。

(2) 领用安全工器具,核对工器具的使用电压等级、合格证和试验周期,并检查外观完好无损。

(3) 作业前清点并检查检测设备、仪器、工器具、安全工器具等是否齐全,并摆放整齐。

(二) 操作步骤

1. 检查电缆导体连续性

(1) 将万用表连接测试线并旋至蜂鸣挡,短接红、黑表笔进行自检。

(2) 在电缆一端将 A、B、C 三相短接(不接地),到另一端用万用表的蜂鸣挡测量各相间是否通路。

(3) 若三次测量皆导通,则说明电缆三相连续性良好;若三次测量两次不导通,则说明两次测量不导通的共用相发生断线;若三次测量都不导通,则说明可能是两相或三相断线。

(4) 拆除对端短路线后,任选一对两相导通线芯,再用万用表测量,此时应该不通,表明正进行通断测试的两个终端是同一条电缆的两端。

(5) 记录测量结果。

2. 测量电缆绝缘电阻

(1) 在测试端用绝缘电阻测试仪测量 A-地(金属护层)、B-地及 C-地的绝缘电阻值,并记录测量结果,测量时另外两相接地,以判断是否为接地故障。注意:低压电缆一般应选用 1000V 绝缘电阻测试仪,10kV 及以上中高压电缆应选用 2500V 及以上的绝缘电阻测试仪进行测量。

(2) 当用绝缘电阻测试仪测得电阻基本为零时,应用万用表复测出具体的绝缘电阻值,以判断电缆发生的是高阻故障还是低阻故障。

3. 耐压试验

对于 10kV 及以上中高压电缆,当用绝缘电阻测试仪测得电阻很高、无法确定故障相时,应对电缆逐相进行耐压试验,以判断电缆是否存在闪络故障。

（三）工作结束

（1）试验中保持工作现场整洁。

（2）试验结束，将电缆各相短路接地，对地充分放电。

（3）检查线路设备上确无遗留的工具、材料后，拆除围栏。

八、技能等级认证标准（评分）

10kV 及以下电缆故障类型诊断项目考核评分记录表如表 3-16 所示。

表 3-16　10kV 及以下电缆故障类型诊断项目考核评分记录表

姓名：　　　　　　　　　　　准考证号：　　　　　　　　　　单位：

序号	项 目	考 核 要 点	配分	评 分 标 准	得分	扣分	备注
1		工 作 准 备					
1.1	工作现场准备	1. 核对故障电缆线路名称、线路段名称、线路电压等级； 2. 在测试端操作区装设安全围栏，悬挂安全警示牌，检测前封闭安全围栏； 3. 做好停电、验电、放电和接地工作，确认电缆接地良好； 4. 把电缆从系统中拆除，使电缆彻底独立出来，两终端不要连接任何其他设备	10	1. 未核对故障电缆线路名称、线路段名称、线路电压等级，每遗漏一项扣 10 分； 2. 未设置安全围栏或安全围栏设置不规范，扣 5 分，每遗漏一块标示牌扣 2 分； 3. 未做好停电、验电、放电和接地工作，每项扣 10 分，未检查电缆接地情况扣 2 分； 4. 未将电缆从系统中拆除，扣 10 分			
1.2	工具器材及使用仪器准备	1. 检验电缆主绝缘故障测寻设备性能是否正常，保证设备电量充足或者现场交流电源满足仪器使用要求； 2. 领用安全工器具，核对工器具的使用电压等级、合格证和试验周期，并检查外观完好无损； 3. 作业前清点并检查检测设备、仪器、工器具、安全工器具等是否齐全，并摆放整齐	10	1. 未检查仪器设备性能及电量，每遗漏一项扣 1 分； 2. 未检查安全工具，每遗漏一项扣 1 分； 3. 仪器及工器具准备不齐全，每遗漏一项扣 2 分，摆放不整齐扣 2 分			
2		操 作 步 骤					
2.1	检查电缆导体连续性	1. 将万用表连接测试线并旋至蜂鸣挡，短接红、黑表笔进行自检。 2. 在电缆一端将 A、B、C 三相短接（不接地），到另一端用万用表的蜂鸣挡测量各相间是否通路。 3. 若三次测量皆导通，则说明电缆三相连续性良好；若三次测量两次不导通，则说明两次测量不导通的共用相发生断线；若三次测量都不导通，则说明可能是两相或三相断线。 4. 拆除对端短路线后，任选一对两相导通线芯，再用万用表测量，此时应该不通，表明正进行通断测试的两个终端是同一条电缆的两端。 5. 记录测量结果	30	1. 万用表未进行自检，扣 5 分； 2. 万用表未旋至蜂鸣挡，扣 5 分； 3. 电缆对端未短接，扣 5 分； 4. 未检查两个终端是否为同一条电缆的两端，扣 10 分； 5. 测试结果判断不正确，扣 5 分； 6. 未记录测量结果，扣 5 分			

续表

序号	项　　目	考 核 要 点	配分	评 分 标 准	得分	扣分	备注
2.2	测量电缆绝缘电阻	1. 在测试端用绝缘电阻测试仪测量A-地（金属护层）、B-地及C-地的绝缘电阻值，并记录测量结果，测量时另外两相接地，以判断是否为接地故障。注意：低压电缆一般应选用1000V绝缘电阻测试仪，10kV及以上中高压电缆应选用2500V及以上的绝缘电阻测试仪进行测量。 2. 当用绝缘电阻测试仪测得电阻基本为零时，应用万用表复测出具体的绝缘电阻值，以判断电缆发生的是高阻故障还是低阻故障	30	1. 测试电压选择不正确，扣5分； 2. 低阻故障未用万用表复测，扣5分； 3. 未逐相进行绝缘电阻测量，每遗漏一相扣5分； 4. 诊断结果判断不正确，扣5分； 5.. 未记录测量结果，扣5分			
2.3	耐压试验	对于10kV及以上中高压电缆，当用绝缘电阻测试仪测得电阻很高、无法确定故障相时，应对电缆逐相进行耐压试验，以判断电缆是否存在闪络故障	10	对于10kV及以上中高压电缆，当用绝缘电阻测试仪测得电阻很高时，未进行耐压试验扣10分			
3		工作终结验收					
3.1	工作区域整理	1. 试验中保持工作现场整洁； 2. 试验结束，将电缆各相短路接地，对地充分放电； 3. 检查线路设备上确无遗留的工具、材料后，拆除围栏	10	1. 试验中未保持工作现场整洁，扣5分； 2. 试验结束，未将电缆各相短路接地，对地充分放电，扣10分； 3. 线路设备上有遗留的工具、材料，每项扣2分； 4. 未拆除围栏，扣5分			
		合 计 得 分					

否定项说明：1. 违反《国家电网公司电力安全工作规程（配电部分）》相关规定；2. 违反职业技能鉴定考场纪律；3. 造成设备重大损坏；4. 发生人身伤害事故

考评员：　　　　　　　　　　　　　　　　　　　年　　月　　日

3.2 营销技能

3.2.1 电费核算（低压非居民用户）

一、培训目标

本项目为低压非居民用户的电费计算，在教师指导下，学员通过专业理论学习和技能操作训练，熟悉单一制、两部制及分时电价的计费方式，了解代理购电机制，熟悉到户销售电价的构成，能够正确计算低压非居民用户的电费。

二、培训场所及设施

（一）培训场所

教室。

（二）培训设施

培训工具及器材如表 3-17 所示。

表 3-17　培训工具及器材（每个工位）

序号	名称	规格型号	单位	数量	备注
1	科学计算器		个	1	
2	桌子		张	1	
3	凳子		把	1	
4	答题纸		张	若干	
5	农业目录电价表		张	1	
6	代理购工商业用户电价表		张	1	
7	分时电价执行规定		张	1	
8	中性笔	黑色	支	1	

三、培训参考教材与规程

（1）张俊玲：《抄表核算收费》，中国电力出版社，2013。

（2）国家电网公司：《国家电网有限公司电费抄核收管理办法》［国网（营销/3）273—2019］，2019。

（3）国家发改委：《国家发展改革委关于调整销售电价分类结构有关问题的通知》（发改价格〔2013〕973 号），2013。

（4）国家发改委：《国家发展改革委办公厅关于组织开展电网企业代理购电工作有关事项的通知》（发改办价格〔2021〕809 号），2021。

四、培训对象

综合柜员（农网配电营业工）。

五、培训方式及时间

（一）培训方式

教师现场讲解、示范，学员进行技能操作训练，培训结束后进行理论考核与技能测试。

（二）培训时间

（1）基础知识学习：1 学时。

（2）分组技能操作训练：1 学时。

（3）技能测试：1 学时。

合计：3 学时。

六、基础知识

（一）单一制电价

单一制电价是与用电量相对应的电量电价，是以客户安装的电能表计每月计算出的实际用电量乘以相对应的电价计算电费的计费方式。

目前，居民生活、农业生产用电和未实行两部制电价的工商业及其他用户，实行单一制电度电价。

（二）两部制电价

两部制电价由电度电价和基本电价两部分构成。电度电价是指按用户用电度数计算的电价；基本电价是按变压器容量或最大需量计算的基本电价，以发电机组平均投资成本为基础确定，由政府定价，与用户每月实际用电量无关。

自 1975 年以来，两部制电价执行范围主要为 315kVA 及以上的工业生产用电。当前，两部制电价执行范围各地存在差异，部分地区工商业及其他用户中受电变压器容量在 100kVA 或用电设备装接容量在 100kW 及以上的用户，已放开实行两部制电价。

（三）峰谷分时电价

峰谷分时电价是根据一天内不同时段用电，按照不同价格分别计算电费的一种电价制度。峰谷分时电价根据电网的负荷变化情况，将每天 24h 划分为高峰、平段、低谷等多个时间段，对各时间段分别制定不同的电价，以鼓励用电客户合理安排用电时间。

峰谷分时电价是在保持销售电价总水平基本稳定的基础上，将用电高峰时期的电价提高、低谷时期的电价降低，通过价格杠杆调节，引导用户削峰填谷、改善电力供需状况、促进新能源消纳，为构建以新能源为主体的新型电力系统、保障电力系统安全、稳定、经济运行提供支撑。

各地峰谷分时电价的执行范围、时段划分和浮动比例差异化较大，通过市场交易购电的工商业用户，不再执行峰谷分时电价。由供电公司代购的工商业用户，继续执行峰谷分时电价，具体执行要求以当地分时电价政策为准。执行居民阶梯电价的用户，部分地区已经放开分时电价的执行，用户可按自己的用电情况，选择执行还是不执行；合表的居民生活电价用户，其中小区的充电设施用电部分地区已放开执行分时电价；农业生产和农业排灌用电，除少数地区规定执行分时电价外，多地没有放开执行分时电价。

（四）代理购电机制

2021 年，煤炭、电力消费快速增长，供需持续偏紧。能源供应紧张局面的出现，既有供需变化直接因素影响，也反映了电力价格引导供需的作用未充分发挥。

为发挥市场在资源配置中的决定性作用，按照电力体制改革"管住中间、放开两头"的总体要求，国家发改委顺势而为，于 2021 年 10 月发布《关于进一步深化燃煤发电上网电价市场化改革的通知》和《关于组织开展电网企业代理购电工作有关事项的通知》。

要求全面放开燃煤机组和工商业用户进入电力市场，取消工商业目录销售电价，推动工商业用户都进入市场，同时建立电网企业代理购电制度，由电网企业代理暂不具备直接入市交易条件的用户开展市场交易。

建立电网企业代理购电机制，保障机制平稳运行，是进一步深化燃煤发电上网电价市场化改革提出的明确要求，对有序平稳实现工商业用户全部进入电力市场、促进电力市场加快建设发展具有重要意义。

（五）到户销售电价的构成

居民、农业用电由电网企业保障供应，执行现行目录销售电价政策，目录销售电价由目录电度电价和政府性基金及附加构成。居民用电含执行居民电价的学校、社会福利机构、社区服务中心等公益性事业用户。

进入市场的工商业用户销售电价由市场交易购电价格辅助服务费用、输配电价和政府性基金及附加构成。

通过电网企业代理购电的工商业用户销售电价由代理购电价格、保障性电量新增损益分摊标准、代理购电损益分摊标准、输配电价、政府性基金及附加构成，实现现货交易的地区还包含容量补偿电价。

（六）功率因数调整电费标准

1983年，原水利电力部及国家物价局联合下发的215号文件《功率因数调整电费办法》规定：

功率因数标准0.90，适用于160kVA以上的高压供电工业用户（包括社队工业用户）、装有带负荷调整电压装置的高压供电电力用户和3200kVA及以上的高压供电电力排灌站；

功率因数标准0.85，适用于100kVA（kW）及以上的其他工业用户（包括社队工业用户）、100kVA（kW）及以上的非工业用户和100kVA（kW）及以上的电力排灌站；

功率因数标准0.80，适用于100kVA（kW）及以上的农业用户和趸售用户，但大工业用户未划由电业直接管理的趸售用户，功率因数标准应为0.85。

（七）单一制电费计算

1. 目录电度电费计算

单一制电价客户目录电度电费计算时存在以下几种情况，即单费率计算、分时电价计算等。若用户为单费率计算方式，计算方法如下：

$$目录电度电费 = 结算电量 \times 目录电度电价$$

（1）低供低计用户：结算电量 = 抄见电量。
（2）高供低计用户：结算电量 = 抄见电量 + 变损电量。
（3）存在套表关系（主分表）的用户：结算电量 = 套减后的电量。

$$抄见电量 =（电能表本月指示数 - 电能表上月指示数）\times 综合倍率$$

若用户执行分时电价，则实行复费率计费方式，即应分别按分时段结算电量及其对应的分时段目录电度电价来计算各项分时段目录电度电费。其计算方式如下：

$$目录电度电费_i = 结算电量_i \times 目录电度电价_i$$

其中 i 表示各时段。

2. 功率因数调整电费的计算

客户平均功率的计算根据每月实用有功电量和无功电量计算，即月加权平均功率因数

$$\cos\varphi = \frac{1}{\sqrt{1+(A_Q/A_P)^2}} \tag{3-1}$$

式中 A_P 为月实用有功电量。

而

$$\frac{A_Q}{A_P} = \frac{3UI\sin\varphi}{3UI\cos\varphi} = \tan\varphi \tag{3-2}$$

则

$$\cos\varphi = \frac{1}{\sqrt{1+\tan^2\varphi}} \tag{3-3}$$

带入电量计算公式如下：

$$\cos\varphi = \frac{\text{有功电量}}{\sqrt{(\text{有功电量})^2+(\text{无功电量})^2}} \quad (3-4)$$

根据计算的功率因数，高于或低于规定标准时，在按照规定的电价计算出客户的当月电费后，再按照"功率因数调整电费表"所规定的调整率计算增收或减收的调整电费。若用户的功率因数在"功率因数调整电费表"所列两数之间，则以四舍五入计算，然后对照功率因数标准值调整电费表查出增、减电费百分比进行结算。

3. 代征电费计算

代征电费是指按照国家有关法律、行政法规规定或经国务院及国务院授权部门批准，随结算电量征收的基金及附加。

用户各项代征电费计算方式如下：

$$\text{代征电费}_i = \text{结算电量} \times \text{代征电价}_i$$

其中 i 表示各代征类别。

（八）变压器损失电量的计量

变压器损耗主要包括铜损、铁损两大部分。铜损是当电流通过线圈时在线圈内产生的损耗；铁损是在铁芯内的损耗，主要包括磁滞损耗和涡流损耗。

从电费计算角度分析，变压器损耗电量计算包括两个环节：一个是根据变压器损耗计算标准和变压器参数计算出变压器损耗电量；另一个是针对不同的情况，对变压器损耗电量进行分摊。

变压器的损耗电量分为有功损耗电量与无功损耗电量。有功、无功损耗电量又可分为空载损耗电量和负载损耗电量。可通过理论计算获得。

变压器损耗按日计算，日用电不足 24 小时的，按一天计算。

● 查表法：查表法是根据变压器型号、容量、电压、有功用电量直接查表得到有功损耗电量值和无功损耗电量值。

● 协议值：协议值是与客户签订协议，确定有功损耗电量值和无功损耗电量值。

● 公式法：公式法是根据变压器的额定容量、型号得到变压器的有功空载损耗、有功负载损耗、空载电流百分比、阻抗电压百分比、有功损耗系数、无功 K 值，再根据公式计算得到变压器的有功损耗电量值和无功损耗电量值。

七、技能培训步骤

（一）准备工作

1. 工作现场准备

（1）提供代理购工商业用户电价表、单一制电价用户电费计算技能操作考核计算表、分时电价执行规定。

（2）检查电力营销业务应用系统、用电信息采集系统通信正常，操作系统正常。

2. 着装穿戴

按规定着装，穿工作服。

（二）操作步骤

（1）选取抄表系统，确定各模块抄表功能。

（2）抄录表码，填写抄表卡片。

① 抄录客户信息及互感器信息。

② 抄录电能表示数，填写抄表卡片。

（3）根据电能表示数、倍率进行电量、电费计算。

① 计算分类电量。

② 计算目录电度电费。

③ 计算代征电费。

④ 计算总电费。

（4）恢复现场。

（5）汇报结束，上交记录卡片和答题纸。

（三）工作结束

汇报工作结束，清理工作现场，退出系统，计算机桌面及现场恢复原状，离场。

八、技能等级认证标准（评分）

低压非居民用户电费计算考核评分记录表如表 3-18 所示。

表 3-18 低压非居民用户电费计算考核评分记录表

姓名： 准考证号： 单位：

序号	项目	考核要点	配分	评分标准	得分	扣分	备注
1				工作准备			
1.1	营业准备规范	1. 营业开始前，营业窗口服务人员提前到岗，按照仪容仪表规范进行个人整理； 2. 营业前，检查各类办公用品是否齐全、数量是否充足，按照定置定位要求摆放整齐	10	1. 未按营业厅规范标准着工装扣 10 分； 2. 着装穿戴不规范（不成套、衬衣下摆未扎于裤/裙内，衬衣扣未扣齐），每处扣 2 分； 3. 未佩戴配套的配饰（女员工未戴头花、领花，男员工未系领带），每项扣 2 分； 4. 未穿黑色正装皮鞋、佩戴工号牌（工号牌位于工装左胸处），每项扣 2 分； 5. 浓妆艳抹，佩戴夸张首饰，每处扣 2 分； 6. 女员工长发应统一束起，短发清爽整洁，无乱发，男员工不留怪异发型，不染发，每处不规范扣 2 分			
2				工作过程			
2.1	现场抄表及抄表记录	1. 根据现场提供的计算表，正确抄录用户用电信息； 2. 抄录示数完整； 3. 不得错抄、漏抄数据； 4. 记录准确、无涂改	15	1. 用户用电信息抄录不完整，每处扣 2 分； 2. 抄表数据不完整，每处扣 2 分； 3. 漏抄每处扣 5 分，错抄每处扣 3 分； 4. 涂改每处扣 1 分			

续表

序号	项目	考核要点	配分	评分标准	得分	扣分	备注
2.2	电量计算	1. 有功总电量计算正确； 2. 有功各时段电量计算正确； 3. 计算步骤清晰、准确	35	1. 有功总电量计算错误扣 10 分； 2. 各时段电量计算错误，每项扣 5 分； 3. 无计算步骤，每项扣 2 分； 4. 公式错误，每项扣 2 分； 5. 无电量单位或单位错误，每项扣 2 分； 6. 涂改每处扣 1 分			
2.3	电费计算	1. 目录电度电费计算正确； 2. 分时电费计算正确； 3. 计算步骤清晰、准确	35	1. 目录电度电费计算错误扣 5 分； 2. 分时电费计算错误，每项扣 2 分； 3. 无计算步骤，每项扣 2 分； 4. 公式错误，每项扣 2 分； 5. 无电费单位或单位错误，每项扣 2 分； 6. 涂改每处扣 1 分			
3				工作终结验收			
3.1	工作区域整理	汇报工作结束前，清理工作现场，退出系统，计算机桌面及现场恢复原状	5	1. 设施未恢复原样，每项扣 2 分； 2. 现场遗留纸屑等未清理，扣 2 分			
				合 计 得 分			

否定项说明：违反技能等级评价考场纪律

考评员：　　　　　　　　　　　　　　　　　　　　　年　　月　　日

3.2.2　电能计量装置安装与调试

一、培训目标

通过专业理论学习和技能操作训练，使学员进一步掌握电能计量的基础知识、采集装置安装与调试的基础知识，熟练掌握电能表、互感器、采集器的工作原理，能陈述出计量的基本概念，描述出电能计量装置的组成、分类及配置，明确安装接线规则、工艺技术标准等相关知识。

二、培训场所及设施

（一）培训场所

装表接电实训室。

（二）培训设施

培训工具及器材如表 3-19 所示。

表 3-19　培训工具及器材（每个工位）

序号	名　　称	规 格 型 号	单　位	数　量	备　注
1	高供低计电能计量装置安装模拟装置		套	1	
2	智能电能表	3×220/380V， 3×1.5（6）A	只	1	

续表

序 号	名 称	规 格 型 号	单 位	数 量	备 注
3	电流互感器	150/5A	只	3	
4	三相集中器		只	1	
5	试验接线盒		个	1	
6	单股铜芯线	2.5mm²	盘	若干	黄、绿、红、蓝
7	单股铜芯线	4mm²	盘	若干	黄、绿、红
8	尼龙扎带	3×150mm	包	1	
9	秒表		只	1	
10	卷尺		把	1	
11	板夹		个	1	
12	万用表		只	1	
13	验电笔	10kV	支	1	
14	验电笔	500V	支	1	
15	封印		粒	若干	黄色
16	急救箱		个	1	
17	交流电源	3×220/380V	处	1	
18	通用电工工具		套	1	
19	RS-485 线	2×0.75mm²	m	若干	

三、培训参考教材与规程

（1）国家能源局:《电能计量装置安装接线规则》（DL/T 825—2021），2021。

（2）国家能源局:《电能计量装置技术管理规程》（DL/T 448—2016），2016。

（3）国家电网公司:《电力用户用电信息采集系统技术规范 第三部分:通信单元技术规范》（Q/GDW 374.3—2009），2009。

四、培训对象

农网配电营业工（台区经理）。

五、培训方式及时间

（一）培训方式

教师现场讲解、示范，学员进行技能操作训练，培训结束后进行理论考核与技能测试。

（二）培训时间

（1）电工基础：1 学时。

（2）接线图的识读：1 学时。

（3）接线常用的施工方法：1 学时。

（4）操作讲解和示范：1 学时。

（5）分组技能训练：2 学时。

（6）技能测试：2 学时。

合计：8 学时。

六、基础知识

（一）接线图识别

（1）经 TA 接入三相四线有功电能表的接线原理图。

（2）经 TA 接入三相四线有功电能表的表尾接线图识别。

（二）接线常用的施工方法

（1）线长测量与导线截取。

（2）线头的剥削。

（3）导线的走线、捆绑和线端余线处理。

（4）接线的整理和检查。

七、技能培训步骤

（一）准备工作

1. 工作现场准备

检查安装场所是否符合安装要求，经电流互感器接入式三相四线智能电能表、采集终端、试验接线盒各一只。

2. 工具器材及使用材料准备

检查现场的工器具种类是否齐全和符合要求，按负荷大小选择截面符合要求的对应相色单股铜芯线，选择足量的尼龙扎带和封印。

（二）操作步骤

1. 接线前检查

（1）填写工作单，检查所用工器具。

（2）检查电能表检定合格证、电流互感器检定合格证是否在检定周期内。

（3）对电能表进行导通测试。

（4）对电流互感器进行极性测试。

（5）断开电路电源（断路器）。

（6）在带电部位进行试验后，对工作点进行验电。

2. 测量并截取导线

（1）线长测量：在初步测定线路的走向、路径和方位后，用卷尺测量好长度。

（2）导线截取：根据测量的导线长度，保留合理的余度，截取导线。

3. 二次回路接线

（1）导线绝缘层剥削：先根据接线端钮接线孔深度确定剥削长度，再用剥线钳分别剥去每根导线线头的绝缘层。

（2）导线走线规划：依据"横平竖直"的原则进行布置，按规范选择每相回路的导线颜色、线径。

（3）根据走线走向、结合接线孔的长度确定剥削长度，用剥线钳分别剥去每根导线线头的绝缘层。

（4）端钮接线：按正确接线方式分别接入接线孔，并用螺钉固定好，注意避免铜芯外露、压绝缘层。

(5) 电流互感器接线端钮接线：按进出线分别制作压接圈，按规定方向接入互感器端钮，并用螺钉固定好。

(6) 进行电流回路导通测试，验证安装可靠性。

4. 风险点分析、注意事项及安全措施

风险点分析如表 3-20 所示。

表 3-20　风险点分析

序号	工作现场风险点分析	逐项落实"有/无"
1	设备金属外壳接地不良有触电危险；使用不合格工器具有触电危险	
2	使用工具不当、无遮挡措施时引起 TV 二次相间及单相接地短路，将有危害人员、损坏设备危险	
3	工作不认真、不严谨，误将 TA 二次开路，将产生危及人员和设备的高电压	
4	使用不合格的登高梯台或登高及高处作业时不正确使用梯台，导致高处坠落	
5	低压带电工作无绝缘防护措施，人员触碰带电低压导线，作业过程中作业人员同时接触两相，导致触电	
6	工作过程中，用户低压反送电，导致工作人员触电	
7	接线不正确、接触不良，影响表计正确计量及对客户提供优质服务	
8	表码等重要信息未让客户知情和签字，会产生电量纠纷的风险	

注意事项及安全措施如表 3-21 所示。

表 3-21　注意事项及安全措施

序号	注意事项及安全措施	逐项落实并打"√"
1	进入工作现场，穿工作服和绝缘胶鞋、戴安全帽，使用绝缘工具，必要时使用护目镜，采取绝缘挡板等隔离措施	
2	召开开工会，交代现场带电部位、应注意的安全事项	
3	工作中严格执行专业技术规程和作业指导书要求	
4	采取有效措施，工作中严防 TA 二次回路开路、TV 二次回路短路或接地；经低压 TA 接入式电能表、终端，应严防三相电压线路短路或接地	
5	严格按操作规程进行送电操作，送电后观察表计是否运转正常；不停电换表时计算需要追补的电量	
6	停电作业工作前必须执行停电、验电措施；低压带电工作人员穿绝缘鞋、戴手套，使用绝缘柄完好的工具，螺丝刀、扳手等多余金属裸露部分应用绝缘带包好，以防短路；接触金属表箱前，需用验电器确认表箱外壳不带电	
7	高处作业使用梯子、安全带，设专人监护	
8	提醒客户在有关表格处签字，并告之对电能表的维护职责	
9	认真召开收工会，清理工作现场，确认无遗漏工器具，清理垃圾	
10	工作中严格执行专业技术规程和作业指导书要求，送电后认真观察表计是否运转正常	

（三）工作结束

1. 接线整理和检查

（1）对工艺接线进行最后检查，确认接线正确，进行导线捆绑。用尼龙扎带捆绑成型，捆绑间距符合要求，修剪扎带尾线。

（2）电能表、终端、互感器接线端钮等处加封印。

2. 清理现场

（1）工器具整理：逐件清点、整理工器具。

（2）材料整理：逐件清点、整理剩余材料及附件。

（3）现场清理：工作结束，清理施工现场，确保做到工完场清、文明施工、安全操作。

八、技能等级认证标准（评分）

电能计量装置安装与调试考核评分记录表如表3-22所示。

表3-22 电能计量装置安装与调试考核评分记录表

姓名： 准考证号： 单位：

序号	项目	考核要点	配分	评分标准	得分	扣分	备注
1				工作准备			
1.1	着装穿戴	穿工作服、绝缘鞋、戴安全帽、线手套	5	1.未穿工作服、绝缘鞋，未戴安全帽、线手套，每项扣2分； 2.着装穿戴不规范，每处扣1分			
1.2	材料选择及工器具检查	选择材料及工器具齐全，符合使用要求	5	1.工器具齐全，缺少或不符合要求每件扣1分； 2.工具未检查、检查项目不全、方法不规范，每件扣1分			
2				工作过程			
2.1	填写工作单	正确填写工作单	5	1.工作单漏填、错填，每处扣2分； 2.工作单填写有涂改，每处扣1分			
2.2	带电情况检查	操作前不允许碰触柜体，验电步骤合理	10	1.未检查扣5分； 2.未验电、验电前触碰柜体，扣5分； 3.验电方法不正确扣3分			
2.3	电能表、采集器导通测试，互感器极性测试	测试方法正确	5	未正确进行测试扣5分			
2.4	接线方式	接线正确，导线线径、相色选择正确	15	1.导线选择错误每处扣2分； 2.导线选择相序颜色错误，每相扣5分； 3.接线错误，本项及2.5项不得分			
2.5	设备安装、调试	1.设备安装工序合理、操作熟练、作业安全，满足作业指导书的相关要求； 2.设备安装布局美观，接线正确、顺序合理；	50	1.压接圈应在互感器二次端子两平垫之间，不合格每处扣1分； 2.压接圈外露部分超过垫片的1/3，每处扣2分； 3.线头超出平垫或闭合不紧，每处扣1分； 4.线头弯圈方向与螺钉旋紧方向不一致，每处扣1分； 5.接线应有两处明显压点，不明显每处扣2分； 6.导线压绝缘层每处扣2分；			

续表

序号	项　　目	考核要点	配分	评分标准	得分	扣分	备注
2.5	设备安装、调试	3. 安全工器具使用得当； 4. 不得发生设备损坏或影响设备运行效果的作业行为	50	7. 横平竖直偏差大于 3mm 每处扣 1 分，转弯半径不符合要求每处扣 2 分； 8. 导线未扎紧、间隔不均匀、间距超过 15cm，每处扣 2 分； 9. 离转弯点 5cm 处两边扎紧，不合格每处扣 2 分； 10 芯线裸露超过 1mm 每处扣 1 分； 11. 导线绝缘有损伤、有剥线伤痕每处扣 2 分； 12. 剩线长超过 20cm 每根扣 2 分； 13. 元器件掉落每次扣 2 分，造成设备损坏的，每次扣 5 分； 14. 计量回路未施封每处扣 2 分，施封不规范每处扣 1 分； 15. RS-485 信号线接错本项不得分			
3				工作终结验收			
3.1	安全文明生产	汇报结束前，所选工器具放回原位，摆放整齐；无损坏元件、工具；无不安全行为	5	1. 出现不安全行为每次扣 5 分； 2. 现场未恢复扣 5 分，恢复不彻底扣 2 分； 3. 损坏工具，每件扣 2 分； 4. 工作单未上交扣 5 分			
				合　计　得　分			

否定项说明：1. 违反《国家电网公司电力安全工作规程（配电部分）》相关规定；2. 违反职业技能鉴定考场纪律；3. 造成设备重大损坏；4. 发生人身伤害事故

考评员：　　　　　　　　　　　　　　　　　年　　月　　日

3.2.3　用电信息采集故障分析及处理

一、培训目标

通过专业理论学习和技能操作训练，使学员了解用电信息采集故障分析专业知识和故障排除的方法，熟练掌握用电信息采集故障查找及排除作业的操作流程、仪表使用及安全注意事项。

二、培训场所及设施

（一）培训场所

配电综合实训场。

（二）培训设施

培训工具及器材如表 3-23 所示。

表 3-23　培训工具及器材（每个工位）

序号	名　称	规格型号	单位	数量	备　注
1	用电信息采集故障排除实训装置		套	1	现场准备
2	数字式万用表		只	1	现场准备
3	低压验电笔		支	1	现场准备
4	调试掌机		只	1	现场准备
5	通用电工工具		套	1	考生自备
6	工作服		套	1	考生自备
7	安全帽		顶	1	考生自备
8	绝缘鞋		双	1	考生自备
9	急救箱（配备外伤急救用品）		个	1	现场准备

三、培训参考教材与规程

（1）国家电网公司：《国家电网公司电力安全工作规程（配电部分）》，中国电力出版社，2014。

（2）电力行业职业技能鉴定指导中心：11-047 职业技能鉴定指导书《配电线路（第二版）》，中国电力出版社，2008。

（3）电力行业职业技能鉴定指导中心：6-07-05-06 职业技能鉴定指导书《农网配电营业工》（电力工程农电专业），中国电力出版社，2007。

（4）国家电网公司人力资源部：国家电网公司生产技能人员职业能力培训专用教材《农网配电》，中国电力出版社，2010。

四、培训对象

农网配电营业工（台区经理）。

五、培训方式及时间

（一）培训方式

教师现场讲解、示范，学员进行技能操作训练，培训结束后进行理论考核与技能测试。

（二）培训时间

（1）用电信息采集故障分析和排除专业知识：1 学时（选学）。

（2）用电信息采集故障分析和排除作业流程：0.5 学时。

（3）操作讲解、示范：1.5 学时。

（4）分组技能操作训练：3 学时。

（5）技能测试：2 学时。

合计：（7）8 学时。

六、基础知识

（一）用电信息采集故障分析专业知识

（1）终端设备故障原因及查找方法。

（2）用电信息采集系统故障分析和排除。

（3）用电信息采集故障分析要点。

（4）故障记录及分析表填写。

（二）用电信息采集故障分析和排除作业流程

作业前的准备→送电、查找终端设备故障现象→对应查找系统故障现象→填写故障记录及分析表→故障排除→送电、观察故障排除情况→工作结束。

七、技能培训步骤

（一）准备工作

1. 工作现场准备

布置现场工作间距不小于 1.5m，各工位之间用遮栏隔离，场地清洁，并具备试验电源；4 个工位可以同时进行作业；每个工位能够实现用电信息采集故障分析和排除操作；工位间安全距离符合要求，无干扰。

2. 工具器材及使用材料准备

对进场的工器具、材料进行检查，确保能够正常使用，并整齐摆放于工具架上。

3. 安全措施及风险点分析

（1）防触电伤害。

① 工作前使用验电笔分别对盘体、设备进行验电，确保无电压后方可进行工作。

② 工作时，人体与带电设备要保持足够的安全距离，面部夹角符合要求（侧面 >30°）。

（2）防止仪表损坏。

① 使用验电笔前，要摘掉手套进行自检，自检时不得触及工作触头。

② 使用万用表时，进行自检须合格，测试时正确选择挡位，防止发生仪表烧坏和造成设备短路事故。

（3）防止设备损害事故。

① 操作时应严格遵守安全操作规程，正确做好停、送电工作。

② 操作设备时应采取正确方法，不得误碰与作业无关的电气设备。

（二）操作步骤

1. 工作前的准备

工具及器材进行外观检查，熟悉现场图纸、设备情况和报告记录单。

2. 送电、观察故障现象

（1）操作现场办理低压操作票，请设专人监护。在配电盘的金属裸露处验明确无电压后，汇报"盘体确无电压"。

（2）打开配电柜门，逐项检查盘内各计量装置。

（3）送电、观察故障现象，顺序如下。

① 合上刀闸→计量装置送电→观察电压情况→查询电能表电压→查询采集终端电压。

② 用电信息采集终端检查：检查并记录终端地址。

③ 用电信息采集终端检查：检查 SIM 是否上线。

④ 用电信息采集终端检查：检查并记录终端通道→检查主通道和辅助通道。

⑤ 用电信息采集终端检查：检查终端规约。

⑥ 用电信息采集终端检查：检查终端和电能表参数设置。

⑦ 用电信息采集系统检查：检查系统参数设置。

⑧ 用电信息采集系统检查：检查系统规约设置。

⑨ 用电信息采集系统检查：检查系统端口设置。

⑩ 用电信息采集系统检查：检查系统任务设置。

3. 填写报告记录单

（1）填写故障查找与排除即故障处理记录表。

（2）要求字迹工整，填写规范。

（3）填写完后交监考人员。

4. 故障排除

（1）用低压验电笔验电后，打开柜门，开始查找故障。

（2）按照故障现象查找故障原因；对已经查处的故障逐一排除。

（3）所有故障查找处理完毕后，仪表关闭或调至安全挡位，工器具放入工具架。

（三）工作结束

（1）将现场所有工器具放回原位，摆放整齐。

（2）清理工作现场，离场。

八、技能等级认证标准（评分）

用电信息采集故障分析和排除项目考核评分记录表如表3-24所示。

表3-24 用电信息采集故障分析和排除项目考核评分记录表

姓名： 准考证号： 单位：

序号	项目	考核要点	配分	评分标准	得分	扣分	备注
1				工作准备			
1.1	着装穿戴	穿工作服、绝缘鞋，戴安全帽、线手套	5	1. 未穿工作服、绝缘鞋、未戴安全帽、线手套，缺少每项扣2分； 2. 着装穿戴不规范，每处扣1分			
1.2	材料选择及工器具检查	选择材料及工器具齐全，符合使用要求	10	1. 工器具齐全，缺少或不符合要求每件扣1分； 2. 工器具未检查、检查项目不全、方法不规范，每件扣1分； 3. 材料不符合要求每件扣2分； 4. 备料不充分扣5分			
2				工作过程			
2.1	工器具及仪表使用	1. 工器具及仪表使用恰当，不得掉落、乱放； 2. 仪表按原理正确使用，不得超过试验周期	5	1. 工器具及仪表掉落每次扣2分； 2. 工器具及仪表使用前不进行自检每次扣1分，工器具及仪表使用不合理每次扣2分； 3. 仪表使用完毕后未关闭或未调至安全挡位每次扣1分； 4. 查找故障时造成表计损坏扣2分			

续表

序号	项目	考核要点	配分	评分标准	得分	扣分	备注
2.2	填写记录	记录故障现象、分析判断、检查步骤、注意事项	20	1. 故障现象表述不确切或不正确每处扣2分； 2. 故障原因不全面每项扣2分； 3. 排除方法不正确每处扣2分，不规范每处扣1分； 4. 安全注意事项不全，每缺少一条扣2分； 5. 记录单涂改每处扣1分			
2.3	故障查找及处理	1. 正确进行停、送电操作，根据故障现象查找引起故障的原因； 2. 进行直观检查； 3. 对可能造成故障的设备和参数进行认真测试检查，最后确定故障点； 4. 根据故障原因排除故障	55	1. 未口述办停、送操作票每次扣3分，未申请专人监护的，每次扣5分； 2. 未验明盘体无电每次扣2分，停、送电操作顺序错误每处扣3分，停、送电时面部与开关夹角<30°每次扣1分； 3. 查找方法针对性不强每处扣3分，无目的查找每处扣5分，查找过程中损坏元器件每处扣2分； 4. 设备未恢复每处扣2分； 5. 故障点少查一处扣10分； 6. 造成故障点增加每处扣10分； 7. 造成短路或设备损坏扣30分			
3				工作终结验收			
3.1	安全文明生产	汇报结束前，所选工器具放回原位，摆放整齐；无损坏元件、工具；恢复现场；无不安全行为	10	1. 出现不安全行为每次扣5分； 2. 作业完毕，现场未清理恢复扣5分，恢复不彻底扣2分； 3. 损坏工器具每件扣3分			
			合 计 得 分				

否定项说明：1. 违反《国家电网公司电力安全工作规程（配电部分）》相关规定；2. 违反职业技能鉴定考场纪律；3. 造成设备重大损坏；4. 发生人身伤害事故

考评员：　　　　　　　　　　　　　　　　　　　　年　　月　　日

3.2.4　低压电能计量装置串户排查

一、培训目标

通过专业理论学习和技能操作训练，使学员了解低压电能计量装置串户排查相关知识，熟练掌握低压电能计量装置串户排查的方法和技巧，熟悉低压电能计量装置串户排查的操作流程、仪表使用及安全注意事项；通过外观检查、利用仪器仪表测量相关电气参数，分析判断集中电能计量箱户表对应关系及错接线情况，并计算各用户的退补电量。

二、培训场所及设施

（一）培训场所

低压电能计量装置串户排查实训室。

（二）培训设施

培训工具及器材如表3-25所示。

表 3-25 培训工具及器材（每个工位）

序号	名称	规格型号	单位	数量	备注
1	低压电能计量串户排查仿真系统		套	1	现场准备
2	相序表		只	1	现场准备
3	相位伏安表		只	1	现场准备
4	螺丝刀	平口	把	1	现场准备
5	螺丝刀	十字口	把	1	现场准备
6	万用表		只	1	现场准备
7	验电笔	500V	支	1	现场准备
8	配电第二种工作票	A4	张	若干	现场准备
9	急救箱		只	1	现场准备
10	线手套		副	1	现场准备
11	科学计算器		个	1	现场准备
12	安全帽		顶	1	现场准备
13	封印		个	若干	现场准备
14	签字笔（红、黑）		支	2	现场准备
15	板夹		块	1	现场准备

三、培训参考教材与规程

（1）国家能源局：《电能计量装置技术管理规程》（DL/T 448—2016），2016。

（2）国家能源局：《电能计量装置安装接线规则》（DL/T 825—2021），2021。

（3）国家电网公司：《国家电网公司电力安全工作规程（配电部分）》，中国电力出版社，2014。

四、培训对象

农网配电营业工（台区经理）。

五、培训方式及时间

（一）培训方式

教师现场讲解、示范，学员进行技能操作训练，培训结束后进行理论考核与技能测试。

（二）培训时间

（1）用电基础知识学习：2 学时。

（2）设备介绍：1 学时。

（3）操作讲解、示范：3 学时。

（4）分组技能操作训练：2 学时。

（5）技能测试：2 学时。

合计：10 学时。

六、基础知识

（一）低压电能计量装置串户排查分析专业知识

（1）低压电能计量装置串户排查工作原理。

（2）电压值、电流值、相序、相位角度值的测定方法。

（3）相量图的绘制方法。

（4）功率表达式的计算。

（5）更正系数及退补电量的计算。

(二) 低压电能计量装置串户排查作业流程

作业前准备→填写配电第二种工作票→测量电能表电压值、电流值、相角值→绘制相量图→计算功率表达式→计算更正系数及退补电量值→工作结束。

七、技能培训步骤

(一) 准备工作

1. 工作现场准备

布置现场工作间距不小于1.5m，各工位之间用遮栏隔离，场地清洁，并具备试验电源；4个工位可以同时进行作业；每个工位能够实现用电信息采集故障分析和排除操作；工位间安全距离符合要求，无干扰。

2. 工具器材及使用材料准备

对进场的工器具、材料进行检查，确保能够正常使用，并整齐摆放于工具架上。

3. 安全措施及风险点分析

（1）防触电伤害。

① 工作前使用验电笔分别对盘体、设备进行验电，确保无电压后方可进行工作。

② 工作时，人体与带电设备要保持足够的安全距离，面部夹角符合要求（侧面>30°）。

（2）防止仪表损坏。

① 使用验电笔前，要摘掉手套进行自检，自检时不得触及工作触头。

② 使用万用表时，进行自检须合格，测试时正确选择挡位，防止发生仪表烧坏和造成设备短路事故。

（3）防止设备损害事故。

① 操作时应严格遵守安全操作规程，正确做好停、送电工作。

② 操作设备时应采取正确方法，不得误碰与作业无关的电气设备。

(二) 操作步骤

1. 工作前的准备

工具及器材进行外观检查，熟悉现场图纸、设备情况和报告记录单。

2. 送电、观察故障现象

（1）办理配电第二种工作票，请设专人监护。在配电盘的金属裸露处验明确无电压后，汇报"盘体确无电压"。

（2）打开配电柜门，逐项检查盘内各计量装置。

（3）送电、观察故障现象，通过观察和测量查找故障点，并画出错误接线图。正确描述故障现象。

3. 填写报告记录单

（1）填写故障查找与排除即故障处理记录表。

（2）要求字迹工整，填写规范。

（3）填写完后交监考人员。

4.故障排除

（1）用低压验电笔验电后，打开柜门，开始查找故障。

（2）按照故障现象查找故障原因；对已经查处的故障逐一排除。

（3）所有故障查找处理完毕后，仪表关闭或调至安全挡位，工器具放入工具架。

（4）正确计算退补电量。

（三）工作结束

（1）将现场所有工器具放回原位，摆放整齐。

（2）清理工作现场，离场。

八、技能等级认证标准（评分）

低压电能计量装置串户排查项目考核评分记录表如表3-26所示。

表3-26 低压电能计量装置串户排查项目考核评分记录表

姓名： 准考证号： 单位：

序号	项目	考核要点	配分	评分标准	得分	扣分	备注
1	着装及工器具准备	1.穿工作服、绝缘胶鞋，戴安全帽、线手套；2.所用工器具准备齐全	5	1.着装不符合要求每项扣1分；2.借用工器具每件扣1分；3.带电作业时未戴手套扣3分			
2	验电	1.工作前、后检查验电笔（器）良好；2.应用验电笔（器）对柜体金属部分进行验电	5	1.验电前触摸到柜体金属部分扣3分；2.未正确使用验电笔（器）对柜体金属部分进行验电扣3分			
3	仪表、工具使用	正确使用仪表、工具	10	1.仪器、仪表使用不当每次扣3分（如挡位使用错误、带电切换挡位等）；2.出现仪表掉落，一次扣5分；3.工器具的绝缘措施不符合要求每件扣1分；4.操作过程中工器具等每掉落一次，扣1分			
4	故障判断及更正	1.通过观察和测量查找故障点，并画出错误接线图，正确描述故障现象，书写工整、清晰；2.停、送电前应请示裁判，经同意后方可操作；3.每个开关只允许进行一次停、送电操作	40	1.故障点未标注或标注错误每处扣5分，故障标注不确切或不明晰每处扣2分；2.故障描述错误每处扣5分，描述不确切或不明晰每处扣2分；3.故障描述与标注不一致每处扣3分；4.书写不清晰每处扣1分，涂改每处扣0.5分；5.停、送电未请示每次扣2分；6.每多操作一次开关扣5分			

续表

序号	项 目	考核要点	配分	评分标准	得分	扣分	备注
5	电量更正	正确计算退补电量，要有计算过程	30	1. 退补电量计算错误每处扣 5 分； 2. 没有计算过程每处扣 2 分； 3. 描述不准确或不清晰每处扣 2 分； 4. 书写不清晰每处扣 1 分，涂改每处扣 0.5 分			
6	安全文明生产	汇报结束前，所选工器具放回原位，摆放整齐；无损坏元件、工具；恢复现场；无不安全行为	10	1. 出现不安全行为每次扣 5 分； 2. 作业完毕，现场未清理恢复扣 5 分，恢复不彻底扣 2 分； 3. 损坏工器具每件扣 3 分			
		合 计 得 分					

否定项说明：1. 违反《国家电网公司电力安全工作规程（配电部分）》相关规定；2. 违反职业技能鉴定考场纪律；3. 造成设备重大损坏；4. 发生人身伤害事故

考评员：　　　　　　　　　　　　　年　　月　　日

3.2.5 用电业务咨询与办理

一、培训目标

以"居民家用电器损坏赔偿"业务咨询为例，通过专业理论学习和技能操作训练，使学员掌握与该类业务有关的知识要点，并能根据实际情况对家用电器损坏赔偿做出初步判定，进一步提升学员与客户沟通的能力。

二、培训场所及设施

（一）培训场所

营业厅实训室。

（二）培训设施

培训工具及器材如表 3-27 所示。

表 3-27　培训工具及器材（每个工位）

序　号	名　称	规　格　型　号	单　位	数　量
1	计算机		台	1
2	视频		个	1
3	答题纸		张	若干
4	桌子		张	1
5	椅子		把	1
6	耳机		副	1
7	中性笔	黑	支	1

三、培训参考教材与规程

（1）原电力工业部：电力工业部令第 7 号《居民用户家用电器损坏处理办法》，1996。

（2）国家电网有限公司:《供电服务标准》（Q/GDW 10403—2021），2021。

（3）国家电网有限公司:《国家电网有限公司关于修订发布供电服务"十项承诺"和员工服务"十个不准"的通知》（国家电网办〔2020〕16号），2020。

四、培训对象

农网配电营业工（综合柜员、台区经理）。

五、培训方式及时间

（一）培训方式

教师现场讲解、示范，开展情景模拟、角色演练，学员进行技能操作训练，培训结束后进行理论考核与技能测试。

（二）培训时间

（1）基础知识学习：1学时。

（2）操作讲解、示范：1学时。

（3）情景模拟、角色演练：1学时。

（4）技能测试：1学时。

合计：4学时。

六、基础知识

（一）时限要求

（1）电器核损到达现场要求。

（2）居民客户家用电器损坏申请时限要求。

（二）修复规定

（1）对损坏家用电器的修复流程要求。

（2）对不可修复的家用电器的赔付规定。

（3）哪些情况下不属于供电公司赔偿范围。

（三）各类家用电器的平均使用年限

熟练掌握电子类、电机类、电阻电热类、电光源类家用电器的平均使用年限。

（四）营业场所服务要求

熟练掌握《居民用户家用电器损坏处理办法》的相关内容，对客户提出的用电业务咨询耐心、准确回答，不推诿、搪塞客户。

七、技能培训步骤

（一）准备工作

1. 工作现场准备

（1）有供演练用计算机。

（2）情景模拟视频或纠错案例。

（3）耳机。

2. 工具器材及使用材料准备

（1）中性笔。

（2）答题纸。

(3)桌子。

(4)椅子。

（二）操作步骤

（1）接到居民用户家用电器损坏投诉后，应在24h内派员赴现场进行调查、核实。

（2）熟知各类家用电器使用寿命，电子类，如电视机、音响、录像机、充电器等，使用寿命为10年；电机类，如电冰箱、空调器、洗衣机、电风扇、吸尘器等，使用寿命为12年；电阻电热类，如电饭煲、电热水器、电茶壶、电炒锅等，使用寿命为5年。

（3）熟知家用电器损坏修复流程，损坏的家用电器的修复，供电企业承担被损坏元件的修复责任。修复时尽可能以原型号、规格的新元件修复；无原型号、规格的新元件可供修复时，可采用相同功能的新元件替代。

（三）工作结束

（1）所用物品摆放整齐；无不规范行为。

（2）清理现场自带物品，确保人走场清。

八、技能等级认证标准（评分）

用电业务咨询与办理（居民家用电器赔偿业务咨询）项目考核评分记录表如表3-28所示。

表3-28 用电业务咨询与办理（居民家用电器赔偿业务咨询）项目考核评分记录表

姓名： 准考证号： 单位：

序号	项目	考核要点	配分	评分标准	得分	扣分	备注
1				工作准备			
1.1	准备规范	1.开始前，按照仪容仪表规范进行个人整理，检查各类资料是否齐全并摆放整齐，启动各项服务设施和办公设备，确保正常运行；2.按照现场人员着装规范进行着装（台区经理）	10	1.未按营业厅规范标准着工装，扣10分；2.着装穿戴不规范（不成套、衬衣下摆未扎于裤/裙内，衬衣扣未扣齐），每处扣2分；3.未佩戴工号牌（工号牌位于工装左胸处），扣2分；4.浓妆艳抹，佩戴夸张首饰，每处扣2分；5.女员工长发应统一束起，短发清爽整洁，无乱发，男员工不留怪异发型，不染发，每处不规范扣2分；6.本项业务所需资料准备不齐全，每项扣2分；7.未检查设备是否正常运行，每项扣2分；8.台区经理未按要求着装，每项扣2分			
1.2	服务行为规范	姿态规范：站姿、坐姿规范	5	1.站立时身体抖动，随意扶、倚、靠、踩，每项扣1分；2.坐立时托腮或趴在工作台上，抖动腿、跷二郎腿、左顾右盼，每项扣1分；3.台区经理站姿等姿态不规范，每处扣1分			
2				工作过程			
2.1	违规点查找	正确查找违规点，不得遗漏	35	1.电器损坏核损业务到达现场时限答复错误，未查找到扣10分；2.家用电器类使用年限答复错误，未查找到扣10分；3.修复更换件答复错误，未查找到扣5分；4.损坏的家用电器经供电企业指定的维修单位进行维修复错误，未查找到扣5分；5.工作人员回答客户问题语气生硬、缺乏沟通技巧，并且存在推诿、搪塞客户现象，未查找到扣5分			

续表

序号	项目	考核要点	配分	评分标准	得分	扣分	备注
2.2	违规点纠正	正确引用法律法规、服务规范，纠正准确	40	1. 未正确回答《居民用户家用电器损坏处理办法》中供电企业电器核损业务到达现场时限规定，扣10分； 2. 未正确回答《居民用户家用电器损坏处理办法》中电阻电热类和电子类电器使用寿命规定，扣10分； 3. 未正确回答《居民用户家用电器损坏处理办法》中关于对损坏的家用电器如何修复的规定，扣5分； 4. 未正确回答《居民用户家用电器损坏处理办法》中关于损坏的家用电器由谁检定的相关规定，扣5分； 5. 未正确回答关于不得对客户合理诉求推诿、搪塞的相关规定，扣10分			
3				工作终结验收			
3.1	行为规范	汇报结束前，所用物品摆放整齐；无不规范行为	10	1. 发生不规范行为，每次扣5分； 2. 自带物品未清理，扣5分			
				合计得分			
否定项说明：1. 违反技能等级评价考场纪律；2. 造成设备重大损坏							

考评员：　　　　　　　　　　　　　　　　年　　月　　日

用电业务咨询与办理（视频纠错或案例纠错）记录表如表3-29所示。

表3-29　用电业务咨询与办理（视频纠错或案例纠错）记录表

姓名：　　　　　　　　　准考证号：　　　　　　　　单位：

序　号	错误内容	正确表述
1	电器损坏核损业务到达现场时限答复错误	1.《居民用户家用电器损坏处理办法》第四条规定：供电企业在接到居民用户家用电器损坏投诉后，应在24h内派员赴现场进行调查、核实。 2.《供电服务标准》6.5.5规定：受理客户服务申请后，电器损坏核损业务24h内到达现场。 以上两项列举一个即可
2	家用电器类使用年限答复错误	《居民用户家用电器损坏处理办法》第十二条规定：电阻电热类，如电饭煲、电热水器、电茶壶、电炒锅等使用寿命为5年；电子类，如电视机、音响、录像机、充电器等，使用寿命为10年
3	修复更换件答复错误	《居民用户家用电器损坏处理办法》第九条规定：损坏的家用电器的修复，供电企业承担被损坏元件的修复责任。修复时尽可能以原型号、规格的新元件修复；无原型号、规格的新元件可供修复时，可采用相同功能的新元件替代
4	损坏的家用电器经供电企业指定的维修单位进行维修答复错误	《居民用户家用电器损坏处理办法》规定：损坏的家用电器经供电企业指定的或双方认可的检修单位检定，认为可以修复的，按本办法第九条规定处理；认为不可修复的，按本办法第十条规定处理
5	工作人员回答客户问题语气生硬、缺乏沟通技巧，并且存在推诿、搪塞客户现象	1.《国家电网有限公司员工服务"十个不准"》第六条规定：不准漠视客户合理用电诉求、推诿搪塞怠慢客户。 2.《供电服务标准》7.1.2规定：真心实意为客户着想，尽量满足客户的合理用电诉求。对客户的咨询等诉求不推诿，不拒绝，不搪塞，及时、耐心、准确地给予解答。 以上两项列举一个即可

3.2.6 新型业务的运用与推广

综合柜员考核网上国网 App 推广应用、充换电设施用电咨询及受理、电动汽车充电卡办理及充值三个子项,分值分别为 50 分、25 分、25 分,满分为 100 分,计算该项目总分时,将三个子项得分加和计算。台区经理参与项目为网上国网 App 推广应用和充换电设施用电咨询及受理两个子项,分值分别为 75 分、25 分,满分为 100 分,计算该项目总分时,将两个子项得分加和计算。

3.2.6.1 项目 1 网上国网 App 推广应用(中级工)

一、培训目标

通过专业理论学习和技能操作训练,使学员熟练掌握网上国网 App 应用,能正确为客户指导网上国网 App 应用模块的使用方法。

二、培训场所及设施

(一)培训场所

营业厅实训室。

(二)培训设施

培训工具及器材如表 3-30 所示。

表 3-30 培训工具及器材(每个工位)

序号	名称	规格型号	单位	数量	备注
1	手机	支持运行网上国网 App	台	1	现场准备
2	有效身份证明	身份证或其他证件	张	1	现场准备

三、培训参考教材与规程

(1)国家电网有限公司:《供电服务标准》(Q/GDW 10403—2021),2021。

(2)国家电网有限公司:《国家电网"互联网+营销服务"电子渠道建设运营管理办法》,[国网(营销/3)899—2018],2018。

四、培训对象

农网配电营业工(综合柜员、台区经理)。

五、培训方式及时间

(一)培训方式

教师现场讲解、示范,学员进行技能操作训练,培训结束后进行理论考核与技能测试。

(二)培训时间

(1)操作讲解、示范:1 学时。

(2)分组技能操作训练:1 学时。

(3)技能测试:2 学时。

合计:4 学时。

六、基础知识

(一)掌握网上国网 App 软件流程操作

(1)熟练操作网上国网 App 软件注册、实名认证、安装链接分享。

（2）掌握网上国网 App 系统模块的应用（用能分析、电费账单查询、停电信息查询、积分兑换、线上交费、业扩报装、代理购电服务）。

（3）指导客户使用网上国网 App 办理新装增容、更名过户等业务。

（二）收集业务办理所需资料

有效身份证明（身份证）。

七、技能培训步骤

（一）准备工作

1. 工作现场准备

无线网络。

2. 工具器材及使用材料准备

具有网上国网 App 应用功能的手机。

（二）操作步骤

（1）正确进入网上国网 App。

（2）完成注册。

单击首页的"登录/注册"按钮，进入登录/注册页面，单击"立即注册"按钮或者通过微信、QQ、微博等第三方登录方式注册，填写注册手机号码，单击"发送验证码"按钮，填入正确的验证码，勾选"我已阅读并同意网上国网《用户服务协议》《隐私声明》"，单击"验证登录"按钮，设置密码，单击"完成"按钮。注册步骤如图 3-2 所示。

图 3-2　注册步骤

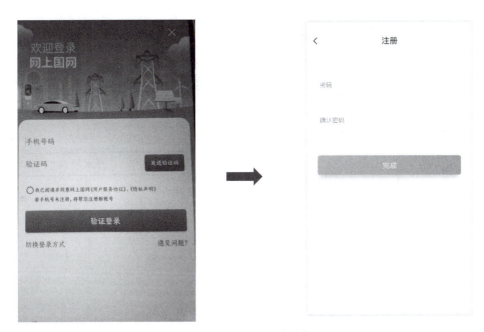

图 3-2 注册步骤（续）

(3) 实名认证。

单击首页右下角"我的"选项，打开"账号与安全"界面，选择第一项"实名认证"，打开个人信息界面，输入姓名和身份证号码后提交验证。实名认证步骤如图 3-3 所示。

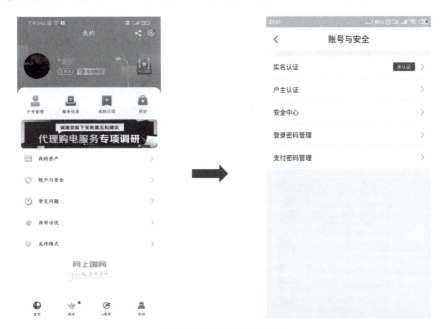

图 3-3 实名认证步骤

(4) 能够操作国网 App 进行安装链接分享、用能分析，电费账单、停电信息查询，以及线上交费、积分兑换、代理购电服务等操作。

① 用能分析。用能分析如图 3-4 所示。

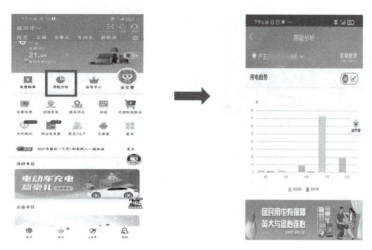

图 3-4 用能分析

② 查询电费账单。查询电费账单如图 3-5 所示。

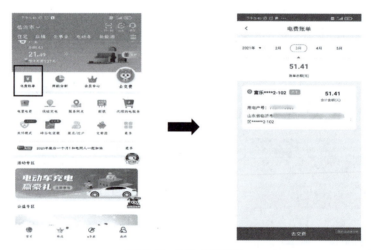

图 3-5 查询电费账单

③ 查询停电信息。查询停电信息如图 3-6 所示。

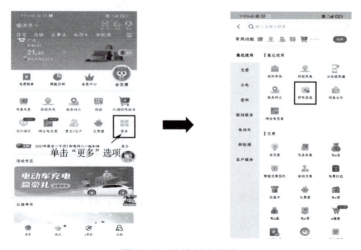

图 3-6 查询停电信息

④ 线上交费。线上交费如图 3-7 所示。

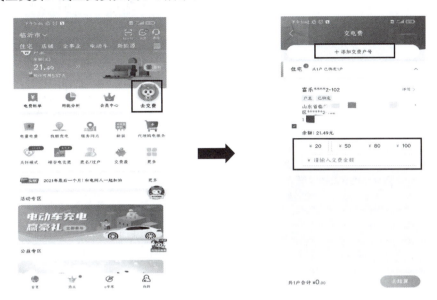

图 3-7　线上交费

⑤ 积分兑换。积分兑换如图 3-8 所示。

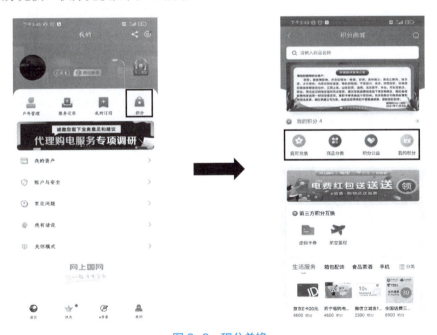

图 3-8　积分兑换

⑥ 代理购电服务。代理购电服务如图 3-9 所示。

(5) 指导客户使用网上国网 App 办理新装增容、更名过户、峰谷电变更等业务。以业务新装为例，如图 3-10 所示。

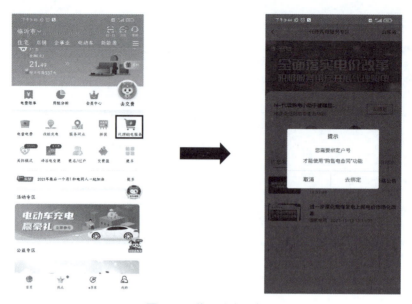

图 3-9 代理购电服务

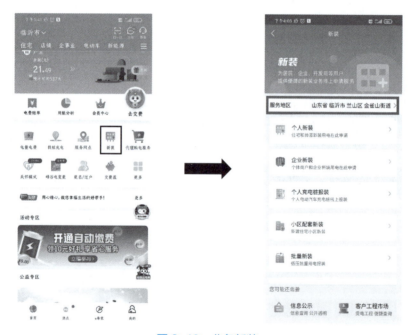

图 3-10 业务新装

（三）工作结束

退出网上国网 App 应用系统。

八、技能等级认证标准（评分）

网上国网 App 推广应用项目考核评分记录表（综合柜员）如表 3-31 所示。

表 3–31　网上国网 App 推广应用项目考核评分记录表（综合柜员）

姓名：			准考证号：		单位：		
序号	项目	考核要点	配分	评分标准	得分	扣分	备注
1				工作准备			
1.1	营业准备规范	1. 营业开始前，营业窗口服务人员提前到岗，按照仪容仪表规范进行个人整理； 2. 检查各类表单、服务资料、办公用品是否齐全、数量是否充足，按照定置定位要求摆放整齐； 3. 营业前开启设备电源，启动计算机、打印机等办公设备，检查自助交费终端等信息化设备是否正常运行	5	1. 着装穿戴不规范（不成套、衬衣下摆未扎于裤/裙内，衬衣扣未扣齐），每处扣1分； 2. 未佩戴配套的配饰（女员工未戴头花、领花；男员工未系领带），每项扣1分； 3. 未佩戴工号牌（工号牌位于工装左胸处），每项扣1分； 4. 浓妆艳抹，佩戴夸张首饰，每处扣1分； 5. 女员工长发应统一束起，短发清爽整洁，无乱发，男员工不留怪异发型，不染发，每处不规范扣1分； 6. 本项业务所需资料准备不齐全，每项扣1分； 7. 未检查设备是否正常运行，每项扣1分			
1.2	服务行为规范	姿态规范：站姿、坐姿规范	2	站立时身体抖动，随意扶、倚、靠、踩，每次扣1分			
2				工作过程			
2.1	前期检查	检查手机网络是否正常，App 是否能正常开启，是否为最新版本	2	1. 未检查网络，扣1分； 2. 未检查 App 应用版本是否是最新版本情况，扣1分			
2.2	服务行为	热情礼貌迎接客户、文明用语的使用、主动服务意识	18	1. 未主动微笑迎接客户，扣2分； 2. 未使用规范文明用语，语气生硬，每次扣2分； 3. 未主动为客户推广自助交费方式，扣3分； 4. 站立时身体抖动，随意扶、倚、靠、踩，每次扣2分； 5. 坐立时托腮或趴在工作台上，抖动腿、跷二郎腿、左顾右盼，每次扣2分			
2.3	日常工作规范	网上国网 App 的使用	20	1. 对网上国网 App（安装链接分享、用能分析、电费账单查询、停电信息查询、积分兑换、线上交费、代理购电服务）不熟悉，每处扣5分； 2. 不能正确指导客户使用网上国网 App 办理新装增容、更名过户等业务，每项扣5分； 3. 未双手递物，每次扣2分； 4. 未使用告别语，每次扣3分			

续表

序号	项目	考核要点	配分	评分标准	得分	扣分	备注
3				工作终结验收			
3.1	工作台面整理	汇报结束前，清洁个人工作区域，保持干净整洁；将工作区域内的办公物品及设备按要求整齐归位，无损坏设备、设施	3	1. 造成设备、设施损坏，此项不得分； 2. 设施未恢复原样，每项扣1分； 3. 未清理现场遗留纸屑等，扣1分； 4. 未退出营销系统账号，扣1分； 5. 考核完毕，柜员应将岗位牌翻至"暂停营业"后离岗，未将岗位牌翻至"暂停营业"的，扣1分			
			合 计 得 分				

否定项说明：1. 违反国家电网公司、省公司有关服务规范要求；2. 违反技能等级评价考场纪律；3. 造成设备重大损坏

考评员：　　　　　　　　　　　　　　　年　　月　　日

网上国网 App 推广应用项目考核评分记录表（台区经理）如表 3-32 所示。

表 3-32　网上国网 App 推广应用项目考核评分记录表（台区经理）

序号	项目	考核要点	配分	评分标准	得分	扣分	备注
1				工作准备			
1.1	准备规范	1. 工作人员提前到岗，着装规范； 2. 检查设备是否正常运行	5	1. 未按标准着工装，扣5分； 2. 本项业务所需资料准备不齐全，每项扣2分； 3. 未检查设备是否正常运行，扣2分			
1.2	服务行为规范	姿态规范：站姿、坐姿规范	3	1. 站立时身体抖动，随意扶、倚、靠、踩，每项扣1分； 2. 坐立时托腮或趴在工作台上，抖动腿、跷二郎腿、左顾右盼，每项扣1分			
2				工作过程			
2.1	前期检查	1. 检查手机网络是否正常； 2. 使用手机下载网上国网 App； 3. 检查网上国网 App 是否为最新版本	8	1. 未检查网络，扣2分； 2. 不会使用手机下载网上国网 App，扣3分； 3. 未检查 App 应用版本情况，扣3分			
2.2	服务行为	热情礼貌迎接客户、文明用语的使用、主动服务意识	15	1. 未主动微笑迎接客户，扣3分； 2. 未使用规范文明用语，语气生硬，每次扣2分； 3. 未主动为客户推广自助交费方式，扣5分； 4. 站立时身体抖动，随意扶、倚、靠、踩，每次扣2分； 5. 坐立时托腮或趴在办公桌上，抖动腿、跷二郎腿、左顾右盼，每次扣2分			

续表

序号	项目	考核要点	配分	评分标准	得分	扣分	备注
2.3	日常工作规范	网上国网 App 的使用	40	1. 对网上国网 App（安装链接分享、用能分析、电费账单查询、停电信息查询、积分兑换、缴费、业扩报装、新能源业务应用）不熟悉，每处扣 5 分； 2. 不能正确指导客户使用网上国网 App 办理新装增容、更名过户等业务，每项扣 5 分； 3. 未双手递物，每次扣 3 分； 4. 未使用告别语，每次扣 5 分			
3				工作终结验收			
3.1	工作台面整理	1. 汇报考核结束前，清洁个人工作区域，保持干净整洁； 2. 将工作区域内的办公桌椅及设备按要求整齐归位，将手机中的网上国网 App 删除； 3. 无损坏设备、设施现象	4	1. 造成设备、设施损坏，此项不得分； 2. 设施未恢复原样，每项扣 2 分； 3. 未将办公桌椅摆放整齐，扣 2 分； 4. 未清理现场遗留纸屑等，扣 2 分			
合计得分							

否定项说明：1. 违反国家电网公司、省公司有关服务规范要求；2. 违反技能等级评价考场纪律；3. 造成设备重大损坏

考评员：　　　　　　　　　　　　　　　年　　月　　日

3.2.6.2　项目 2　充换电设施用电咨询及受理（中级工）

一、培训目标

通过理论知识学习与实际操作训练，使学员了解发展新能源汽车的意义，熟悉电动汽车出行充电及增值服务"e 充电"App 的基本使用知识，从而更好地为客户提供精准快捷的咨询服务。

二、培训场所及设施

（一）培训场所

营业厅实训室。

（二）培训设施

培训工具及器材如表 3-33 所示。

表 3-33　培训工具及器材（每个工位）

序号	名称	规格型号	单位	数量	备注
1	智能手机	安装有"e 充电"App	部	1	现场准备
2	工作服	成套着装	套	1	考生自备
3	"e 充电"账号		个	1	现场准备
4	营业柜台	桌椅、打印机、柜台笔、岗位牌	套	1	现场准备

三、培训参考教材与规程

马德粮:《新能源汽车技术》，清华大学出版社，2017。

四、培训对象

农网配电营业工（综合柜员、台区经理）。

五、培训方式及时间

（一）培训方式

教师现场讲解、示范，学员进行技能操作训练，培训结束后进行理论考核与技能测试。

（二）培训时间

（1）基础知识学习：0.5 学时。

（2）业务介绍：0.5 学时。

（3）操作讲解、示范：0.5 学时。

（4）分组技能操作训练：0.5 学时。

（5）技能测试：1 学时。

合计：3 学时。

六、基础知识

（一）我国发展新能源汽车的意义

（1）缓解石油短缺。

（2）降低环境污染。

（3）促进电力系统改革，加快智能电网建设。

（二）新能源汽车的定义

新能源汽车是指采用非常规的车用燃料作为动力来源（或使用常规的车用燃料、采用新型车载动力装置），综合车辆的动力控制和驱动方面的先进技术，形成的技术原理先进、具有新技术、新结构的汽车。

（三）新能源汽车的分类

新能源汽车分为纯电动汽车、混合动力汽车、燃料电池电动汽车、氢发动机汽车和其他新能源汽车。

（四）刷卡充电过程

用户需要持国家电网统一发行的电动汽车充电卡到国家电网充电桩进行充电操作。

（1）把充电枪正确插入电动汽车充电接口。

（2）在桩上选择充电卡充电，设置所需的充电金额。

（3）进行第一次刷卡，预扣充电金额，激活充电桩，启动充电。

（4）结束充电进行第二次刷卡，确认充电完整性，完成扣款流程。

（五）"e 充电"账号充电过程

（1）把充电枪正确插入电动汽车充电接口。

（2）在确定插枪正确后，在桩上操作选择"e 充电"账号充电（充电桩需网络在线）。

（3）在桩上选择预充金额，并输入"e 充电"App 账号和 6 位支付密码，启动充电。

（4）充满后自动停止充电，输入交易密码并验证成功后，结束本次充电。

（5）若想提前结束充电，可单击充电桩充电界面上的"停止充电"按钮，输入交易密码并验证成功后，结束充电。

（六）"e充电"二维码充电过程

（1）把充电枪正确插入电动汽车充电接口。

（2）在确定插枪正确后，在桩上操作选择二维码充电，选择预充金额并生成二维码（充电桩需网络在线）。

（3）使用"e充电"App进入扫描界面。

（4）对准充电设备上的二维码进行扫描，激活充电桩，锁定充电枪，开始充电。App扫描成功，后台会同时返回6位验证码。

（5）当充满指定的金额后自动停止充电，输入扫码后返回的验证码并验证成功后，结束充电。

（6）若想提前结束充电，可单击充电桩充电界面上的"停止充电"按钮，输入扫码后返回的验证码并验证成功后，结束充电。

（七）"e充电"软件使用时的注意事项

1. 账号注册时的注意事项

"e充电"账号的密码必须由8～20位数字、字母及特殊符号构成。

2. 充电付款时的注意事项

需要先把钱充进账号的余额，在可用余额大于或等于充电金额时，才能在充电时进行付款。

3. 余额被冻结时的处理

无须处理，冻结的余额会在96小时以内自动解冻并返还到可用余额中。

七、技能培训步骤

（一）准备工作

工作现场做如下准备。

已安装"e充电"软件的智能手机，手机需要联网，并确保手机已对"e充电"软件开启定位、拍照等所需权限。提供已注册的供考评使用的"e充电"账号并登录，供考生直接在主界面操作到达相关功能界面。一位考生配备一部手机和一位评审员，单次考完后手机可退出软件，供下一位考生继续使用。

（二）操作步骤

打开"e充电"软件，注册后登录软件，并操作以下功能。

登录/注册界面如图3-11所示。

1. 打开充电扫码页面

（1）直接扫码：在主页中选择"扫码"图标，如图3-12所示。

（2）先选择充电站再扫码：单击页面上方菜单栏第一项"站点查询"按钮，进入附近充电站地图页面，在此时所显示的页面中，充电站按距离升序排序，可根据实际情况选择快充或慢充的充电站，单击进入该充电站界面，即可进行扫码充电，如图3-13所示。

图 3-11　登录/注册界面　　　　　　　　图 3-12　选择"扫码"图标

图 3-13　充电扫码界面

操作完毕后，口述"已打开充电扫码界面"。

2. 打开余额充值界面

方法一：

选择页面最上方四个图标中的第二个图标"充值"，进入充值界面，在此时所显示的页面中，在"其他充值金额"文本框中输入"1"元，选择"微信支付"单选按钮，如图 3-14 所示。

图 3-14 余额充值界面（方法一）

操作完毕后，口述"已打开余额充值界面"。

方法二：

单击页面下方菜单栏右侧"我的"按钮，使"我的"按钮被选中变为深色，在此时所显示的页面中，单击"可用余额"按钮进入"我的余额"界面，单击"立即充值"按钮，在"其他充值金额"下面的文本框中输入"1"元，选择"微信支付"单选按钮，如图 3-15 所示。

图 3-15 余额充值界面（方法二）

操作完毕后，口述"已打开余额充值界面"。

3. 打开发票界面

在主界面右下方单击"我的"按钮,打开"常用工具"界面,如图 3-16 所示,选择"发票",进入"发票中心"界面。

图 3-16 打开"常用工具"界面

在"发票中心"界面单击"充电发票",选择"发票抬头"→"添加抬头"并返回,单击"发票申请"按钮,如图 3-17 所示。操作完毕后,口述"已完成充电发票申请"。

图 3-17 发票申请界面

(三)工作结束

1. 退出软件

考核完成后,退出"e 充电"App。

2. 设备归置

将专用手机设备轻放到原来的位置。

八、技能等级认证标准（评分）

"e 充电"软件使用咨询项目考核评分记录表如表 3-34 所示。

表 3-34 "e 充电"软件使用咨询项目考核评分记录表

姓名： 准考证号： 单位：

序号	项目	考核要点	配分	评分标准	得分	扣分	备注
1				工作准备			
1.1	营业准备规范	1. 开始前，人员按照仪容仪表规范进行个人整理；检查各类资料是否齐全、数量是否充足，并摆放整齐；开启各项服务设备和办公设备，确保正常运行。 2. 按照现场人员着装规范进行着装（台区经理）	2	1. 未按营业厅规范标准着工装，扣2分； 2. 着装穿戴不规范（不成套、衬衣下摆未扎于裤/裙内，衬衣扣未扣齐），每处扣1分； 3. 未佩戴工号牌（工号牌位于工装左胸处），扣1分； 4. 浓妆艳抹，佩戴夸张首饰，每处扣1分； 5. 女员工长发应统一束起，短发清爽整洁，无乱发，男员工不留怪异发型，不染发，每处不规范扣1分； 6. 本项业务所需资料准备不齐全，每项扣1分； 7. 未检查设备是否正常运行，每项扣1分； 8. 台区经理未按要求着装，每项扣1分			
2				工作过程			
2.1	软件使用	通过"e充电"软件，打开充电扫码界面并口述	5	未打开充电扫码界面，不得分；未在打开后向客户叙述已打开充电扫码界面，扣2分			
2.2		打开余额充值界面并口述	5	未打开余额充值页面，不得分；未在打开后向客户叙述已打开余额充值页面，扣2分			
2.3		打开发票界面并口述	5	未打开发票详情界面，不得分；未进行叙述，扣2分			
2.4	注意事项问答	账号注册时的注意事项	2	未能正确回答账号注册时的注意事项，不得分			
2.5		充电付款时的注意事项	2	未能正确回答充电付款时的注意事项，不得分			
2.6		余额被冻结时的处理	2	未能正确回答余额被冻结时的处理方法，不得分			
3				工作终结验收			
3.1	软件退出	正确退出软件，轻放手机到原处	2	离开前未退出软件，扣2分			
			合计得分				
否定项说明：1.违反国家电网公司、省公司有关服务规范要求；2.违反技能等级评价考场纪律；3.造成设备重大损坏							

考评员： 年 月 日

3.2.6.3 项目 3 电动汽车充电卡办理及充值（中级工）

一、培训目标

通过理论知识学习与实际操作训练，使学员熟练掌握电动汽车充电卡办理及充值业务，从而更好地为客户提供精准快捷的服务。

二、培训场所及设施

（一）培训场所

营业厅实训室。

（二）培训设施

培训工具及器材如表 3-35 所示。

表 3-35　培训工具及器材（每个工位）

序号	名称	规格型号	单位	数量	备注
1	培训教材	A4	本	1	现场准备
2	计算机	可上外网	台	1	现场准备
3	充电卡		张	1	现场准备
4	车联网平台账号		个	1	现场准备
5	POS 机		台	1	现场准备
6	读卡器		台	1	现场准备
7	扫码枪		台	1	现场准备
8	密码小键盘		台	1	现场准备
9	有效身份证明	身份证、户口本或营业执照	张	1	现场准备
10	中性笔		支	1	现场准备

三、培训参考教材与规程

国家电网公司：《电动汽车车联网商户平台操作手册》（版本号 V1.5.0），2017。

四、培训对象

农网配电营业工（综合柜员）。

五、培训方式及时间

（一）培训方式

教师现场讲解、示范，学员开展角色扮演，模拟电动汽车充电卡办理及充值相关使用操作，培训结束后进行技能测试。

（二）培训时间

（1）基础知识学习：0.5 学时。

（2）操作讲解、示范：0.5 学时。

（3）分组技能操作训练：1 学时。

（4）技能测试：1 学时。

合计：3 学时。

六、基础知识

（一）电动汽车充电卡介绍

电动汽车使用国家电网充电桩可采用"e 充电"扫码、"e 充电"账户、电动汽车充电卡三种方式进行充电。电动汽车充电卡由国家电网公司所属发卡机构公开发行，可反复充值，不能透支，不计利息，仅能用于电动汽车在国家电网充电桩充电。

（二）电动汽车充电卡分类及充值方式

（1）电动汽车充电卡仅能通过指定营业厅办理，分为实名制账户、非实名制账户和单位账户。

（2）充电卡仅能通过指定营业厅进行充值，分为现金、支付宝、POS 机三种充值方式。

（三）电动汽车充电卡办理及充值流程

（1）登录车联网平台，输入商户平台账户、密码。

（2）选择充电卡开卡账户类型，读取卡片信息并与客户信息绑定，客户设置支付密码后开卡。

（3）开卡后读取卡片信息，设置充值方式并充值。

七、技能培训步骤

（一）准备工作

1. 计算机准备

可正常连接外网的计算机，连接读卡器并安装读卡器驱动，连接扫码枪并安装扫码枪驱动，连接 POS 机并安装 POS 机驱动，连接密码小键盘并安装密码小键盘驱动。

2. 着装穿戴

穿营业厅工作服，佩戴工号牌。

（二）操作步骤

首先热情礼貌向客户问好，熟练向客户介绍电动汽车充电卡办理及充值需要的客户信息。然后通过计算机登录车联网平台，操作以下功能。

（1）在计算机上登录车联网平台，并输入车平台账户及密码。以国网公司为例，如图 3-18 所示。

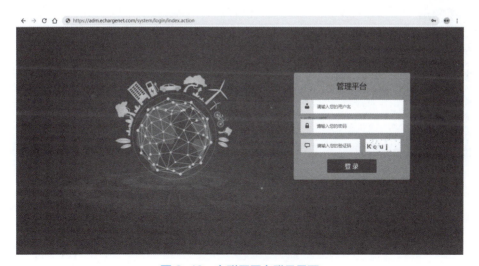

图 3-18　车联网平台登录界面

（2）登录车联网管理平台后，检查页面左上部分，显示已经打开的各种功能的状态条，如图 3-19 所示。

图 3-19　登录车联网管理平台后的界面

（3）依次单击"账户管理"→"卡账户管理"→"实名制开卡"选项，进入实名制开卡界面，如图 3-20 所示。

图 3-20　实名制开卡界面

（4）填写客户信息，如图 3-21 所示。

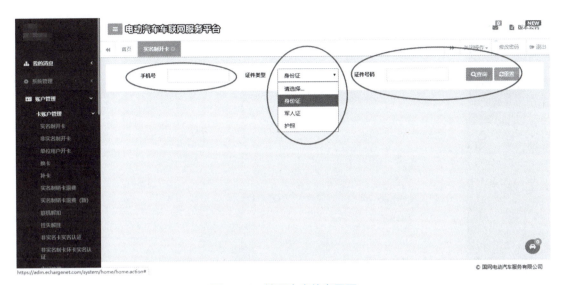

图 3-21　填写客户信息界面

（5）取一张新的充电卡放置在读卡器上进行读卡，单击"读卡"按钮获取卡片信息，如图 3-22 所示。

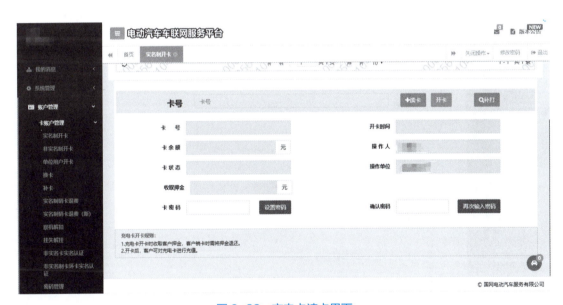

图 3-22　充电卡读卡界面

（6）提示客户设置充电卡密码，收取押金，单击"开卡"按钮完成充电卡办理。

（7）依次单击"交费管理"→"充值"选项，进入电动汽车充电卡充值界面，如图 3-23 所示。

图 3-23 电动汽车充电卡充值界面

（8）将充电卡放置在读卡器上，单击"读卡"按钮，如图 3-24 所示。

图 3-24 充电卡充值读卡界面

（9）核对客户信息，选择充值方式和充值金额，完成后单击"充值"按钮，如图 3-25 所示。

（10）完成电动汽车充电卡充值。

（三）工作结束

（1）业务受理完毕注销车联网平台账号，退出车联网平台。

（2）仪器和器具清理：将移动作业终端放到原来的位置。

（3）现场清理：工作结束，清理操作现场。

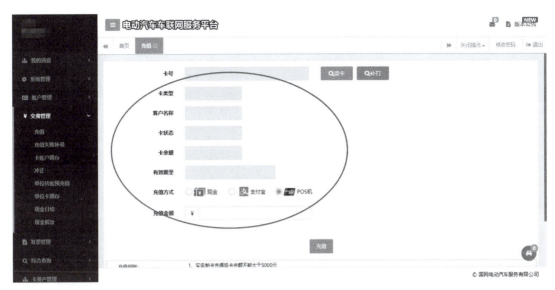

图 3-25　充电卡充值界面

八、技能等级认证标准（评分）

电动汽车充电卡办理及充值项目考核评分记录表如表 3-36 所示。

表 3-36　电动汽车充电卡办理及充值项目考核评分记录表

姓名：　　　　　　　　　　　准考证号：　　　　　　　　　单位：

序号	项目	考核要点	配分	评分标准	得分	扣分	备注
1				工作准备			
1.1	营业准备规范	1. 营业开始前，营业窗口服务人员提前到岗，按照仪容仪表规范进行个人整理； 2. 营业前，检查各类表单、服务资料、办公用品是否齐全、数量是否充足，按照定置定位要求摆放整齐； 3. 营业前开启设备电源，启动计算机、读卡器等办公设备，检查自助交费终端等信息化设备是否正常运行	2	1. 未按营业厅规范标准着工装，扣2分； 2. 着装穿戴不规范（不成套、衬衣下摆未扎于裤/裙内，衬衣扣未扣齐），每处扣1分； 3. 未佩戴工号牌（工号牌位于工装左胸处），扣1分； 4. 浓妆艳抹，佩戴夸张首饰，每处扣1分； 5. 女员工长发应统一束起，短发清爽整洁，无乱发，男员工不留怪异发型，不染发，每处不规范扣1分； 6. 本项业务所需资料准备不齐全，每项扣1分； 7. 未检查设备是否正常运行，每项扣1分			
1.2	服务行为规范	姿态规范：站姿、坐姿规范	2	1. 站立时身体抖动，随意扶、倚、踩，每项扣1分； 2. 坐立时托腮或趴在工作台上，抖动腿、跷二郎腿、左顾右盼，每项扣1分			
2				工作过程			
2.1	系统登录	正确登录车联网平台	1	登录车联网平台失败，扣1分			

续表

序号	项目	考核要点	配分	评分标准	得分	扣分	备注
2.2	充电卡办理	1.正确填写客户信息，协助客户设置密码； 2.收取充电卡押金	10	1.未正确进入充电卡开卡界面，扣2分； 2.充电卡读卡不成功，扣2分； 3.未能正确填写客户信息，扣5分； 4.未协助客户设置充电卡支付密码，扣5分； 5.未收取充电卡押金，扣2分			
2.3	充电卡充值	核对客户信息，选择客户要求的充值方式充值	7	1.未正确进入充电卡充值界面，扣2分； 2.充电卡读卡不成功，扣2分； 3.未核对客户信息，扣2分； 4.未能正确选择客户要求的充值方式，扣2分； 5.充电卡充值金额错误（现金方式），扣3分			
3	工作终结验收							
3.1	工作区域整理	1.汇报结束前，清点营业各类工作表单，检查有无未完结业务； 2.将工作区域内的办公物品及设备按要求归位，无损坏设施； 3.清洁个人工作区域，保持环境干净整洁	3	1.工作表填写不完整，扣1分； 2.造成设备、设施损坏，此项不得分； 3.设施未恢复原样，每项扣1分； 4.现场遗留纸屑等未清理，扣1分； 5.车联网账号未退出，扣1分； 6.考核完毕，柜员应将岗位牌翻至"暂停营业"后离岗，未将岗位牌翻至"暂停营业"，扣1分			
合计得分							
否定项说明：1.违反国家电网公司、省公司有关服务规范要求；2.违反技能等级评价考场纪律；3.造成设备重大损坏							

考评员：　　　　　　　　　　　　　　　年　　月　　日

第 4 章
三级/高级工

4.1 配电技能

4.1.1 配电室停送电操作

一、培训目标

通过专业理论学习和技能操作训练，使学员了解操作票制度，10kV 配电柜断路器、负荷开关、隔离开关、低压开关的用途，安全工器具等的使用要求，熟练掌握安全工器具、10kV 配电柜断路器、负荷开关、隔离开关、低压开关的操作步骤及质量标准等内容。

二、培训场所及设施

（一）培训场所

配电综合实训场。

（二）培训设施

培训工具及器材如表 4-1 所示。

表 4-1 培训工具及器材（每个工位）

序号	名 称	规格型号	单 位	数 量	备 注
1	绝缘操作杆	10kV	套	1	现场准备
2	配电柜操作杆	10kV	套	1	现场准备
3	绝缘手套	10kV	副	1	现场准备
4	绝缘靴	10kV	双	1	现场准备
5	绝缘垫	1*2	块	2	现场准备
6	标示牌		块	若干	现场准备
7	护目镜（面罩）		副	1	现场准备
8	10kV 验电笔		支	1	现场准备
9	低压验电笔		支	1	现场准备
10	中性笔		支	1	考生自备
11	通用电工工具		套	1	考生自备
12	安全帽		顶	1	考生自备
13	绝缘鞋		双	1	考生自备
14	工作服（防电弧服）		套	1	考生自备
15	线手套		副	1	考生自备
16	急救箱（配备外伤急救用品）		个	1	现场准备

三、培训参考教材与规程

（1）国家电网公司：《国家电网公司电力安全工作规程（配电部分）》，中国电力出版社，2014。

（2）电力行业职业技能鉴定指导中心：11-047 职业技能鉴定指导书《配电线路（第二版）》，中国电力出版社，2008。

（3）电力行业职业技能鉴定指导中心：6-07-05-06 职业技能鉴定指导书《农网配电营业工》

（电力工程农电专业），中国电力出版社，2007。

（4）国家电网公司人力资源部：国家电网公司生产技能人员职业能力培训专用教材《农网配电》，中国电力出版社，2010。

（5）国家电网公司人力资源部：国家电网公司生产技能人员职业能力培训专用教材《配电线路检修》，中国电力出版社，2010。

（6）国网山东省电力公司关于印发《倒闸操作票、工作票执行规范》的通知，鲁电安质【2017】610号，2017年9月。

（7）《电力行业从业人员技能等级认证职业技能标准编制技术规程（2020年版）》。

四、培训对象

农网配电营业工（配电专业）。

五、培训方式及时间

（一）培训方式

教师现场讲解、示范，学员进行技能操作训练，培训结束后进行理论考核与技能测试。

（二）培训时间

（1）配电室停送电操作专业知识：2学时。

（2）配电室停送电操作作业流程：0.5学时。

（3）操作讲解、示范：0.5学时。

（4）分组技能操作训练：3学时。

（5）技能测试：2学时。

合计：8学时。

六、基础知识

（一）电气安全技术——电气安全用具

（1）基本电气安全用具。

（2）辅助电气安全用具。

（3）一般防护安全用具。

（二）倒闸操作基本原则和程序

（1）操作票制度。

（2）倒闸操作基本原则。

（3）倒闸操作基本方法。

（4）倒闸操作步骤和注意事项。

（三）配电室停送电操作

（1）配电室操作原则。

（2）配电室停送电操作步骤。

（四）配电室停送电操作作业流程

作业前的准备→根据下达的工作任务填写操作票→检查安全工器具→持操作票进行倒闸操作→清理现场、工作结束。

七、技能培训步骤

（一）准备工作

1. 工作现场准备

必备 4 个工位，可以同时进行作业；每个工位已安装好 10kV 开关柜。

2. 工具器材准备

对进场的工器具进行检查，确保能够正常使用，并整齐摆放于工具架上。

3. 安全措施及风险点分析

（1）防触电伤害。

与带电设备保持安全距离，正确使用相应电压等级的、合格的安全工器具。

（2）防止误操作。

防止误分、误合刀闸；防止误入带电间隔；防止带负荷拉、合刀闸，保证操作安全、准确。

（二）操作步骤

（1）接受操作命令。发令人发布操作命令，操作人根据设备名称编号和操作任务填写操作票并检查正确性。

（2）进行操作。操作监护人和操作人做好必要的准备工作后，携带操作工具进入现场进行设备操作。操作设备时，必须执行唱票、复诵制度。每进行一项操作，其程序是：唱票→对号→复诵→核对→下令→操作→复查→做执行记号"√"。

（3）复查设备。一张操作票操作完毕，操作人、监护人应全面复查一遍，检查操作过的设备、仪表指示、信号指示、连锁装置等正常。

（4）操作结束。工器具归位。

（三）工作结束

（1）操作汇报。操作完毕后，监护人应立即向发令人汇报操作情况、结果、操作起始和结束时间。

（2）操作记录。经发令人认可后，监护人将操作任务、起始和结束时间记入操作票中，由监护人在已执行的操作票上盖"已执行"章，整理归档。

（3）清理现场，工作结束，离场。

八、技能等级认证标准（评分）

配电室停送电操作项目考核评分记录表如表 4-2 所示。

表 4-2　配电室停送电操作项目考核评分记录表

姓名：　　　　　　　　　准考证号：　　　　　　　　　单位：

序号	项目	考核要点	配分	评分标准	得分	扣分	备注
1				工作准备			
1.1	着装穿戴	穿工作服、绝缘鞋、戴安全帽、线手套	5	1. 未穿工作服、绝缘鞋，未戴安全帽、线手套，缺少每项扣 2 分； 2. 着装穿戴不规范，每处扣 1 分			
1.2	工器具检查	工器具齐全，符合使用要求	10	1. 工器具齐全，缺少或不符合要求每件扣 1 分； 2. 工器具需做外观检查、试验，检查项目不全、方法不规范每项扣 1 分			

续表

序号	项目	考核要点	配分	评分标准	得分	扣分	备注
2			工作过程				
2.1	操作票填写	正确填写停送电操作票	15	1. 操作任务填写不正确扣5分； 2. 未填写设备双重名称扣3分； 3. 操作漏项每处扣2分； 4. 字迹工整清楚，有涂改每处扣1分，涂改达到3处及3处以上扣5分，字迹潦草扣2分； 5. 未填写操作终止号扣2分，书写位置不正确、不规范扣1分； 6. 未填写开始和结束时间每处扣2分，结束时间在操作未完成时填写扣1分； 7. 未签名每处扣2分； 8. 操作顺序填写错误本小项不得分			
2.2	唱票	操作时使用规范操作术语，唱票复诵，准确清晰，严肃认真，声音洪亮	15	1. 未唱票每处扣1分； 2. 未复诵每处扣1分，复诵不完整、不准确每处扣0.5分； 3. 未使用规范的操作术语每次扣2分，不准确每次扣1分； 4. 声音不洪亮扣2分			
2.3	停送电操作	1. 按操作票顺序正确操作，并检查设备状态，使用工器具正确。 2. 开关停电作业将线路设备由运行状态转为检修状态。 步骤一：核对设备运行方式。包括：（1）核对作业现场开关设备的双重名称，包括变电站名称线路、开关的中文名称和设备编号名称，检查是否与工作票和操作票相一致，防止走错间隔，误操作开关。（2）核对设备的运行方式，包括运行状态、检修状态；检查开关状态是否与工作票、操作票相一致。（3）倒闸操作必须两人进行，操作时必须采用操作票，一人操作，一人监护，严格执行监护复诵制。（4）在工作地点四周装设遮栏。（5）在遮栏上悬挂朝向外面的"止步，高压危险！"标示牌（每侧不少于一件）。（6）悬挂"在此工作！"和"从此进出！"标示牌。 步骤二：断开断路器。包括：（1）监护人唱票，操作人眼看手指待操作设备复诵。监护人确认无误后下达操作命令，操作人使用绝缘操作杆往下拉操作拉环，开关指针由合闸位置变为分闸位置（操作人操作时应站在待操作设备侧方）。（2）检查断路器在分闸位置。操作人核对开关指针位置是否指在分闸位置，指示灯是否熄灭。(3)合上开关接地刀闸。送电顺序相反	45	1. 操作前未核对设备名称、位置、编号及实际运行状态，每项扣2分； 2. 接触运行中配电设备外壳未验电，每次扣5分，验电不规范、位置不正确每次扣2分； 3. 停送电顺序错误，每次扣10分； 4. 断路器停送电操作顺序错误，每次扣5分； 5. 使用操作杆未戴绝缘手套、未穿绝缘靴，每项扣2分； 6. 操作票唱票复诵，操作人站位、操作过程不正确，每次扣5分； 7. 断开断路器时未戴防护罩扣2分； 8. 未面向被操作设备的名称编号牌，每次扣2分； 9. 未独立用手指指明操作应动部件，每次扣2分，指向不明每次扣2分； 10. 未在监护人发出"对、执行"的操作指令后再操作的每次扣2分； 11. 检查项目未检查每次扣2分，检查漏项每次扣2分； 12. 未在操作票的"√"上盖"已执行"章扣2分； 13. 高、低压停送电顺序错误本项不得分			

续表

序号	项目	考核要点	配分	评分标准	得分	扣分	备注
3				工作终结验收			
3.1	安全文明生产	汇报结束前,所选工器具放回原位,摆放整齐;无损坏元件、工具;恢复现场;检查现场无遗留物,无不安全行为	10	1. 出现不安全行为每次扣5分; 2. 作业完毕,现场未清理恢复扣5分,恢复不彻底扣2分; 3. 损坏工器具每件扣3分			
合 计 得 分							

否定项说明:1. 违反《国家电网公司电力安全工作规程(配电部分)》相关规定;2. 违反职业技能鉴定考场纪律;3. 造成设备重大损坏;4. 发生人身伤害事故

考评员: 年   月   日

4.1.2 项目1:配电变压器直流电阻测试

一、培训目标

掌握配电变压器停送电操作流程及安全措施,配电变压器直流电阻测试及单、双臂电桥的构造和原理,正确测量出高、低压测的直流电阻值,并根据测量结果,正确判断出变压器分接开关连接情况。

二、培训场所及设施

(一)培训场所

配电综合实训场。

(二)培训设施

工具及器材如表4-3所示。

表4-3 工具及器材(每个工位)

序号	名 称	规格型号	单 位	数 量	备 注
1	变压器	10kV	台	1	现场准备
2	万用表		只	1	现场准备
3	直流单臂电桥	QJ23	台	1	现场准备
4	直流双臂电桥	QJ103	台	1	现场准备
5	直流电桥引线	多股、单股	根	若干	现场准备
6	放电棒	10kV	根	1	现场准备
7	固定用绝缘扎绳		m	若干	现场准备
8	温度、湿度计		只	1	现场准备
9	秒表		只	1	现场准备
10	清洁布		块	若干	现场准备
11	通用电工工具		套	1	考生自备
12	安全帽		顶	1	考生自备
13	绝缘鞋		双	1	考生自备
14	中性笔		支	1	考生自备

续表

序号	名 称	规格型号	单 位	数 量	备 注
15	急救箱		个	1	考生自备
16	工作服		套	1	考生自备
17	线手套		副	1	考生自备

三、培训参考教材与规程

（1）国家电网公司：《国家电网公司电力安全工作规程（配电部分）》，中国电力出版社，2014。

（2）国家经济贸易委员会：电力行业标准《农村低压电力技术规程》(DL/T 499—2001)，2001。

（3）电力行业职业技能鉴定指导中心：11-047 职业技能鉴定指导书《配电线路（第二版）》，中国电力出版社，2008。

（4）电力行业职业技能鉴定指导中心：6-07-05-06 职业技能鉴定指导书《农网配电营业工》（电力工程农电专业），中国电力出版社，2007。

（5）国家电网公司人力资源部：国家电网公司生产技能人员职业能力培训专用教材《农网配电》，中国电力出版社，2010。

（6）国家电网公司人力资源部：国家电网公司生产技能人员职业能力培训专用教材《配电线路检修》，中国电力出版社，2010。

（7）国家能源局：电力行业标准《电力设备预防性试验规程》(DL/T 596—2021)，2021。

四、培训对象

农网配电营业工（台区经理）。

五、培训方式及时间

（一）培训方式

教师现场讲解、示范，学员进行技能操作训练，培训结束后进行理论考核与技能测试。

（二）培训时间

（1）基础知识学习：1 学时。

（2）配电变压器直流电阻测试作业流程：1 学时。

（3）操作讲解、示范：1 学时。

（4）分组技能操作训练：3 学时。

（5）技能测试：2 学时。

合计：8 学时。

六、基础知识

（一）配电变压器直流电阻测试专业知识

（1）配电变压器停送电流程及安全措施。

（2）单、双臂电桥的构造和原理。

（3）配电变压器预防性试验规范。

(4) 配电变压器分接开关的结构、作用及调整。
(5) 配电变压器直流电阻测量的有关要求及安全注意事项。
(6) 配电变压器直流电阻不平衡率的计算公式和计算方法。

（二）配电变压器直流电阻测试作业流程

作业前的准备→工器具检查→用放电棒对配电变压器充分放电→高压侧直流电阻测量→低压侧直流电阻测量→填写配电变压器直流电阻测量记录表→清理现场、工作结束。

七、技能培训步骤

（一）准备工作

1. 工作现场准备

（1）场地准备：必备 4 个工位，布置现场工作间距不小于 3m，每个工位给定待测 10kV 配电变压器，引线已解除；每个工位必备接地装置；各工位之间用遮栏隔离，场地清洁。

（2）功能准备：工位间安全距离符合要求，学员间不得相互影响，能够保证独立操作。

2. 工具器材准备

对现场的工器具进行检查，确保能够正常使用，并整齐摆放于工具架上。工具器材要求质量合格、安全可靠、数量满足需要。

3. 安全措施及风险点分析

（1）防止触电伤害。

① 核实被测配电变压器安装位置（名称）、型号，并确认已停电、无返回电源、已做好安全措施，与其他带电设备安全距离足够。

② 专人监护，正确使用放电棒对已停电配电变压器进行放电。

（2）防止人员高空坠落。

① 使用、移动梯子时有专人扶持，有限高标志和防高空坠落措施。

② 上杆架式变压器测量时，正确使用安全带。

③ 登高测量时防止意外坠物。

（3）防止现场摔跌。

现场试验设备、测试线放置合理，不妨碍测试工作。

（二）操作步骤

1. 工作前的准备

（1）正确合理着装。

（2）正确选择工具及仪表。

2. 配电变压器直流电阻测量

（1）检查被测设备处在停电状态，将设备充分放电后，方可进行测量。

（2）测量高压侧时，根据被测电阻 R_x 的大致数值（可用万用表粗测），选择适当的比率臂；打开检流计锁扣；查看检流计是否调整在零位上；比率臂的选择一定要保证比较臂的四个挡都能用上，以确保测量结果有 4 位有效数字；由于绕组电感较大，需等几分钟充电，待电流稳定后，才能接通检流计进行测量；观察检流计指针的偏转情况，指针向"+"方向偏转，需增大比较臂阻值，反之则减小比较臂阻值，如此反复进行，直到指针指零，电桥平衡；直流电桥的测试引线应选用绝缘良好的多股软铜线；连接导线应尽量短而粗，导线接头应接触良好；单臂电桥"Rx"两接线柱引线应独立并分开。

（3）测量低压侧时，将被测变压器按四端连接法，接在双臂电桥相应的C1、P1、P2、C2接线柱上，电压线和电流线分开，各接线端应坚固，非被试绕组要开路；测量接线应牢固；直流双臂电桥的工作电流较大，测量时要迅速。

（4）测量完毕，先断开检流计按钮，再断开电源按钮，然后拆除被测设备，将检流计锁扣锁上，以防搬动过程中损坏检流计；被试设备充分放电后方可拆除接线。

（5）电桥平衡后，根据比率臂和比较臂的示值，按下式计算被测电阻大小：被测电阻值＝比率臂示值×比较臂示值。对三相直流电阻进行计算。扣除原始差异，相间互差不大于三相平均值的4%，线间互差不大于三相平均值的2%；与同相初值比较，变化不大于2%。

3.填写配电变压器直流电阻测量记录表

（1）填写配电变压器直流电阻测量记录表并得出结论。

（2）要求字迹工整，填写规范。

（3）填写完后交考评人员。

（三）工作结束

（1）工具归位，清理现场。

（2）工作结束，离场。

八、技能等级认证标准（评分）

配电变压器直流电阻测试项目考核评分记录表如表4-4所示。

表4-4 配电变压器直流电阻测试项目考核评分记录表

姓名： 准考证号： 单位：

序号	项目	考核要点	配分	评分标准	得分	扣分	备注
1			工作准备				
1.1	着装穿戴	穿工作服、绝缘鞋，戴安全帽、线手套	5	1.未穿工作服、绝缘鞋，未戴安全帽、线手套，缺少每项扣2分； 2.着装穿戴不规范，每处扣1分			
1.2	测试仪器的选择与检查，被测设备的检查	1.测量中等阻值电阻及较小的电阻，应选用单臂电桥和双臂电桥进行测量。 2.使用直流电桥应做的检查：外壳有无破损；接线端子是否齐全完好，各按键是否操作灵活且应在弹出位置；各连接片是否齐全；电桥内是否有电池。 3.检查被测设备是否处在停电状态，将设备验电、充分放电、接地后，方可进行测量	15	1.选择单、双臂电桥，漏选1个扣5分； 2.未进行外观检查扣5分，检查不全面每项扣1分； 3.未检查设备停电状态扣3分			

续表

序号	项目	考核要点	配分	评分标准	得分	扣分	备注
2		工作过程					
2.1	直流电桥的接线	1. 测量高压侧时，直流电桥的测试引线应选用绝缘良好的多股软铜线；应尽量短而粗，连接良好；"Rx"两接线柱引线应独立并分开。 2. 测量低压侧时，将被测变压器按四端接线法接到相应的接线柱上，连接牢固，非被试绕组要开路	10	1. 电桥引线选择错误每次扣2分； 2. 连接导线不符合要求每次扣2分； 3. 引线缠绕每次扣2分； 4. 电桥电压线和电流线不分开每次扣2分； 5. 电桥电压线和电流线位置不正确每次扣2分； 6. 测量接线接触不良每次扣1分； 7. 非被试绕组未开路扣2分			
2.2	直流电阻的测试	1. 根据被测电阻 Rx 的大致数值（可用万用表粗测），选择适当的比率臂；打开检流计锁扣；查看检流计是否调整在零位上；比率臂的选择一定要保证比较臂的四个挡都能用上，以确保测量结果有4位有效数字。 2. 由于绕组电感较大，需等几分钟充电，待电流稳定后，才能接通检流计进行测量。 3. 观察检流计指针的偏转情况，指针向"+"方向偏转，需增大比较臂阻值，反之则减小比较臂阻值，如此反复进行，直到指针指零，电桥平衡。 4. 直流双臂电桥的工作电流较大，测量时要迅速，以避免电池的无谓消耗	40	1. 仪表放置不水平或有振动每次扣1分； 2. 不校验检流计零点或灵敏度每次扣1分； 3. 未估算或粗测被测阻值每次扣2分； 4. 检流计和电源按钮操作顺序不正确每次扣3分； 5. 比率臂选择不合适每次扣3分； 6. 充电方法不正确扣3分； 7. 比较臂调整方法不正确扣3分； 8. 损坏电桥指针扣10分； 9. 少测量一相扣2分； 10. 测量数据错误每次扣2分； 11. 操作顺序错误不得分； 12. 检流计不稳读数每次扣5分； 13. 未按单、双臂电桥正确使用方法操作每次扣10分			
2.3	拆除接线	1. 测量完毕，先断开检流计按钮，再断开电源按钮，然后拆除被测设备；将检流计锁扣锁上，以防搬动过程中损坏检流计。 2. 被试设备充分放电后方可拆除接线	10	1. 测量完毕，未先断开检流计按钮每次扣3分； 2. 未将检流计锁扣锁上每次扣3分； 3. 拆除接线时未将设备充分放电每次扣5分			
2.4	直流电阻记录	1. 电桥平衡后，根据比率臂和比较臂的示值，按下式计算被测电阻大小：被测电阻值＝比率臂示值×比较臂示值。 2. 对三相直流电阻进行计算。扣除原始差异，相间互差不大于三相平均值的4%，线间互差不大于三相平均值的2%。 3. 与同相初值比较，变化不大于2%，分析得出测试结论	10	1. 未记录测量数据本项不得分； 2. 未记录环境温度、湿度各扣3分； 3. 测量数据或记录错误扣4分； 4. 计算方法不正确扣4分； 5. 对电阻值不进行相间互差、同相变化计算，分析判断不正确扣5分			

续表

序号	项目	考核要点	配分	评分标准	得分	扣分	备注
3		工作终结验收					
3.1	安全文明生产	汇报结束前，所选工器具放回原位，摆放整齐；无损坏元件、工具；恢复现场；无不安全行为	10	1. 出现不安全行为每次扣5分； 2. 作业完毕，现场未清理恢复扣5分，恢复不彻底扣2分； 3. 损坏工器具每件扣3分			
		合 计 得 分					

否定项说明：1. 违反《国家电网公司电力安全工作规程（配电部分）》相关规定；2. 违反职业技能鉴定考场纪律；3. 造成设备重大损坏；4. 发生人身伤害事故

考评员：　　　　　　　　　　　　　　　　　　　年　　月　　日

4.1.3 项目2：10kV终端杆备料

一、培训目标

通过专业理论学习和技能操作训练，使学员了解10kV终端杆所需材料及使用顺序、方法，熟练掌握10kV终端杆备料作业的操作流程及安全注意事项。

二、培训场所及设施

（一）培训场所

配电综合实训场。

（二）培训设施

培训工具及器材如表4-5所示。

表4-5　培训工具及器材（每个工位）

序号	名　称	规格型号	单　位	数　量	备　注
1	耐张横担	不同型号	根	各2	现场准备
2	耐张联板	不同型号	块	各2	现场准备
3	抱箍	不同型号	副	各1	现场准备
4	延长环	不同型号	个	各6	现场准备
5	楔形线夹	不同型号	套	各1	现场准备
6	UT线夹	不同型号	套	各1	现场准备
7	拉线绝缘子	不同型号	只	各2	现场准备
8	钢线卡子	不同型号	只	各8	现场准备
9	悬式绝缘子	不同型号	片	各6	现场准备
10	直角挂环	不同型号	套	各6	现场准备
11	平行挂板	不同型号	套	各4	现场准备
12	平行单板	不同型号	套	各8	现场准备
13	碗头挂板	不同型号	只	各3	现场准备
14	U形挂环	不同型号	只	各1	现场准备
15	耐张线夹	不同型号	套	各3	现场准备

续表

序号	名 称	规格型号	单位	数量	备 注
16	联板	不同型号	块	各6	现场准备
17	双头螺栓	不同型号	个	各4	现场准备，两平两弹
18	螺栓	不同型号	个	各4	现场准备，两平一弹
19	钢芯铝绞线	不同型号	根	各3	现场准备，每根0.5m
20	10kV架空绝缘线	不同型号	根	各3	现场准备，每根0.5m
21	钢绞线	不同型号	根	各2	现场准备，每根0.5m
22	拉线棒	不同型号	根	各1	现场准备
23	拉线盘拉环	不同型号	只	各1	现场准备
24	拉线盘	不同型号	块	各1	现场准备
25	铁线	不同型号	kg	若干	现场准备
26	中性笔		支	2	考生自备
27	通用电工工具		套	1	考生自备
28	安全帽		顶	1	考生自备
29	绝缘鞋		双	1	考生自备
30	工作服		套	1	考生自备
31	线手套		副	1	考生自备
32	急救箱（配备外伤急救用品）		个	1	现场准备

三、培训参考教材与规程

（1）国家电网公司:《国家电网公司电力安全工作规程（配电部分）》，中国电力出版社，2014。

（2）国家电网公司:《国家电网公司配电网工程典型设计 10kV 架空线路分册（2016 年版）》，中国电力出版社，2016。

（3）国家能源局:《电力金具产品型号命名方法》（DL/T 683—2010），2011。

（4）电力行业职业技能鉴定指导中心：11-047 职业技能鉴定指导书《配电线路（第二版）》，中国电力出版社，2008。

（5）电力行业职业技能鉴定指导中心：6-07-05-06 职业技能鉴定指导书《农网配电营业工》（电力工程农电专业），中国电力出版社，2007。

（6）国家电网公司人力资源部：国家电网公司生产技能人员职业能力培训专用教材《农网配电》，中国电力出版社，2010。

（7）国家电网公司人力资源部：国家电网公司生产技能人员职业能力培训专用教材《配电线路检修》，中国电力出版社，2010。

四、培训对象

农网配电营业工（台区经理）。

五、培训方式及时间

（一）培训方式

教师现场讲解、示范，学员进行技能操作训练，培训结束后进行理论考核与技能测试。

（二）培训时间

（1）10kV 终端杆备料专业知识：2 学时。

（2）10kV 终端杆备料作业流程：0.5 学时。

（3）操作讲解、示范：0.5 学时。

（4）分组技能操作训练：3 学时。

（5）技能测试：2 学时。

合计：8 学时。

六、基础知识

（一）配电线路专业图

（1）配电线路杆型图。

（2）杆塔组装图和施工图。

（3）横担及金具安装。

（4）拉线安装。

（二）10kV 终端杆备料作业流程

作业前的准备→仔细研读终端杆作业要求→填写终端杆材料表→挑选材料→在安装实际位置进行摆放→工作结束。

七、技能培训步骤

（一）准备工作

1. 场地准备

必备 4 个工位，布置现场工作间距不小于 5m，各工位之间用栅状遮栏隔离，场地清洁。

2. 功能准备

4 个工位可以同时进行作业；每个工位实现终端杆材料配备、挑选及摆放；工位间安全距离符合要求，无干扰；能够保证考评员正确考核。

3. 安全措施及风险点分析

（1）防止碰撞受伤。

① 专人监护并提醒操作人员。

② 每个工位指定材料搬运路线或每个工位分设材料搬运点，互不影响。

（2）防止金具砸伤。

① 材料、设备摆放合理，仓储货架不宜过高，应满足仓储管理要求。

② 材料、设备取放、移动过程中精力集中，杜绝野蛮搬运。

（二）操作步骤

1. 10kV 终端杆安装条件选择

（1）终端杆高度选择：12m、15m。

（2）终端杆锥形杆梢径选择：190mm。

（3）导线型号选择：LGJ-50、LGJ-70、LGJ-95、LGJ-120、LGJ-150、LGJ-185、LGJ-240、JKLGYJ-10-95/15、JKLGYJ-10-120/20、JKLGYJ-10-150/25、JKLGYJ-10-185/30、JKLGYJ-10-240/30。

（4）绝缘子选择：瓷质绝缘子、玻璃绝缘子、复合绝缘子、槽型连接、球窝连接、普通型、防污型。

（5）导线排列方式选择：水平排列、三角排列。

（6）耐张线夹选择：螺栓倒装固定、压缩固定、楔形固定。

（7）拉线方式选择：拉线角度45°、安装拉线绝缘子、UT线夹和楔形线夹固定、绑扎固定。

2. 编制材料计划单

根据10kV终端杆安装要求及安装尺寸图编制材料计划单，要求材料配备齐全，材料名称、型号及数量正确。

3. 金具、材料识别与挑选

根据材料计划单准确识别金具、材料；材料品种、规格正确，检查材料质量是否符合要求。

4. 金具、材料摆放

能根据安装顺序在指定位置有序摆放，操作中材料要轻拿轻放，熟悉各型号材料的安装位置。

5. 操作结束

（三）工作结束

清理现场，工具材料放回原位，离场。

八、技能等级认证标准（评分）

10kV终端杆备料项目考核评分记录表如表4-6所示。

表4-6 10kV终端杆备料项目考核评分记录表

姓名：　　　　　　　　　　　准考证号：　　　　　　　　单位：

序号	项目	考核要点	配分	评分标准	得分	扣分	备注
1				工作准备			
1.1	着装穿戴	穿工作服、绝缘鞋，戴安全帽、线手套	5	1. 未穿工作服、绝缘鞋，未戴安全帽、线手套，缺少每项扣2分；2. 着装穿戴不规范，每处扣1分			
1.2	工器具检查	工器具齐全，符合使用要求	5	缺少或不符合要求每件扣2分			
2				工作过程			
2.1	材料计划编制	根据终端耐张杆所列条件，正确编制材料名称、型号及数量	40	1. 名称错填每项扣1分，漏填每项扣2分；2. 型号错填、漏填每项扣3分；3. 数量每少1项或多1项扣1分；4. 材料配备缺项每项扣2分；5. 涂改每处扣1分			

续表

序号	项目	考核要点	配分	评分标准	得分	扣分	备注
2.2	材料选取	能根据材料计划单正确识别并选取材料	20	1. 未按材料计划单名称正确选择，每项扣 2 分； 2. 未检查材料是否符合要求，每次扣 2 分； 3. 选取不合格材料每件扣 2 分； 4. 掉落或抛掷材料每次扣 5 分； 5. 材料漏选每项扣 2 分； 6. 损坏材料每件扣 10 分			
2.3	摆放	根据安装顺序正确摆放，熟悉各种型号材料的安装位置	20	1. 未按安装顺序摆放，每处错误扣 1 分； 2. 摆放凌乱每处扣 2 分			
3				工作终结验收			
3.1	安全文明生产	汇报结束后，所选材料放回原位，摆放整齐；无损坏元件；恢复现场；无不安全行为	10	1. 出现不安全行为每次扣 5 分； 2. 损坏材料，每件扣 5 分； 3. 现场清理恢复不彻底扣 2 分； 4. 作业完毕，交还材料未回归原位每处扣 2 分			
			合 计 得 分				

否定项说明：1. 违反《国家电网公司电力安全工作规程（配电部分）》相关规定；2. 违反职业技能鉴定考场纪律；3. 造成设备重大损坏；4. 发生人身伤害事故

考评员： 年 月 日

4.1.4 项目3：更换柱上断路器

一、培训目标

通过专业理论学习和技能操作训练，使学员了解更换柱上断路器操作，熟练掌握安全工器具、更换柱上断路器的操作步骤及质量标准等内容。

二、培训场所及设施

（一）培训场所

10kV配电综合实训场。

（二）培训设施

培训工具及器材如表4-7所示。

表4-7 培训工具及器材（每个工位）

序号	名称	规格型号	单位	数量	备注
1	吊车或固定滑车起吊设备		台	1	现场准备
2	钢丝绳	钢丝绳头（14mm）	条	2	现场准备
3	双保险安全带	10kV	条	2	现场准备
4	脚踏板/脚扣（选用）	10kV	对	2	现场准备
5	绝缘垫	1*2	块	2	现场准备

续表

序号	名　称	规格型号	单位	数量	备注
6	"止步，高压危险！"标示牌		块	4	现场准备
7	"从此进出！"标示牌		块	1	现场准备
8	"在此工作！"标示牌		块	1	现场准备
9	吊物绳	10mm²	m	3	现场准备
10	中性笔		支	1	考生自备
11	通用电工工具、工具袋		套	1	考生自备
12	安全帽		顶	3	考生自备
13	螺栓	8mm	个	4	考生自备
14	工作服（反光衣）		套	1	考生自备
15	线手套		副	1	考生自备
16	绝缘手套	10kV	副	1	考生自备
17	绝缘鞋	10kV	双	1	现场准备
18	绝缘棒	10kV	支	1	现场准备
19	接地线	10kV	组	2	现场准备
20	临时接地棒		支	2	现场准备
21	验电笔	10kV	支	1	现场准备
22	钢锯		套	1	现场准备
23	兆欧表（电动）	2500V	台	1	现场准备
24	急救箱（配备外伤急救用品）		个	1	现场准备

三、培训参考教材与规程

（1）国家电网公司：《国家电网公司电力安全工作规程（配电部分）》，中国电力出版社，2014。

（2）电力行业职业技能鉴定指导中心：11-047 职业技能鉴定指导书《配电线路（第二版）》，中国电力出版社，2008。

（3）电力行业职业技能鉴定指导中心：6-07-05-06 职业技能鉴定指导书《农网配电营业工》（电力工程农电专业），中国电力出版社，2007。

（4）国家电网公司人力资源部：国家电网公司生产技能人员职业能力培训专用教材《农网配电》，中国电力出版社，2010。

（5）国家电网公司人力资源部：国家电网公司生产技能人员职业能力培训专用教材《配电线路检修》，中国电力出版社，2010。

（6）《电力行业从业人员技能等级认证职业技能标准编制技术规程（2020 年版）》。

（7）《南方电网公司地区供电局电力安全工器具与个人防护用品管理标准》。

（8）《架空配电线路及设备运行规程》。

四、培训对象

农网配电营业工（运维班组）。

五、培训方式及时间

（一）培训方式

教师现场讲解、示范，学员进行技能操作训练，培训结束后进行理论考核与技能测试。

（二）培训时间

（1）更换柱上断路器操作专业知识：4 学时。

（2）更换柱上断路器操作作业流程：1 学时。

（3）操作讲解、示范：1 学时。

（4）分组技能操作训练：4 学时。

（5）技能测试：2 学时。

合计：12 学时。

六、基础知识

（一）电气安全技术——电气安全用具

（1）基本电气安全用具。

（2）辅助电气安全用具。

（3）一般防护安全用具。

（二）更换柱上断路器操作所需工器具知识及作业程序

（1）工作准备。

（2）更换柱上断路器操作步骤和注意事项。

（3）作业终结。

七、技能培训步骤

（一）准备工作

1. 工作现场准备

必备 2 个工位，可以同时进行作业；每个工位已安装好柱上断路器。

2. 工具器材准备

对进场的工器具进行检查，确保能够正常使用，并整齐摆放于工具架上。

3. 安全措施及风险点分析

（1）滚动的物体（翻车）。

预控措施落实：作业车四条腿可靠固定，软土须加垫硬板。

（2）转动的设备（吊臂伤人）。

预控措施落实：

① 吊臂范围内不得有人逗留和通过。

② 起吊过程中设现场指挥员，明确指挥信号，因障碍影响视线时适当增设信号传递员，起重机具操作员接收到任何人发出的停止信号，必须立刻停止起吊。

③ 选择合适负载的起重机具，严禁起重物超过起重机具的安全起重量。

④ 撤、立杆塔时，除指挥人员外，其他人员必须距离杆塔 1.2 倍杆塔长度以上。

（3）坠落风险。

预控措施落实：

① 登杆塔前检查杆根塔基，确认拉线牢固，杆基无裂纹；检查杆塔受力是否平衡，必要时安装临时拉线；杆塔上有人作业时，不得调整或拆除拉线；攀登杆塔脚钉时，检查脚钉应牢固。

② 安全带应系在电杆及牢固的构件上，应防止安全带从杆顶脱出或被锋利物割伤；作业转位时，不得失去安全带保护。

③ 上下杆塔过程中设专人监护。

（4）走错间隔风险。

预控措施落实：

① 登杆塔前核实杆塔名称和编号，核实杆塔上的工作位置和带电部位。

② 工作人员（含所用工器具和绳索）与 10kV 及以下带电导线和设备的最短距离不得小于 0.7m，与邻近或交叉其他 10kV 及以下电力线路的安全距离不得小于 1.0m；若有感应电压反映在停电线路上，应加挂接地线。

（二）操作步骤

（1）着装要求：穿工作服、穿绝缘鞋、戴安全帽。

（2）工器具及材料选择：选择满足工作需要的工器具及材料。

（3）工器具及材料检查：检查工器具外观合格并在试验有效期内（安全带、安全绳、脚扣或踏板必须进行冲击试验），对柱上断路器外观进行检查，正确测试柱上断路器（结果合格）并进行清洁。

（4）登杆前准备。

① 准备工作：登杆前核对工作位置，对杆塔进行检查，并检查杆身、基础和拉线。

② 上杆：登杆过程中（2m 以上）不得失去安全带保护，主辅带至少有一条保护，安全带应系在主杆或牢固的构件上，移位过程中不得失去安全带保护。

③ 挂吊物绳：工作人员携带吊物绳上杆塔，到合适位置，系好安全带后，将吊物绳挂在合适位置。

（5）更换柱上断路器。

① 对旧断路器的所有接线分别做相别编号。

② 拆除断路器与其他设备的所有接线。

③ 缓慢、平稳地将断路器吊卸到地面。

④ 将新断路器吊至安装位置并固定好。

⑤ 设备安装应牢固可靠，本体及其操作机构、套管完好，附件齐全、完好，完成二次回路接线并检查接线正确。

⑥ 断路器按核定后的相序接线，两侧接线连接紧密可靠，距离符合规定要求，工艺美观。

A. 安装牢固可靠，引线接点和接地良好。

B. 断路器底部对地距离不小于 4.5m，但不宜过高，以便于运行人员操作。

C. 外壳接地符合规范要求，牢固可靠。

⑦ 开关设备安装完毕后，进行分、合闸操作试验三次，动作应可靠，检查操作机构分、合闸状态正常。

⑧ 检查新断路器安装及受力情况后清点好工具，用绳索传递至地面。
⑨ 塔上工作人员检查工作各部件情况，确认无遗留物后携带吊物绳下塔。
⑩ 工作负责人确认新断路器安装合格。
（6）下杆：下杆过程中（2m 以上）不失去安全带保护，主辅带至少有一条保护。
（7）操作结束，工器具归位。

（三）工作结束

（1）安全文明施工。
（2）拆除标示牌。
（3）清理现场，工作结束，人员撤离，拆除遮栏。

（四）作业记录

原设备作业记录如表 4-8 所示。

表 4-8 原设备作业记录

序号	名 称	型 号	生产厂家	生产日期	出厂编号	数 量
1						
2						

新设备作业记录如表 4-9 所示。

表 4-9 新设备作业记录

序号	名 称	型 号	生产厂家	生产日期	出厂编号	数 量
1						
2						

八、技能等级认证标准（评分）

更换柱上断路器操作项目考核评分记录表如表 4-10 所示。

表 4-10 更换柱上断路器操作项目考核评分记录表

姓名： 准考证号： 单位：

序号	项 目	考核要点	配分	评分标准	得分	扣分	备注
1				工作准备			
1.1	着装	穿工作服	2	穿"生产检修工作服"，要求整洁、完好、扣子扣好，衣领第一颗扣子可不扣，得 2 分			
		穿绝缘鞋	2	穿绝缘鞋，得 2 分			
		戴安全帽	2	检查合格证、外观，下颌带调节到恰当位置，低头不下滑、昂头不松动；留长发的员工将头发束好，放入安全帽内，得 2 分			

续表

序号	项目	考核要点	配分	评分标准	得分	扣分	备注
1.2	工器具、材料选取	选择满足工作需要的工器具	3	正确选择工器具：个人常用电工工具、工具袋、吊物绳、标示牌、登杆工具及安全带，得2分			
				将工器具有序放至作业区内，得1分			
		选择满足工作需要的材料	3	正确选择材料：10kV柱式绝缘子、螺栓、铝扎线，得2分			
			3	将材料有序放至作业区内，得1分			
1.3	工器具、材料检查	检查安全带	1	检查安全带合格证在有效期内，检查外观（选用背带式或全身式），得1分			
		检查脚扣（或踏板）	1	检查脚扣（或踏板）合格证在有效期内，检查外观，得1分			
		检查传递绳	1	检查传递绳合格证在有效期内，检查外观良好，得1分			
		检查工具袋	1	检查工具袋外观无破损，得1分			
		断路器绝缘电阻测试	4	使用2500V兆欧表摇测隔离开关绝缘值，得2分			
				不低于500MΩ，判断绝缘子合格，得2分			
2				工作过程			
2.1	核对工作位置	核对线路名称和工作地点杆塔号	3	核对线路名称和工作地点杆塔号，位置正确，得3分			
2.2	设置安全防护措施	装设遮栏	1	在工作地点四周装设遮栏，口述"在工作地点四周装设遮栏"，得1分			
		悬挂"止步，高压危险！"标示牌	1	在遮栏上悬挂朝向外面的"止步，高压危险！"标示牌（每侧不少于一件），得1分			
		悬挂"在此工作！"标示牌	1	在遮栏出入口装设"在此工作！"标示牌，得1分			
		悬挂"从此进出！"标示牌	1	在遮栏出入口装设"从此进出！"标示牌，得1分			
2.3	登杆前检查杆塔	检查杆身、基础和拉线（若有）	2	检查杆身、基础和拉线（若有）牢固，得2分			
2.4	登杆前检查登杆工具	对安全带、安全绳进行冲击试验	2	对安全带、安全绳进行冲击试验，试验后检查关键部位，得2分			
2.5	上杆	脚扣（或踏板）冲击试验	2	对脚扣（或踏板）进行冲击试验，试验后检查外观关键部位，得2分			
		上杆过程安全要求	6	登杆过程（2m以上）中不得失去安全带保护，主辅带至少有一条保护，得2分			
				安全带应系在主杆或牢固的构件上，得2分			
				脚扣（或踏板）受力后不得滑落，得2分			

续表

序号	项目	考核要点	配分	评分标准	得分	扣分	备注
2.6	更换过程	安全带使用	6	移位过程中不得失去安全带保护，得2分			
				工作过程中安全带后备保护绳应采用高挂低用（不低于安全带主带），得2分			
				安全带应系在主杆或牢固的构件上，不得系挂在锋利物件上，得2分			
		工作站位	3	站位正确，不得过高或过低，操作方便，得3分			
		解开柱上断路器引线	2	正确解开柱上断路器引线，得2分			
		拆除柱上断路器	2	正确拆除柱上断路器，得2分			
		物件传递	6	物件传递绑扎正确（不发生掉物），得3分			
				柱式绝缘子传递过程中不碰撞电杆，得3分			
		安装柱上断路器	3	正确安装柱上断路器，得3分			
		安装柱上断路器引线	3	正确安装柱上断路器引线，得3分			
		试分、合柱上断路器	8	正确分、合柱上断路器，得4分			
				检查触头接触良好，得4分；			
		清洁柱上断路器	2	对安装后的柱上断路器进行清洁，得2分			
		检查螺栓穿向	2	螺栓穿向由下至上，得2分			
		柱上断路器安装方向符合要求	3	柱上断路器进出线方向与原来一致，得3分			
		检查两端引线质量	4	两端引线美优，平顺，螺栓连接紧固，得4分			
		检查柱上断路器外观质量	3	柱上断路器无破损，得3分			
		更换过程中无工具碰撞柱上断路器	2	更换过程中工具未碰撞柱上断路器，得2分			
		更换位置正确	3	按要求更换相应相别位置的柱上断路器，得3分			
2.7	下杆过程	下杆	6	下杆过程中(2m以上)不失去安全带保护，主辅带至少有一条保护，得2分			
				安全带应系在主杆或牢固的构件上，得2分			
				脚扣（或踏板）受力后不得滑落，得2分			
3	工作终结验收						

续表

序号	项目	考核要点	配分	评分标准	得分	扣分	备注
3.1	安全文明施工	拆除标示牌	3	拆除"止步,高压危险!"标示牌,得1分			
				拆除"从此进出!"标示牌,得1分			
				拆除"在此工作!"标示牌,得1分			
		人员撤离、拆除遮栏	1	口述:"人员已撤离,遮栏已拆除",得1分			
		清理现场	2	现场无遗留物,得2分			
			合计得分				

否定项说明:1. 违反《国家电网公司电力安全工作规程(配电部分)》相关规定;2. 违反职业技能鉴定考场纪律;3. 造成设备重大损坏;4. 发生人身伤害事故

考评员:　　　　　　　　　　　　　　年　月　日

4.1.5 项目4：0.4kV低压电缆终端头制作

说明： 0.4kV低压电缆终端头制作与低压电缆接线端子及电缆附件制作只是在选材上有区别，制作工艺基本没有区别。

一、培训目标

通过专业理论学习和技能操作训练，使学员了解0.4kV电缆终端头制作专业知识和制作方法，熟练掌握0.4kV低压电缆终端头制作作业的操作流程、工器具使用及安全注意事项，从而提高施工工艺质量。

二、培训场所及设施

（一）培训场所

配电综合实训室。

（二）培训设施

培训工具及器材如表4-11所示。

表4-11　培训工具及器材（每个工位）

序号	名称	规格型号	单位	数量	备注
1	低压冷缩电缆终端	1kV低压冷缩终端4芯0号	套	1	现场准备
2	聚乙烯绝缘聚氯乙烯护套钢带铠装低压电力电缆	YJLV,铝,16,4芯,ZC,22,普通	m	3	现场准备
3	兆欧表	1000V	个	1	现场准备
4	钢锯		把	1	现场准备
5	锯条		根	3	现场准备
6	压接钳带模具	16mm^2	套	1	现场准备
7	铝接线端子	DL-1-16mm^2	个	4	现场准备
8	细锉刀		把	1	现场准备
9	电缆终端制作支撑支架		个	1	现场准备
10	米尺	2m	把	1	现场准备

续表

序号	名　称	规格型号	单位	数量	备　注
11	急救箱（配备外伤急救用品）		个	1	现场准备
12	中性笔		支	2	考生自备
13	通用电工工具		套	1	考生自备
14	安全帽		顶	1	考生自备
15	绝缘鞋		双	1	考生自备
16	工作服		套	1	考生自备
17	线手套		副	1	考生自备

三、培训参考教材与规程

（1）国家电网公司：《国家电网公司电力安全工作规程（配电部分）》，中国电力出版社，2014。

（2）国家经济贸易委员会：《低压电力技术规程》（DL/T 499—2001），2001。

（3）电力行业职业技能鉴定指导中心：11-047 职业技能鉴定指导书《配电线路（第二版）》，中国电力出版社，2008。

（4）电力行业职业技能鉴定指导中心：6-07-05-06 职业技能鉴定指导书《农网配电营业工》（电力工程农电专业），中国电力出版社，2007。

（5）国家电网公司人力资源部：国家电网公司生产技能人员职业能力培训专用教材《农网配电》，中国电力出版社，2010。

（6）国家电网公司人力资源部：国家电网公司生产技能人员职业能力培训专用教材《配电线路检修》，中国电力出版社，2010。

（7）住房和城乡建设部：《电气装置安装工程 66kV 及以下架空电力线路施工及验收规范》（GB 50173—2014），2015。

（8）国家能源局：《10kV 及以下架空配电线路设计规范》（DL/T 5220—2021），2021。

（9）《架空绝缘配电线路施工及验收规程》（DL/T 602—1996），1996。

四、培训对象

农网配电营业工（台区经理）。

五、培训方式及时间

（一）培训方式

教师现场讲解、示范，学员进行技能操作训练，培训结束后进行理论考核与技能测试。

（二）培训时间

（1）0.4kV 低压电缆终端头制作专业知识：1 学时。

（2）0.4kV 低压电缆终端头制作作业流程：0.5 学时。

（3）操作讲解、示范：0.5 学时。

（4）分组技能操作训练：4 学时。

（5）技能测试：2 学时。

合计：8 学时。

六、基础知识

（一）0.4kV 低压电缆终端头制作专业知识

（1）0.4kV 电缆的结构组成。

（2）剥除电缆外护套、铠甲、内护层的方法。

（3）安装铜质接地线、低压四指套、延长管的方法。

（4）安装铝接线端子、收缩密封管的方法。

（5）兆欧表的使用方法。

（二）0.4kV 电缆终端头制作作业流程

作业前的准备→检查电缆型号→检查电缆终端型号→剥外护套→锯钢铠→剥内护层→剥除填充物→安装接地线→安装低压四指套→套装低压护套管→接线端子和低压密封管安装前的处理→清洁主绝缘层表面→安装低压应力管→安装接线端子→安装低压密封管→绝缘测试→在电缆终端指定位置贴上编号→清理现场、工作结束。

七、技能培训步骤

（一）准备工作

1. 工作现场准备

（1）场地准备：必备 4 个工位，可以同时进行作业。

（2）功能准备：布置现场工作间距不小于 3m，各工位之间用栅状遮栏隔离，场地清洁，无干扰。

2. 工具器材及使用材料准备

对进场的工器具进行检查，确保能够正常使用，并整齐摆放于工具架上。工具器材要求质量合格、安全可靠、数量满足需要。

3. 安全措施及风险点分析

（1）防止人身伤害。

① 工作中应戴线手套，使用绝缘线剥线器时注意不要割伤手指。

② 工作前检查工具刀是否完好，防止刀具损坏划伤手。

③ 使用压接钳压接时，防止手指误入压接钳钳口，应设专人监护、一人操作、一人监护兼辅助。

④ 使用工具刀、细锉刀方向为远离手的方向，防止划伤手。

（2）防止设备损害事故。

① 操作时应严格遵守安全操作规程，使用压接钳时要注意压接到位，防止过位损伤压接钳。

② 操作设备时应采取正确方法，不得误碰与作业无关的实训设备。

（二）操作步骤

1. 工作前的准备

（1）正确选择工器具：兆欧表、压接钳、压接钳模具（和接线端子、导线相匹配）、锉刀、钢锯、锯条、米尺、电缆终端制作支撑支架及工具箱等。

（2）检查电缆终端规格是否同电缆一致，各部件是否齐全，检查出厂日期，检查包装（密封性），认真阅读图纸，防止剥除尺寸发生错误。

（3）操作人员按规定着装，穿工作服、绝缘鞋，戴安全帽、线手套。

2. 0.4kV 低压电缆终端头制作

（1）剥外护套。

将电缆校直、擦净，在外护套切断处做好标记。为防止外护套剥离钢铠松散，应先在钢铠切断处将外护套剥去一圈（靠电缆端头处外护套待钢铠脱出时开剥）。

（2）锯钢铠。

暂时用恒力弹簧顺着钢铠将钢铠扎住，然后顺钢铠包紧方向锯一环形深痕（深度不超过厚度的 2/3），用一字螺丝刀翘起，再用钳子拉开并转松钢铠，脱出钢铠带，处理好锯断处的毛刺。整个过程都要顺着钢铠包紧方向，不能让电缆上的钢铠松脱。

（3）剥内护层。

剥内护层，可从电缆端头处下刀，注意下刀深度（深度不超过厚度的 2/3），防止划伤铜屏蔽。留钢铠 30mm、内护层 10mm，并用扎丝或 PVC 带缠绕钢铠以防松散。铜屏蔽端头用 PVC 带缠绕，以防松散和划伤低压管（使用其他型号电缆终端参照其型号尺寸制作）。

（4）剥除填充物。

把露出的填充物清除干净。

（5）安装接地线。

① 拆掉恒力弹簧，拆掉缠绕在外护套上的 PVC 带。

② 打光钢铠上的油漆、铁锈、氧化物，用恒力弹簧将钢铠接地线固定在钢铠上。恒力弹簧将其绕一圈后，把露出的头反折回来，再用恒力弹簧缠绕。

③ 外护套防潮断面一圈要进行打磨处理，自断口以下 50mm 至整个恒力弹簧、钢铠及内护层，用填充胶缠绕两层，三叉口处多缠一层。

（6）安装低压四指套。

先将指端的四个小支撑管稍微抽出一点，再将指套套入并尽量下压到底，逆时针将大口端塑料条抽出，再抽出四指端塑料条，确保低压四指套饱满充实。

（7）打磨及清洁主绝缘层表面。

用专用清洁纸擦净主绝缘层表面的污物。

（8）套装低压护套管。

将低压管套至指套根部，重叠 20mm，逆时针抽出塑料条，抽时用手扶着低压管末端，定位后松开，根据低压管端头到接线端子的距离切除或加长低压管（或切除多余的线芯）。

（9）接线端子和低压密封管安装前的处理。

测量好电缆固定位置和各项引线所需长度，锯掉多余的引线。测量接线端子压接芯线的长度，按尺寸剥去主绝缘层，主绝缘末端倒 45°角，作为接线端子压接接头，处理压接处的毛刺。

（10）安装接线端子。

将接线端子分别套在各相导线上并使方向一致，用压接钳箍压 2 模，用电缆清洁纸轻擦绝缘层，用填充胶填充接线端子与主绝缘层之间的缝隙，在每相低压管末端 50mm 处缠上相色带，作为安装电缆终端基准。

（11）安装低压密封管。

为四相接线端子套上密封管，依次抽出支撑条，使密封管自然收缩。

（12）绝缘测量。

用兆欧表对每相之间和相对地之间的绝缘情况进行测量，数值不小于 200MΩ。

（13）工作终结。

安装完毕后将电缆终端头从电缆终端制作支撑支架上拆下，轻放在指定位置，不得划伤电缆终端头，在电缆终端头指定位置进行标注。

（三）工作结束

1. 工器具、设备归位。

2. 清理现场，工作结束，离场。

八、技能等级认证标准（评分）

0.4kV 低压电缆终端头制作项目考核评分记录表如表 4-12 所示。

表 4-12　0.4kV 低压电缆终端头制作项目考核评分记录表

姓名：　　　　　　　　　　　准考证号：　　　　　　　　　单位：

序号	项目	考核要点	配分	评分标准	得分	扣分	备注
1				工 作 准 备			
1.1	着装穿戴	1. 穿工作服、绝缘鞋； 2. 戴安全帽、线手套	5	1. 未穿工作服、绝缘鞋，未戴安全帽、线手套，每缺少一项扣 2 分； 2. 着装穿戴不规范，每处扣 1 分			
1.2	工器具、材料选择及检查	1. 选择材料及工器具齐全； 2. 符合使用要求	5	1. 工器具齐全，缺少或不符合要求每件扣 1 分； 2. 电缆、电缆终端及其附件未进行外观检查，每件扣 1 分； 3. 材料齐全，缺少每件扣 1 分			
2				工 作 过 程			
2.1	剥外护套	将电缆校直、擦净，在外护套切断处做好标记；剥除外护套	5	1. 电缆没有校直扣 1 分； 2. 表面没有擦拭干净扣 1 分； 3. 电缆外护套剥削长度每超 20mm 扣 1 分； 4. 外护套切断处不做标记扣 1 分			
2.2	锯钢铠、剥内护层及填充物、安装接地线	1. 用恒力弹簧固定钢铠，锯一环形深痕，留钢铠 30mm，用一字螺丝刀翘起，再用钳子拉开，处理好毛刺，钢铠不能松脱； 2. 剥内护层，注意下刀深度，内护层保留 10mm，并用 PVC 带缠绕钢铠； 3. 把露出的填充物清理干净；	30	1. 铠甲留取长度每超 5mm 扣 1 分； 2. 锯铠甲时锯伤内护层每处扣 1 分； 3. 铠甲未用扎线扎紧扣 1 分； 4. 铜屏蔽翘角每处扣 1 分； 5. 内护层剥削长度每超 5mm 扣 1 分； 6. 未缠 PVC 带每处扣 1 分； 7. 损伤电缆铜屏蔽层每处扣 1 分； 8. 未清理干净每根扣 1 分； 9. 铠甲上的油漆、铁锈未用砂纸打磨干净扣 1 分； 10. 未用恒力弹簧将接地线固定在铠甲上扣 5 分，固定方法不正确扣 1 分； 11. 未用恒力弹簧固定接地线外环绕部分扣 1 分； 12. 未在护套断口以下 50mm 至整个恒力弹簧、铠甲及内护层缠绕两层填充胶，每处扣 1 分；			

续表

序号	项目	考核要点	配分	评分标准	得分	扣分	备注
2.2	锯钢铠、剥内护层及填充物、安装接地线	4. 钢铠清理干净，缠填充胶，外护套表面进行打磨处理	30	13. 未在护套断口缠绕的填充胶以下的外护套上缠绕两层密封胶扣1分； 14. 未将接地线夹在密封胶中间的扣1分； 15. 接地线与外护套接触不紧密扣1分			
2.3	安装低压四指套、套装低压护套管	1. 将四指套尽量下压到底，先抽大口端塑料条，再抽四指端塑料条； 2. 用清洁纸擦净主绝缘层表面； 3. 将低压管套至指套根部，重叠20mm； 4. 电缆芯线做好相色标记	20	1. 低压四指套塑料条抽出顺序不正确扣2分，未缠绕PVC带每处扣1分； 2. 低压四指套安装后四芯结合平面处和电缆四芯结合根部有空隙扣2分； 3. 低压管未套至低压四指套根部每根扣3分，误差超过10mm扣1分； 4. 安装后顶端不齐扣1分			
2.4	主绝缘层剥除及表面清理、安装接线端子及低压密封管	1. 按接线端子深度剥去主绝缘层，主绝缘末端倒45°角，处理压接处的毛刺； 2. 四相端子方向一致，箍压2模，清洁干净，用填充胶填充，安装相色带； 3. 四相接线端子安装低压密封管，四相对齐	10	1. 主绝缘层剥除长度误差每5mm扣1分； 2. 主绝缘末端未倒角扣3分； 3. 有毛刺扣1分； 4. 主绝缘层未用清洁纸清洁每根扣1分； 5. 四相端子不一致扣2分； 6. 每少1模扣1分； 7. 每漏一相色带扣1分，安装相色错误扣5分； 8. 四相不齐扣2分； 9. 未包住接线端子压接管每相扣1分			
2.5	绝缘测试	用兆欧表测量每相之间和相对地绝缘情况	15	1. 检查兆欧表是否合格，不检查扣2分； 2. 测量相间绝缘，每漏一处扣2分； 3. 测量相对地绝缘，每漏一处扣1分； 4. 测量后不放电，每处扣3分			
3				工作终结验收			
3.1	安全文明生产	汇报结束前，所选工器具放回原位，摆放整齐；无损坏元件、工具；恢复现场；无不安全行为	10	1. 出现不安全行为每次扣5分； 2. 作业完毕，现场未清理恢复扣5分，恢复不彻底扣2分； 3. 损坏工器具每件扣3分			
			合计得分				

否定项说明：1. 违反《国家电网公司电力安全工作规程（配电部分）》相关规定；2. 违反职业技能鉴定考场纪律；3. 造成设备重大损坏；4. 发生人身伤害事故

考评员：　　　　　　　　　　　　　　　　　　　　　　年　　月　　日

4.1.6 项目5：0.4kV架空绝缘线承力导线钳压法连接

一、培训目标

通过专业理论学习和技能操作训练，使学员了解0.4kV架空绝缘线承力导线钳压法，熟练掌握钳压法导线连接方法，正确剥离绝缘层，清除导线氧化层，在接续管上画压接位置，按顺序交错钳压，以及恢复绝缘。

二、培训场所及设施

（一）培训场所

配电综合实训场。

（二）培训设施

培训工具及器材如表 4-13 所示。

表 4-13 培训工具及器材（每个工位）

序号	名 称	规格型号	单 位	数 量	备 注
1	压接钳及其钢模		套	1	现场准备
2	接续管	考评指定	套	1	现场准备
3	0.4kV 架空绝缘线承力导线	考评指定	根	若干	现场准备
4	游标卡尺		把	1	现场准备
5	绝缘线剥线器		把	1	现场准备
6	绝缘防水带		盘	2	现场准备
7	绝缘自粘带		盘	2	现场准备
8	平锉		把	1	现场准备
9	细砂纸	200 号	张	1	现场准备
10	钢丝刷		把	1	现场准备
11	细钢丝刷		把	1	现场准备
12	木锤		把	1	现场准备
13	清洁布		块	1	现场准备
14	断线钳		把	1	现场准备
15	电力复合脂		盒	1	现场准备
16	细铁丝	20 号	m	若干	现场准备
17	记号笔		支	2	现场准备
18	汽油	93 号	L	若干	现场准备
19	钢锯		把	1	现场准备
20	中性笔		支	1	考生自备
21	通用电工工具		套	1	考生自备
22	安全帽		顶	1	考生自备
23	绝缘鞋		双	1	考生自备
24	工作服		套	1	考生自备
25	线手套		副	1	考生自备
26	急救箱（配备外伤急救用品）		个	1	现场准备

三、培训参考教材与规程

（1）国家电网公司：《国家电网公司电力安全工作规程（配电部分）》，中国电力出版社，2014。

（2）国家经济贸易委员会：《低压电力技术规程》（DL/T 499—2001），2001。

（3）电力行业职业技能鉴定指导中心：11-047 职业技能鉴定指导书《配电线路（第二版）》，中国电力出版社，2008。

（4）电力行业职业技能鉴定指导中心：6-07-05-06 职业技能鉴定指导书《农网配电营业工》(电力工程农电专业)，中国电力出版社，2007。

（5）国家电网公司人力资源部：国家电网公司生产技能人员职业能力培训专用教材《农网配电》，中国电力出版社，2010。

（6）国家电网公司人力资源部：国家电网公司生产技能人员职业能力培训专用教材《配电线路检修》，中国电力出版社，2010。

（7）住房和城乡建设部：《电气装置安装工程 66kV 及以下架空电力线路施工及验收规范》(GB 50173—2014)，2015。

（8）中国能源局：《10kV 及以下架空配电线路设计规范》(DL/T 5220—2021)，2021。

（9）《架空绝缘配电线路施工及验收规程》(DL/T 602—1996)，1996。

四、培训对象

农网配电营业工（台区经理）。

五、培训方式及时间

（一）培训方式

教师现场讲解、示范，学员进行技能操作训练，培训结束后进行理论考核与技能测试。

（二）培训时间

（1）0.4kV 架空绝缘线承力导线钳压法专业知识：1 学时。

（2）0.4kV 架空绝缘线承力导线钳压法作业流程：0.5 学时。

（3）操作讲解、示范：0.5 学时。

（4）分组技能操作训练：4 学时。

（5）技能测试：2 学时。

合计：8 学时。

六、基础知识

（一）0.4kV 架空绝缘线承力导线钳压法专业知识

（1）接续管喇叭口锯掉、锉平方法。

（2）导线剥除绝缘层及导线氧化层清除方法。

（3）清除接续管氧化层方法。

（4）接续管的压接尺寸以及准确划印方法。

（5）接续管压接步骤及压接钳的使用方法。

（6）绝缘恢复的步骤、方法及恢复绝缘的强度。

（二）0.4kV 架空绝缘线承力导线钳压法作业流程

作业前的准备→工具及器材的选择、外观检查→接续管喇叭口锯掉、锉平→剥离导线绝缘层→导线、接续管清除氧化层→汽油清洗并晾干→导线头用细铁丝绑扎→导线、接续管涂电力复合脂→导线穿入接续管、插入接续管垫片→游标卡尺测量、用记号笔在接续管标出压接位置→导线压接→校直→恢复绝缘→清理现场、工作结束。

七、技能培训步骤

（一）准备工作

1. 工作现场准备

（1）场地准备：必备 4 个工位，可以同时进行作业。

（2）功能准备：布置现场工作间距不小于 3m，各工位之间用遮栏隔离，场地清洁，无干扰。

2. 工具器材准备

对进场的工器具进行检查，确保能够正常使用，并整齐摆放于工具架上。工具器材要求质量合格、安全可靠、数量满足需要。

3. 安全措施及风险点分析

（1）防止人身伤害。

① 工作中应戴线手套，使用绝缘线剥线器时注意不要割伤手指。

② 使用汽油清洗导线、接续管时，严禁出现明火，防止起火烧伤。

③ 使用压接钳压接时，防止手指误入压接钳钳口，应设专人监护，一人操作、一人监护兼辅助。

（2）防止工器具损坏。

① 使用游标卡尺时，要轻拿轻放，使用完毕及时放入专用盒内，防止损坏。

② 使用压接钳时，要注意压接力道，防止用力过猛损伤压接钳。

（3）防止设备损害事故。

① 操作时应严格遵守安全操作规程，正确做好钳压法接续工作。

② 操作设备时应采取正确方法，不得误碰与作业无关的实训设备。

（二）操作步骤

1. 工作前的准备

（1）工具及器材进行外观检查，熟悉压接钳的使用方法、压接尺寸及使用的其他工具。

（2）熟悉承力接头绝缘处理流程。

2. 压接前的导线、接续管准备

（1）将接续管喇叭口锯掉、锉平。

（2）用剥线器剥开绝缘线的绝缘层，剥离长度比钳压接续管长 60～80mm，绝缘线绝缘层末端用刀具倒角 45°。

（3）在导线线头距裁线处 10～20mm 处用细铁丝进行绑扎，导线头用细砂纸和平锉打磨，用钢丝刷、细砂纸由里向外一个方向对导线氧化层进行清除，然后用清洁布擦拭，用汽油清洗并晾干，涂抹电力复合脂。

（4）用细钢丝刷、细砂纸清除接续管内壁氧化层，用清洁布擦拭，用汽油清洗接续管内壁，晾干并在内壁涂抹电力复合脂。

3. 导线压接

（1）将清理好的导线穿入接续管内，再插入垫片。

（2）在接续管上画出压接位置并编号，导线钳压压口尺寸和压口数如表 4-14 所示。

表 4-14　导线钳压压口尺寸和压口数

《架空绝缘配电线路施工及验收规程》（DL/T 602—1996）

导线型号		钳压部位尺寸			压口尺寸 D/mm	压　口　数
		a_1/mm	a_2/mm	a_3/mm		
钢芯铝绞线	LGJ-16	28	14	28	12.5	12
	LGJ-25	32	15	31	14.5	14
	LGJ-35	34	42.5	93.5	17.5	14
	LGJ-50	38	48.5	105.5	20.5	16
	LGJ-70	46	54.5	123.5	25.5	16
	LGJ-95	54	61.5	142.5	29.5	20
	LGJ-120	62	67.5	160.5	33.5	24
	LGJ-150	64	70	166	36.5	24
	LGJ-185	66	74.5	173.5	39.5	26
铝绞线	LJ-16	28	20	34	10.5	6
	LJ-25	32	20	35	12.5	6
	LJ-35	36	25	43	14.0	6
	LJ-50	40	25	45	16.5	8
	LJ-70	44	28	50	19.5	8
	LJ-95	48	32	56	23.0	10
	LJ-120	52	33	59	26.0	10
	LJ-150	56	34	62	30.0	10
	LJ-185	60	35	65	33.5	10
铜绞线	TJ-16	28	14	28	10.5	6
	TJ-25	32	16	32	12.0	6
	TJ-35	36	18	36	14.5	6
	TJ-50	40	20	40	17.5	8
	TJ-70	44	22	44	20.5	8
	TJ-95	48	24	48	24.0	10
	TJ-120	52	26	52	27.5	10
	TJ-150	56	28	56	31.5	10

注：压接后尺寸的允许误差铜钳压管为 ±0.5mm，铝钳压管为 ±1.0mm。

（3）按编号顺序钳压，每个坑压接后停留时间为 0.5min（30s），导线钳压示意图如图 4-1 所示。

《架空绝缘配电线路施工及验收规程》 DL/T 602—1996

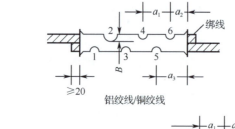

铝绞线/铜绞线

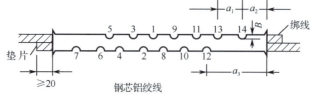

钢芯铝绞线

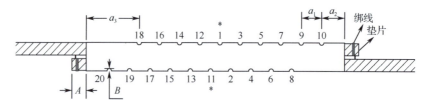

注：压接管上数字 1、2、3、…表示压接顺序。A 为尾线露出接续管的长度；B 为压后模深；a_1 为模与模之间的垂直距离；a_2 为最近边模与管口之间距离；a_3 为最远边模与管口之间距离。

图 4-1 导线钳压示意图

（4）压接后的接续管若出现弯曲或压后尺寸不足，可进行校正或补压。压接后接续管棱角用锉和细砂纸进行打光，尾线应露出接续管 20～30mm，并留有绑扎的细铁丝。

4.恢复绝缘

（1）钳压管两端口至绝缘层倒角间用绝缘防水带填充并用绝缘自粘带缠绕成弧形。

（2）底层缠绕绝缘防水带 2 层，外层缠绕绝缘自粘带，总层数不少于 4 层；倒角至绝缘恢复起始点距离大于绝缘带 2 倍的带宽。

（3）每层绝缘带缠绕成 45°角、压带宽的一半进行缠绕。

（三）工作结束

（1）将现场所有工器具放回原位，摆放整齐。

（2）清理工作现场，离场。

八、技能等级认证标准（评分）

0.4kV 架空绝缘线承力导线钳压法连接项目考核评分记录表如表 4-15 所示。

表 4-15 0.4kV 架空绝缘线承力导线钳压法连接项目考核评分记录表

姓名： 准考证号： 单位：

序号	项目	考核要点	配分	评分标准	得分	扣分	备注
1				工作准备			
1.1	着装穿戴	1.穿工作服、绝缘鞋； 2.戴安全帽、线手套	5	1.未穿工作服、绝缘鞋，未戴安全帽、线手套，每缺少一项扣 2 分； 2.着装穿戴不规范，每处扣 1 分			

续表

序号	项目	考核要点	配分	评分标准	得分	扣分	备注
1.2	备料及检查工器具	1. 材料及工器具准备齐全; 2. 检查试验工器具	10	1. 工器具齐全,缺少或不符合要求每件扣1分; 2. 工具材料未检查、检查项目不全、方法不规范每件扣1分; 3. 备料不充分扣5分			
2				工作过程			
2.1	工器具使用	工器具使用恰当	10	1. 工器具使用不当每次扣1分; 2. 工器具掉落每次扣3分			
2.2	剥离绝缘层	剥离长度、线芯端头、切断处理符合要求	10	1. 剥离绝缘层严重损伤线芯每处扣1分; 2. 切口处绝缘层未与线芯成45°倒角每端扣2分; 3. 剥离长度不符合要求每±10mm扣1分; 4. 导线头未使用细铁丝绑扎每端扣2分,与端头距离大于20mm或小于10mm每差5mm扣1分; 5. 切断处未用细砂纸或平锉打磨每端扣2分			
2.3	导线、接续管清除氧化层	导线和接续管氧化层清理干净,清理方式和步骤正确	10	1. 未使用钢丝刷和细砂纸清除导线连接部位氧化层各扣3分,使用顺序不正确扣2分,未从里向外一个方向清理氧化层或方法不正确各扣2分; 2. 未对接续管内壁氧化层进行清除扣3分; 3. 未用汽油清洗导线连接部位和接续管内壁各扣3分; 4. 未对导线压接部位和接续管内壁涂电力复合脂各扣2分,涂抹长度不足各扣1分			
2.4	导线压接及工艺要求	穿管顺序正确;压接位置、尺寸画印准确,压接顺序符合规程及设计要求;压口尺寸误差为±0.5mm,每个坑压接应保持压力大于30s	25	1. 接续管喇叭口未锯掉或锉平每端扣2分,不圆滑每端扣1分; 2. 压接顺序不正确每处扣2分; 3. 每个坑压接保持压力时间不足30s扣2分; 4. 压坑数每增减一个扣5分; 5. 任意一端a_2、a_3位置颠倒扣25分; 6. 压坑位置误差每±2mm扣1分,端头误差每±5mm扣1分,压口尺寸超误差范围±0.5mm每处扣1分; 7. 压后接续管铝垫片两端露出的尺寸不一致、每差5mm扣1分,铝垫片未在两线中间扣10分,不使用铝垫片扣10分; 8. 压后接续管有明显弯曲扣3分; 9. 压后接续管棱角、毛刺未打光每处扣2分; 10. 压后导线露出的端头不足20mm或大于30mm,每±5mm扣1分			
2.5	绝缘恢复	钳压管端口至绝缘层倒角处,应用绝缘带填充并缠绕成弧形;恢复绝缘起始点至绝缘层倒角处为绝缘带2倍的带宽;底层缠绕绝缘防水带2层,外层缠绕绝缘自粘带2层	20	1. 未用绝缘防水带缠绕填充每端扣2分,填充后未用绝缘自粘带缠绕成弧形每端扣2分,缠绕弧形不均匀每处扣1分; 2. 恢复绝缘起始点至绝缘层倒角处小于绝缘带2倍的带宽每端扣2分,距离大于2倍的带宽每超5mm扣1分; 3. 未成45°角压带宽的一半缠绝缘带每处扣0.5分,缠绕不紧密每层扣2分; 4. 绝缘带缠绕总层数每少一层扣5分,绝缘防水带和绝缘自粘带缠绕先后顺序错误每处扣5分; 5. 接续管毛刺刺破绝缘层本项不得分			

续表

序号	项目	考核要点	配分	评分标准	得分	扣分	备注
3				工作终结验收			
3.1	安全文明生产	汇报结束前，所选工器具放回原位，摆放整齐；无损坏元件、工具；恢复现场；无不安全行为	10	1. 出现不安全行为每次扣 5 分； 2. 作业完毕，现场未清理恢复扣 5 分，恢复不彻底扣 2 分； 3. 损坏工器具每件扣 3 分			
			合计得分				

否定项说明：1. 违反《国家电网公司电力安全工作规程（配电部分）》相关规定；2. 违反职业技能鉴定考场纪律；3. 造成设备重大损坏；4. 发生人身伤害事故

考评员： 年 月 日

4.1.7 项目 6：耐张杆悬式绝缘子更换

一、培训目标

通过专业理论学习和技能操作训练，使学员进一步掌握低压配电线路验电、装拆接地线的基本知识，熟悉低压配电线路验电、接地的流程及安全注意事项。

二、培训场所及设施

（一）培训场所

配电综合实训场。

（二）培训设施

培训工具及器材如表 4-16 所示。

表 4-16 培训工具及器材（每个工位）

序号	名称	规格型号	单位	数量	备注
1	安全带	有后备保护绳的双控背带式	套	1	现场准备
2	脚扣		副	1	现场准备
3	清洁布		块	1	现场准备
4	悬式绝缘子	XP-70	片	2	现场准备
5	紧线器	1.5t	台	1	现场准备
6	卡线器	70-120	只	2	现场准备
7	双扣钢丝绳	1.5m	根	1	现场准备
8	钢丝绳套		根	1	现场准备
9	传递绳	15m	条	1	现场准备
10	绝缘电阻表	ZC-7/2500	台	1	现场准备
11	取销钳		把	1	现场准备
12	验电器	10kV	只	1	现场准备
13	接地线	10kV	组	1	现场准备
14	绝缘手套	10kV	副	1	现场准备
15	工作服		套	1	考生自备

续表

序号	名　称	规格型号	单　位	数　量	备　注
16	线手套		副	1	考生自备
17	中性笔		支	1	考生自备
18	通用电工工具		套	1	考生自备
19	安全帽		顶	1	考生自备
20	绝缘鞋		双	1	考生自备
21	急救箱（配备外伤急救用品）		个	1	现场准备

三、培训参考教材与规程

（1）国家电网公司：《国家电网公司电力安全工作规程（配电部分）》，中国电力出版社，2014。

（2）国家经济贸易委员会：《低压电力技术规程》（DL/T 499—2001），2001。

（3）电力行业职业技能鉴定指导中心：11-047 职业技能鉴定指导书《配电线路（第二版）》，中国电力出版社，2008。

（4）电力行业职业技能鉴定指导中心：6-07-05-06 职业技能鉴定指导书《农网配电营业工》（电力工程农电专业），中国电力出版社，2007。

（5）国家电网公司人力资源部：国家电网公司生产技能人员职业能力培训专用教材《农网配电》，中国电力出版社，2010。

（6）国家电网公司人力资源部：国家电网公司生产技能人员职业能力培训专用教材《配电线路检修》，中国电力出版社，2010。

（7）国家能源局：《10kV 及以下架空配电线路设计规范》（DL/T 5220—2021），2021。

（8）住房和城乡建设部：《电气装置安装工程 66kV 及以下架空电力线路施工及验收规范》（GB 50173—2014），2015。

四、培训对象

农网配电营业工（台区经理）。

五、培训方式及时间

（一）培训方式

教师现场讲解、示范，学员进行技能操作训练，培训结束后进行理论考核与技能测试。

（二）培训时间

（1）配电线路安装相关专业知识：1 学时。

（2）绝缘电阻表使用注意事项讲解：0.5 学时。

（3）紧线工器具使用讲解：0.5 学时。

（4）实操训练：4 学时。

（5）技能测试：2 小时。

合计：8 学时。

六、基础知识

（一）配电线路安装相关知识

（1）10kV 悬式绝缘子组装说明。

（2）绝缘电阻表使用知识。

（3）紧线工具使用说明及注意事项。

（4）更换 10kV 耐张杆悬式绝缘子相关安全要求。

（5）登杆技术及杆上安全作业要求。

（二）更换 10kV 悬式绝缘子作业流程

工作前准备→选择工具、材料→检查工器具齐全且合格→检查绝缘电阻表合格、型号满足要求→清扫悬式绝缘子并进行绝缘电阻测试→登杆前检查→验电、装设接地线→更换悬式绝缘子→拆除接地线→清理现场、工作结束。

七、技能培训步骤

（一）准备工作

1. 工作现场准备

（1）场地准备：必备 4 个工位，可同时进行作业。

（2）功能准备：布置现场工作间距不小于 3m，各工位之间用遮栏隔离，场地清洁，无干扰。

2. 工具器材准备

对进场的工器具进行检查，确保能够正常使用，并整齐摆放于工具架上。工具器材要求质量合格、安全可靠、数量满足需要。

3. 安全措施及风险点分析

（1）防止倒杆断线。

控制措施：检查电杆拉线是否牢固，必要时安装临时拉线。

（2）防止误登带电线路杆塔。

控制措施：登杆塔前认真核对线路名称和杆号。

（3）防止工器具使用伤人。

控制措施：检查工器具是否合格、配套、齐全。

（4）防止感应电伤人。

控制措施：加挂接地线或使用个人保安线；装设接地线时戴绝缘手套，先接地端，后接导线端；一人操作，一人监护；使用合格绝缘棒，人体不得触碰导线和接地线；接地线为多股软铜线构成，截面积不小于 $25mm^2$；所挂接地线与导线接触要可靠。

（5）防止高空中坠落。

控制措施：登杆作业全过程使用安全带并应系在牢固构件上；检查扣环是否扣牢；转位时，不得失去安全带保护；杆上有人作业时不得调整或拆除拉线。

（6）防止落物伤人。

控制措施：工作地点设置围栏，禁止非工作人员进入；现场工作人员必须戴安全帽，杆上人员用绳索传递物品，使用的工具、材料等应放在工具袋内；作业正下方禁止人员逗留；传递工器具、材料时，杆上人员停止作业。

(7) 防止工器具失效。

控制措施：收紧和放松导线过程中，每个工序进行受力振动检查，无异常后再进行下一步工序。

（二）操作步骤

1. 工作前的准备

（1）正确着装。

（2）选择合格的工器具、材料，并对其进行清洁、测试。

（3）登杆工具进行外观检查，并进行人体冲击试验。

2. 工作过程

（1）登杆前核对线路名称和杆号，检查杆根、杆身有无裂纹、下沉，拉线是否紧固，安全围栏、警示牌设置齐全。

（2）登杆全过程不得失去安全带的保护，安全带和后备保护绳应分别挂在杆塔不同部位的牢固构件上。

（3）正确使用验电器验电，先验近侧、后验远侧。

（4）正确装设接地线，先挂近侧、后挂远侧。

（5）组装导线后备保护绳、紧线工具，导线承力并检查各受力点无误后，方可拆除悬式绝缘子。

（6）按照顺序拆除接地线。

（三）工作结束

（1）检查杆上无遗留物，操作人员下杆。

（2）清理现场，工作结束。

八、技能等级认证标准（评分）

更换10kV悬式绝缘子项目考核评分记录表如表4-17所示。

表4-17 更换10kV悬式绝缘子项目考核评分记录表

姓名：　　　　　　　　　准考证号：　　　　　　　　　单位：

序号	项目	考核要点	配分	评分标准	得分	扣分	备注
1				工 作 准 备			
1.1	着装穿戴	1. 穿工作服、绝缘鞋； 2. 戴安全帽、线手套	5	1. 未穿工作服、绝缘鞋，未戴安全帽、线手套，每缺少一项扣2分； 2. 着装穿戴不规范，每处扣1分			
1.2	工器具、材料选择及检查	选择材料及工器具齐全，符合使用要求	10	1. 工器具齐全，缺少或不符合要求每件扣1分； 2. 工具材料未检查、检查项目不全、方法不规范每件扣1分； 3. 备料不充分扣5分			
2				工 作 过 程			
2.1	工器具使用	工器具使用恰当，不得掉落	10	1. 工器具使用不当每次扣1分； 2. 工器具掉落每次扣2分			
2.2	绝缘子选用	绝缘子外观、绝缘电阻值符合要求，并进行擦拭	5	1. 选用的绝缘子型号不合适或有破损每处扣2分； 2. 绝缘子不进行擦拭每个扣2分； 3. 未进行绝缘电阻测试扣2分			

续表

序号	项目	考核要点	配分	评分标准	得分	扣分	备注
2.3	作业现场安全要求	登杆操作及工作过程规范，符合安全技术规程要求；登杆全过程系安全带；工作绳系在杆基或牢固的构件上；正确使用验电器验电，先验近侧、后验远侧。正确、安全悬挂接地线，先挂近侧、后挂远侧	40	1. 未检查杆根、杆身扣 2 分； 2. 未检查电杆名称、色标、编号扣 2 分； 3. 登杆前脚扣、安全带未做冲击试验，每项扣 2 分； 4. 登杆不平稳，脚扣虚扣、滑脱或滑脚每次扣 1 分，掉脚扣每次扣 3 分； 5. 不正确使用安全带扣 3 分，未检查扣环扣 2 分； 6. 探身姿势不舒展、站位不正确扣 2 分； 7. 高空落物每次扣 2 分； 8. 验电顺序错误每次扣 3 分； 9. 拆、悬挂接地线顺序错误每次扣 3 分，身体触碰接地线每次扣 3 分； 10. 验电前和拆接地线后，人体接近至安全距离以内扣 5 分； 11. 验电、装/拆接地线不戴绝缘手套，每次扣 5 分； 12. 接地极深度不足 0.6m 扣 2 分； 13. 传递材料时碰电杆每次扣 1 分，未用传递绳每次扣 1 分，戴绝缘手套提物每次扣 2 分，传递绳未固定在牢固构件上提物扣 2 分； 14. 不验电、不挂接地线，本项不得分			
2.4	更换悬式绝缘子	使用紧线器紧线前，先把双头钢丝绳的一端扣在横担上，另一端扣卡线器，卡线器安装在需操作的导线上，作为后备保险装置；正确使用紧线器收紧导线，更换绝缘子	20	1. 未使用后备保护绳扣 5 分； 2. 紧线器安装位置不正确扣 2 分； 3. 导线收紧程度不够拆除绝缘子扣 3 分； 4. 悬式绝缘子安装方向不正确扣 2 分			
3				工作终结验收			
3.1	安全文明生产	汇报结束前，所选工器具放回原位，摆放整齐；无损坏元件、工具；恢复现场；无不安全行为	10	1. 出现不安全行为每次扣 5 分； 2. 作业完毕，现场未清理恢复扣 5 分，恢复不彻底扣 2 分； 3. 损坏工器具每件扣 3 分			
				合计得分			

否定项说明：1.违反《国家电网公司电力安全工作规程（配电部分）》相关规定；2.违反职业技能鉴定考场纪律；3.高空坠落、发生人身伤害事故

考评员： 年 月 日

4.1.8 项目 7：低压指示仪表回路、照明回路故障查找及排除

一、培训目标

通过专业理论学习和技能操作训练，使学员了解低压电气设备故障排除专业知识和电气识图方法，掌握低压故障排除的原理和方法，能正确完成低压配电设备停、送电操作，能完成低压指示仪表回路、照明回路故障查找，能正确排除查出故障。

二、培训场所及设施

（一）培训场所

（1）技能培训场所满足低压指示仪表回路、照明回路故障查找及排除实训安全操作条件。

（2）必备 2 个及以上工位，工位间安全距离符合要求，每个工位实现独立操作，可以同时进行作业，互不干扰；各工位之间用遮栏隔离，场地清洁。

（二）培训设施

培训工具及器材如表 4-18 所示。

表 4-18 培训工具及器材（每个工位）

序号	名称	规格型号	单位	数量	备注
1	低压指示仪表回路、照明回路故障排除实训装置		台	1	现场准备
2	低压验电笔	氖灯式	支	1	现场准备
3	便携短路型 0.4kV 接地线		组	1	现场准备
4	标示牌	"禁止合闸 有人工作"	个	1	现场准备
5	万用表	数字式	只	1	现场准备
6	尖嘴钳	150mm	把	1	现场准备
7	螺丝刀	十字、金属杆带绝缘套	把	1	现场准备
8	螺丝刀	一字、金属杆带绝缘套	把	1	现场准备
9	故障排除连接线	黄、绿、红、蓝	根	12	现场准备
10	急救箱（配备外伤急救用品）		个	1	现场准备

三、培训参考教材与规程

（1）国家电网公司：《国家电网公司电力安全工作规程（配电部分）》，中国电力出版社，2014。

（2）国家经济贸易委员会：《低压电力技术规程》（DL/T 499—2001），2001。

（3）电力行业职业技能鉴定指导中心：11-047 职业技能鉴定指导书《配电线路（第二版）》，中国电力出版社，2008。

（4）电力行业职业技能鉴定指导中心：6-07-05-06 职业技能鉴定指导书《农网配电营业工》（电力工程农电专业），中国电力出版社，2007。

（5）国家电网公司人力资源部：国家电网公司生产技能人员职业能力培训专用教材《农网配电》，中国电力出版社，2010。

（6）国家电网公司人力资源部：国家电网公司生产技能人员职业能力培训专用教材《配电线路检修》，中国电力出版社，2010。

（7）《低压配电综合实训装置技术规范书》。

四、培训对象

从事农网 10kV 及以下高、低压电网的运行、维护、安装，并符合农网配电营业工三级/高级工申报条件的人员。

五、培训方式及时间

（一）培训方式

教师现场讲解、示范，学员技能操作训练，培训结束后进行理论考核与技能测试。

（二）培训时间

（1）指示仪表回路、照明回路图纸识别及原理讲解：1学时。

（2）指示仪表回路、照明回路故障查找及排除实操流程：0.5学时。

（3）指示仪表回路、照明回路故障查找及排除方法：1学时。

（4）操作讲解、示范：0.5学时。

（5）分组技能操作训练：4学时。

（6）技能测试：1学时。

合计：8学时。

六、基础知识

（1）低压配电线路、装置、设备图纸识别。

（2）低压指示仪表回路、照明回路原理。

（3）低压配电装置、设备停/送电顺序、要求和注意事项。

（4）安全工器具的选择、检查和使用。

（5）万用表的选择、检查和使用。

七、技能培训步骤

1. 准备工作

工器具及仪表进行外观检查，熟悉现场图纸、设备情况和记录表。

2. 送电、观察故障现象

（1）摘下手套，先在带电设备上检验验电笔的良好状况，再用低压验电笔在实训装置柜体的金属裸露处验明确无电压后，戴上手套。

（2）逐项检查柜体的各相开关位置状况。用手指的方式快速检查，但是检查过程中不要触及柜体任何设备。检查顺序为：总开关位置→电压切换开关位置→三相刀闸位置→单相刀闸位置→双联开关位置→日光灯开关/白炽灯开关/节能灯开关位置→起辉器。核对主要的设备编号数据。

（3）送电时，刀闸接近闭合时要快速闭合；断开刀闸时，要快速断开。停电后，要悬挂"禁止合闸 有人工作"的标示牌，并模拟装设接地线。

① 总控回路、指示仪表回路：送总开关（侧面>30°）→调节电压表切换开关，观察各项电压的变化情况，判断故障原因（电压正常，指示回零位置）→调节总开关下各分开关进行送电，观察各分路的运行情况，判断故障原因→设备处于运行状态。

② 照明回路：送单相刀闸（侧面>30°）→送双联开关（侧面>30°）→送节能灯开关（侧面>30°），观察节能灯的变化情况，判断故障原因→送白炽灯开关（侧面>30°），观察变化情况，判断故障原因→观察双控开关控制线路的情况，判断故障原因→送日光灯开关（侧面>30°），观察变化情况，判断故障原因→设备处于运行状态。

3. 故障现象查看完毕，检查开关位置后停电

（1）照明回路：停下日光灯开关（侧面>30°）→停下白炽灯开关（侧面>30°）→停下节能灯开关（侧面>30°）→检查所有灯具开关处于断开位置→切断单相双联开关（侧面>30°）→断开单相刀闸（侧面>30°）。

（2）总控回路、指示仪表回路：断开总开关（侧面>30°）→调节电压表切换开关，观察电压的变化情况，判断故障原因→观察各分路的停电情况，判断故障原因→设备处于停电状态。

（3）检查所有开关处于断开位置→关闭配电柜门。

4. 填写故障记录及分析表

（1）填写低压回路故障查找与排除即故障处理记录表。

（2）要求字迹工整，填写规范。

5. 故障排除

（1）用低压验电笔验电后，打开柜门，验明开关后确无电压，开始查找故障。

（2）调整挡位对万用表进行自检，试验后，按照故障现象查找故障原因；对已经查出的故障使用连接线牢固连接，核对检查连接线的连接情况，消除接线错误现象。

（3）所有故障查找处理完毕后，将万用表挡位置于交流高压挡，并关闭电源，放入工具包内。

6. 送电试验

送电，观察故障现象已排除，拆除连接线，恢复原状，关闭实训装置柜门。

7. 工作结束

（1）将现场所有工器具放回原位，摆放整齐。

（2）清理工作现场，离场。

八、技能等级认证标准（评分）

低压指示仪表回路、照明回路故障查找及排除评分表如表4-19所示。

表4-19 低压指示仪表回路、照明回路故障查找及排除评分表

姓名： 准考证号： 单位：

序号	项目	考核要点	配分	评分标准	得分
1				工作准备	
1.1	着装穿戴	1. 穿工作服、绝缘鞋； 2. 戴安全帽、线手套	5	1. 未穿工作服、绝缘鞋，未戴安全帽、线手套，每缺少一项扣2分； 2. 着装穿戴不规范每处扣1分	
1.2	检查工器具、仪表	1. 工器具、仪表准备齐全； 2. 检查或试验工器具、仪表	10	1. 工器具、仪表齐全，缺少或不符合要求每件扣2分； 2. 工器具、仪表未检查、检查项目不全、方法不规范，每件扣1分； 3. 工器具、仪表不符合安检要求每件扣1分	

续表

序号	项目	考核要点	配分	评分标准	得分
2			工作过程		
2.1	工器具、仪表使用	工器具、仪表使用恰当，不得掉落	5	1. 工器具、仪表使用不当每次扣1分； 2. 工器具、仪表掉落每次扣1分； 3. 仪表使用前不进行自检扣2分； 4. 仪表使用完毕后未关闭或未调至安全挡位扣2分； 5. 查找故障时造成表计损坏扣5分	
2.2	填写记录	1. 根据送电后各设备的运行情况，观察故障现象，判断可能造成故障的各种原因； 2. 对照所观察到的故障现象，填写故障记录及分析表	15	1. 故障现象无表述每处扣5分，表述不正确扣3分； 2. 分析判断不全面每项扣1分，无根据每项扣2分； 3. 检查步骤不正确每项扣2分； 4. 安全防范措施填写不全面每项扣2分； 5. 涂改、错字每处扣2分	
2.3	查找及处理	1. 熟悉低压回路故障排除实训装置中指示仪表回路、照明回路的接线原理； 2. 正确停、送电操作，根据故障现象查找引起故障的设备元件； 3. 确定故障设备和相对应的接线端子号； 4. 使用仪表对可能造成故障的所有设备进行认真测试检查，最后确定故障点； 5. 使用故障恢复连接线进行连接处理，排除故障	55	1. 打开实训装置柜门前未检查柜体接地扣2分，未验明柜体无电扣5分，触碰柜体内开关、线路、设备前未验明开关、线路、设备无电各扣5分，程序不完整或错误扣3分，使用验电笔方法错误每次扣3分； 2. 试送电前应检查所有开关在断开位置，开关位置不正确每处扣1分； 3. 停、送电顺序、方法不正确每次扣5分，停、送电时面部与开关的夹角小于30°每次扣2分； 4. 现场所做安全措施每少一项扣5分； 5. 在带电的情况下进行故障查找每次扣10分； 6. 未使用万用表查找故障、查找方法针对性不强每次扣3分； 7. 故障排除线接点未接好每处扣2分； 8. 故障点漏查每处扣10分； 9. 造成故障点增加每处扣10分； 10. 故障排除后未送电试验扣10分，少送一处扣5分； 11. 造成短路每处扣10分； 12. 查找过程中损坏元器件每件扣5分； 13. 阶段性操作结束未关闭柜门每次扣1分	
3			工作终结验收		
3.1	安全文明生产	汇报结束前，所选工器具放回原位，摆放整齐；无损坏元件、工具；恢复现场；无不安全行为	10	1. 出现不安全行为扣5分； 2. 现场未恢复扣5分，恢复不彻底扣3分	
			合计得分		

否定项说明：1. 严重违反电力安全工作规程；2. 违反职业技能评价考场纪律；3. 造成设备重大损坏；4. 发生人身伤害事故

考评员： 　　　　　　　　　　　　　　　　　年　　月　　日

低压指示仪表回路、照明回路故障查找记录表如4-20所示。

表 4-20　低压指示仪表回路、照明回路故障查找记录表

1	故障现象	
2	故障原因	
3	处理故障时所采用的方法及步骤	
4	查找过程中应注意的事项	
5	实际故障	

4.1.9　10kV 及以下电缆路径测量

一、培训目标

通过理论学习和技能操作训练，使参培人员掌握采用音频电流信号感应法对中低压电缆进行路径探测的技能。

二、培训场所及设施

（一）培训场所

多媒体教室、电缆实训室。

（二）培训设施

中压电缆线路路径探测的主要装备和工器具如表 4-21 所示。

表 4-21 中压电缆线路路径探测的主要装备和工器具（每个工位）

序号	名称	规格型号	单位	数量	备注
1	电缆路径探测仪		套	1	由音频电流信号发生器与信号接收器组成
2	绝缘手套		副	2	相应电压等级
3	标示牌		套	若干	
4	安全遮栏（围栏）		个	若干	
5	线夹		个	若干	
6	接地线		组	3	相应电压等级

三、培训参考教材与规程

（1）《高压电缆线路试验规程》（Q/GDW 11316—2018），2018。

（2）《电力电缆及通道运维规程》（Q/GDW 1512—2014），2014。

（3）国家电网公司：《电力安全工作规程 线路部分》（Q/GDW 1799.2—2013），2013。

（4）国家电网公司：《国家电网公司电力安全工作规程（配电部分）》，中国电力出版社，2014。

（5）李胜祥：《电力电缆故障探测技术》，机械工业出版社，1999。

（6）国家电网公司人力资源部：国家电网公司生产技能人员职业能力培训专用教材《输电电缆》，中国电力出版社，2010。

（7）国家电网公司人力资源部：国家电网公司生产技能人员职业能力培训专用教材《配电电缆》，中国电力出版社，2010。

四、培训对象

农网配电营业工。

五、培训方式及时间

（一）培训方式

教师现场讲解基础知识、示范操作步骤，学员进行技能操作训练，培训结束后进行理论考核与技能测试。

（二）培训时间

（1）基础知识学习：1 学时。

（2）操作讲解、示范：1 学时。

（3）自主练习：1 学时。

（4）技能测试：1 学时。

合计：4 学时。

六、基础知识

1. 基本原理

音频电流信号感应法（以下简称音频感应法），即采用音频信号发生器向电缆中输入一个特定频率的音频电流信号，该电流信号在电缆周围会产生音频磁场，通过传感器线圈接收这一特定频率的音频磁场，经磁声或磁电转换为人们容易识别的声音信号或其他可视信号，即可探测出电缆的路径。

2. 常用频率

常见注入音频信号的频率为 512Hz、1kHz、8kHz、10kHz、15kHz、66kHz、93kHz 等多种。之所以有这么多种可选频率，是为了防止干扰，当一种频率受干扰时，就换另外一种频率。

3. 音频电流信号输入方式及适用范围

音频信号输入电缆的方式有三种，下面介绍主要的两种。

（1）直连法。在电缆的终端处，把信号发生器的两条信号输出线直接连接到被测电缆上，直接输入音频信号，该方法可用于停电电缆的探测。根据接线方式不同，直连接线方法可分为相铠接法、相间接法、相地接法和铠地接法等接线方式，如图 4-2～图 4-5 所示。

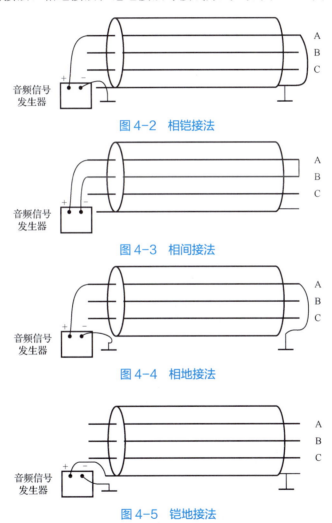

图 4-2　相铠接法

图 4-3　相间接法

图 4-4　相地接法

图 4-5　铠地接法

（2）耦合法。在电缆终端处或中间某位置，通过大口径钳形互感器，把音频信号耦合到电缆上，该方法既可用于停电电缆的路径探测，也可用于带电运行电缆的路径探测。

无论哪种信号输入方式，都需要有音频电流信号传播的回路，所以耦合的接线方式中电缆金属护层的两端必须接地良好，相间接线直连法中对端两相必须短接，否则由于不构成音频电流回路，就无法在电缆周围探测到音频磁场。

4. 音频电流信号的探测方法

用路径仪探测电缆路径时,根据传感器感应线圈放置的方向不同,又可分为音峰法与音谷法两种电缆路径探测的方法。

如图 4-6 所示,向电缆中注入音频电流信号后,在传感器感应线圈轴线垂直于地面时,电缆的正上方线圈中穿过的磁力线最少,线圈中的感应电动势最小;当线圈往电缆左右方向移动时,音频声音增强,当移动到某一距离时,响声最大,再往远处移动,响声又逐渐减弱。在电缆附近,磁场强度与其位置关系形成一条马鞍形曲线,曲线谷点所对应的线圈位置就是电缆的正上方,这种方法就是音谷法。

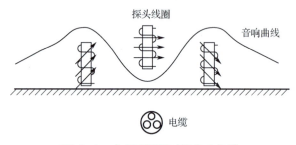

图 4-6 音谷法测量时的音响曲线

如图 4-7 所示,当传感器感应线圈轴线平行于地面时(要垂直于电缆走向),在电缆的正上方线圈中穿过的磁力线最多,线圈中的感应电动势最大;当线圈往电缆左右方向移动时,音频声音逐渐减弱,磁场最强的正下方是电缆,这种方法就是音峰法。实际测量时,音峰法较常用。

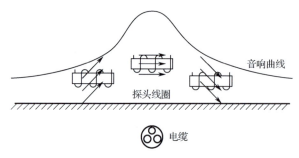

图 4-7 音峰法测量时的音响曲线

应用目前较为先进的电缆路径仪探测电缆路径时,只需面对电缆走向,把传感器垂直于地面即可,液晶屏可显示电缆的方位或信号的强度,并会通过蜂鸣声的大小进行提示。

七、技能培训步骤

(一)准备工作

1. 工作现场准备

(1)工作负责人核对电缆线路名称。

(2)工作负责人在检测点操作区装设安全围栏,悬挂安全标示牌,检测前封闭安全围栏。

(3)工作负责人召集工作人员交代工作任务,对工作班成员进行危险点告知,交代安全措施和技术措施,确认每一个工作班成员都已知晓;检查工作班成员精神状态是否良好,人员是否合适。

（4）停电电缆的路径探测需做好停电、验电、放电和接地工作，带电运行电缆的路径探测需严格遵守安全规程。

2. 工具器材及使用仪器准备

（1）校验路径探测设备性能是否正常，保证设备电量充足。

（2）领用绝缘工器具和辅助器具，应核对工器具的使用电压等级、合格证和试验周期，并检查外观完好无损。

（3）进行检测作业前清点并检查检测设备、仪表、工器具、安全用具等齐全，并摆放整齐。

（二）操作步骤

1. 选择信号输入方式

停电电缆信号输入可选用直连法或耦合法，带电运行电缆信号输入选用耦合法。

2. 仪器连接

（1）直连法。

① 选用直连法时，电缆必须处于停电状态，且需将电缆从系统中拆除，使电缆彻底独立出来，两终端不要连接任何其他设备。

② 选择直连法时，仪器的接线方式有相铠接法、相间接法、相地接法和铠地接法等。

（2）耦合法。

采用耦合法探测电缆路径时，将耦合互感器卡在电缆上。注意：在耦合法中，电缆两端必须接地，卡钳必须卡在电缆本体上。

3. 仪器设置

（1）信号发生器连接好后，开机，向电缆中输入音频电流信号。

（2）选择信号发生器与信号接收器的输出、接收频率一致。

（3）在信号接收器上选用音峰法或音谷法探测电缆路径。

4. 探测电缆路径

携带信号接收器探测电缆路径。

（1）音峰法。

沿着电缆的大致方向缓慢移动探测线圈，当发现信号由弱变强，再由强变弱时，说明电缆就在这两点之间，声音最强的正下方就是电缆所在位置。

（2）音谷法。

沿着电缆的大致方向缓慢移动探测线圈，当发现信号由强变弱，再由弱变强时，说明电缆就在这两点之间，声音最弱的正下方就是电缆所在位置。

5. 作业结束

（1）试验中保持工作现场整洁。

（2）试验结束，将电缆各相短路接地，对地充分放电。

（3）检查线路设备上确无遗留的工具、材料，拆除围栏。

八、技能等级认证标准（评分）

10kV 及以下电缆路径测量评分记录表如表 4-22 所示。

表 4-22　10kV 及以下电缆路径测量评分记录表

姓名：　　　　　　　　　　准考证号：　　　　　　　　　单位：

序号	项目	考核要点	配分	评分标准	得分	扣分	备注
1			工作准备				
1.1	工作现场准备	1. 工作负责人核对电缆线路名称； 2. 工作负责人在检测点操作区装设安全围栏，悬挂安全标示牌，检测前封闭安全围栏； 3. 工作负责人召集工作人员交代工作任务，对工作班成员进行危险点告知，交代安全措施和技术措施，确认每一个工作班成员都已知晓，检查工作班成员精神状态是否良好，人员是否合适； 4. 停电电缆的路径探测需做好停电、验电、放电和接地工作，带电运行电缆的路径探测需严格遵守安全规程	10	1. 未核对电缆线路名称、线路段名称，每遗漏一项扣 10 分； 2. 未设置安全围栏或安全围栏设置不规范，扣 5 分，每遗漏一块标示牌扣 2 分； 3. 直连法时，未做好停电、验电、放电和接地工作，每项扣 10 分，耦合法时，未检查电缆接地情况扣 10 分； 4. 直连法时，未将电缆从系统中拆除，扣 10 分			
1.2	工具器材及使用仪器准备	1. 校验路径探测设备性能是否正常，保证设备电量充足； 2. 领用绝缘工器具和辅助器具，应核对工器具的使用电压等级、合格证和试验周期，并检查外观完好无损； 3. 进行检测作业前清点并检查检测设备、仪表、工器具、安全用具等齐全，并摆放整齐	10	1. 未检查仪器设备性能及电量，每遗漏一项扣 1 分； 2. 未检查安全工器具，每遗漏一项扣 1 分； 3. 仪器及工器具准备不齐全，每遗漏 1 项扣 2 分，摆放不整齐扣 2 分			
2			工作过程				
2.1	选择信号输入方式	停电电缆信号输入可选用直连法或耦合法，带电运行电缆信号输入选用耦合法	10	音频电流信号输入方式选择错误，扣 10 分			
2.2	仪器连接	直连法 1. 选用直连法时，电缆必须处于停电状态，且需将电缆从系统中拆除，使电缆彻底独立出来，两终端不要连接任何其他设备。 2. 选择直连法时，仪器的接线方式有相铠接法、相间接法、相地接法和铠地接法等。 耦合法 采用耦合法探测电缆路径时，将耦合互感器卡在电缆上。注意：在耦合法中，电缆两端必须接地，卡钳必须卡在电缆本体上	30	1. 接线错误，扣 10 分； 2. 直连法时，未将停电电缆从系统中拆除，每留有一处扣 5 分； 3. 耦合法时，电缆两端接地线未接地，每处扣 5 分			

续表

序号	项目	考核要点	配分	评分标准	得分	扣分	备注
2.3	仪器设置	1. 信号发生器连接好后，开机，向电缆中输入音频电流信号； 2. 选择信号发生器与信号接收器的输出、接收频率一致； 3. 在信号接收器上选用音峰法或音谷法探测电缆路径	10	1. 信号发生器与信号接收器设定频率不一致，扣5分； 2. 未在信号接收器上设置信号接收方式，扣5分			
2.4	探测电缆路径	携带信号接收器探测电缆路径。 音峰法 沿着电缆的大致方向缓慢移动探测线圈，当发现信号由弱变强，再由强变弱时，说明电缆就在这两点之间，声音最强的正下方就是电缆所在位置。 音谷法 沿着电缆的大致方向缓慢移动探测线圈，当发现信号由强变弱，再由弱变强时，说明电缆就在这两点之间，声音最弱的正下方就是电缆所在位置	20	1. 未按照音峰法、音谷法的特征测得电缆位置，扣10分； 2. 未沿电缆路径完成10m电缆路径探测，扣10分			
3		工作终结验收					
3.1	工作区域整理	1. 试验中保持工作现场整洁； 2. 试验结束，将电缆各相短路接地，对地充分放电； 3. 检查线路设备上确无遗留的工具、材料，拆除围栏	10	1. 试验中未保持工作现场整洁，扣5分； 2. 试验结束，未将电缆各相短路接地，对地充分放电，扣10分； 3. 线路设备有遗留的工具、材料，每项扣2分； 4. 未拆除围栏，扣5分			
		合 计 得 分					

否定项说明：1. 违反《国家电网公司电力安全工作规程（配电部分）》相关规定；2. 违反职业技能鉴定考场纪律；3. 造成设备重大损坏；4. 发生人身伤害事故

考评员： 年 月 日

4.2 营销技能

4.2.1 电费计算（高压单一制用户）

一、培训目标

本项目为高压单一制用户的电费计算，在教师指导下，学员通过专业理论学习和技能操作训练，熟悉单一制、两部制、分时电价及功率因数调整电费的计费方式，了解代理购电机制，熟悉到户销售电价的构成，熟悉功率因数调整电费计算的基础知识、掌握功率因数调整电费执行的标准及功率因数调整电费的计算方法，能够正确计算高压单一制参与功率因数调整用户的电费，从而更好地为客户提供服务。

二、培训场所及设施

（一）培训场所

实训室。

（二）培训设施

培训工具及器材如表 4-23 所示。

表 4-23　培训工具及器材（每个工位）

序号	名称	规格型号	单位	数量	备注
1	科学计算器		个	1	
2	桌子		张	1	
3	凳子		把	1	
4	答题纸		张	若干	
5	功率因数调整电费表		张	1	
6	分时电价执行规定		张	1	
7	农业用户销售电价表		张	1	
8	代理购电工商业用户电价表		张	1	
9	中性笔	黑色	支	1	

三、培训参考教材与规程

（1）张俊玲：《抄表核算收费》，中国电力出版社，2013。

（2）国家电网公司：《国家电网有限公司电费抄核收管理办法》［国网（营销/3）273—2019］，2019。

（3）原水利电力部及国家物价局：《功率因数调整电费办法》（水电财字〔1983〕215 号），1983。

（4）国家发改委：《国家发展改革委关于调整销售电价分类结构有关问题的通知》（发改价格〔2013〕973 号），2013。

（5）国家发改委：《国家发展改革委办公厅关于组织开展电网企业代理购电工作有关事项的通知》（发改办价格〔2021〕809 号），2021。

四、培训对象

农网配电营业工（台区经理）。

五、培训方式及时间

（一）培训方式

教师现场讲解、示范，学员进行技能操作训练，培训结束后进行理论考核与技能测试。

（二）培训时间

（1）基础知识学习：1 学时。

（2）分组技能操作训练：1 学时。

（3）技能测试：1 学时。

合计：3 学时。

六、基础知识

（一）单一制电价

单一制电价是与用电量相对应的电量电价，是以客户安装的电能表计每月计算出的实际用电量乘以相对应的电价计算电费的计费方式。

目前，居民生活、农业生产用电和未实行两部制电价的工商业及其他用户，实行单一制电度电价。

（二）两部制电价

两部制电价由电度电价和基本电价两部分构成。电度电价是指按用户用电度数计算的电价；基本电价是按变压器容量或最大需量计算的基本电价，以发电机组平均投资成本为基础确定，由政府定价，与用户每月实际用电量无关。

自1975年以来，两部制电价执行范围主要为315kVA及以上的工业生产用电。当前，两部制电价执行范围各地存在差异，部分地区工商业及其他用户中受电变压器容量在100kVA或用电设备装接容量在100kW及以上的用户，已放开实行两部制电价。

（三）峰谷分时电价

峰谷分时电价是根据一天内不同时段用电，按照不同价格分别计算电费的一种电价制度。峰谷分时电价根据电网的负荷变化情况，将每天24h划分为高峰、平段、低谷等多个时间段，对各时间段分别制定不同的电价，以鼓励用电客户合理安排用电时间。

各地峰谷分时电价的执行范围、时段划分和浮动比例差异化较大，通过市场交易购电的工商业用户，不再执行峰谷分时电价。由供电公司代购的工商业用户，继续执行峰谷分时电价，具体执行要求以当地分时电价政策为准。执行居民阶梯电价的用户，部分地区已经放开分时电价的执行，用户可按自己的用电情况，选择执行还是不执行；合表的居民生活电价用户，其中小区的充电设施用电部分地区已放开执行分时电价；农业生产和农业排灌用电，除少数地区规定执行分时电价外，多地没有放开执行分时电价。

分时目录电度电费的计算方式如下：

$$目录电度电费 = \sum_{j=1}^{n} 结算电量_j \times 目录电度电价_j$$

其中 j 表示各时段。

（四）代理购电机制

为发挥市场在资源配置中的决定性作用，按照电力体制改革"管住中间、放开两头"的总体要求，国家发改委于2021年10月发布《关于进一步深化燃煤发电上网电价市场化改革的通知》和《关于组织开展电网企业代理购电工作有关事项的通知》。

要求全面放开燃煤机组和工商业用户进入电力市场，取消工商业目录销售电价，推动工商业用户都进入市场，同时建立电网企业代理购电制度，由电网企业代理暂不具备直接入市交易条件的用户开展市场交易。

建立电网企业代理购电机制，保障机制平稳运行，是进一步深化燃煤发电上网电价市场化改革提出的明确要求，对有序平稳实现工商业用户全部进入电力市场、促进电力市场加快建设发展具有重要意义。

(五) 工商业到户销售电价的构成

进入市场的工商业用户销售电价由市场交易购电价格辅助服务费用、输配电价和政府性基金及附加构成。

通过电网企业代理购电的工商业用户销售电价由代理购电价格、保障性电量新增损益分摊标准、代理购电损益分摊标准、输配电价、政府性基金及附加构成,实现现货交易的地区还包含容量补偿电价。

(六) 功率因数调整电费计算

1. 功率因数标准

1983 年,原水利电力部及国家物价局联合下发的 215 号文件《功率因数调整电费办法》规定:

功率因数标准 0.90,适用于 160kVA 以上的高压供电工业用户(包括社队工业用户)、装有带负荷调整电压装置的高压供电电力用户和 3200kVA 及以上的高压供电电力排灌站;

功率因数标准 0.85,适用于 100kVA(kW)及以上的其他工业用户(包括社队工业用户)、100kVA(kW)及以上的非工业用户和 100kVA(kW)及以上的电力排灌站;

功率因数标准 0.80,适用于 100kVA(kW)及以上的农业用户和趸售用户,但大工业用户未划由电业直接管理的趸售用户,功率因数标准应为 0.85。

2. 功率因数的计算

按用户每月实用有功电量和无功电量,计算月平均功率因数(无功电量为按倒送的无功电量与实用无功电量两者的绝对值之和),计算公式如下:

$$\cos\varphi = \frac{\text{有功电量}}{\sqrt{(\text{有功电量})^2 + (\text{无功电量})^2}}$$

公式中有功电量、无功电量的计算如下。

(1) 高供低计:

有功电量 =(本月有功电表示数 − 上月有功电表示数)× 倍率 + 变压器有功损耗

变压器有功损耗 = 有功铁损 + 有功铜损

无功总电量 = 正向无功电量 + 变压器无功损耗 + 反向无功电量绝对值

正向无功电量 =(本月无功电表示数 − 上月无功电表示数)× 倍率

反向无功电量 =(本月无功电表示数 − 上月无功电表示数)× 倍率

变压器无功损耗 = 变压器有功损耗 × K 值

(2) 高供高计:

有功抄见电量 =(本月有功电表示数 − 上月有功电表示数)× 倍率

无功总电量 = 正向无功电量 + 反向无功电量绝对值

正向无功电量 =(本月无功电表示数 − 上月无功电表示数)× 倍率

反向无功电量 =(本月无功电表示数 − 上月无功电表示数)× 倍率

3. 功率因数调整电费计算

根据计算的功率因数,高于或低于规定标准时,在按照规定的电价计算出其当月电费后,再根据"功率因数调整电费表"所规定的百分数增减电费。

（1）参与功率因数调整电费。

单一制电价客户电费计算方法：目录电度电费 = 结算电量 × 电价

实行峰谷分时电价客户电费计算方法：目录电度电费 = 尖峰结算电量 × 尖峰电价 + 峰结算电量 × 峰电价 + 低谷结算电量 × 低谷电价 + 平段结算电量 × 平段电价

（2）功率因数调整电费的计算。

功率因数调整电费 = 调整系数 × 目录电度电费（执行两部制电价的用户，基本电费参与功率因数调整电费的计算）

（3）功率因数调整电费表。

以 0.9 为标准值的功率因数调整电费表如表 4-24 所示。

表 4-24　以 0.9 为标准值的功率因数调整电费表

	实际功率因数	0.65	0.66	0.67	0.68	0.69	0.70	0.71	0.72	0.73
增收	月电费增加 %	15.00	14.00	13.00	12.00	11.00	10.00	9.50	9.00	8.50
	实际功率因数	0.74	0.75	0.76	0.77	0.78	0.79	0.80	0.81	0.82
	月电费增加 %	8.00	7.50	7.00	6.50	6.00	5.50	5.00	4.50	4.00
	实际功率因数	0.83	0.84	0.85	0.86	0.87	0.88	0.89		
	月电费增加 %	3.50	3.00	2.50	2.00	1.50	1.00	0.50		
减收	实际功率因数	0.90	0.91	0.92	0.93	0.94	0.95 ～ 1.00			
	月电费减少 %	0.00	0.15	0.30	0.45	0.60	0.75			

注：功率因数自 0.64 及以下，每降低 0.01 电费增加 2%。

以 0.85 为标准值的功率因数调整电费表如表 4-25 所示。

表 4-25　以 0.85 为标准值的功率因数调整电费表

	实际功率因数	0.60	0.61	0.62	0.63	0.64	0.65	0.66	0.67	0.68
增收	月电费增加 %	15.00	14.00	13.00	12.00	11.00	10.00	9.50	9.00	8.50
	实际功率因数	0.69	0.70	0.71	0.72	0.73	0.74	0.75	0.76	0.77
	月电费增加 %	8.00	7.50	7.00	6.50	6.00	5.50	5.00	4.50	4.00
	实际功率因数	0.78	0.79	0.80	0.81	0.82	0.83	0.84		
	月电费增加 %	3.50	3.00	2.50	2.00	1.50	1.00	0.50		
减收	实际功率因数	0.85	0.86	0.87	0.88	0.89	0.90	0.91	0.92	0.93
	月电费减收 %	0.00	0.10	0.20	0.30	0.40	0.50	0.65	0.80	0.95

注：（1）功率因数自 0.59 及以下，每降低 0.01 电费增加 2%；
　　（2）功率因数为 0.94 ～ 1.00，月电费减少 1.10%。

以 0.80 为标准值的功率因数调整电费表如表 4-26 所示。

表 4-26　以 0.80 为标准值的功率因数调整电费表

	实际功率因数	0.55	0.56	0.57	0.58	0.59	0.60	0.61	0.62	0.63
增收	月电费增加 %	15.00	14.00	13.00	12.00	11.00	10.00	9.50	9.00	8.50
	实际功率因数	0.64	0.65	0.66	0.67	0.68	0.69	0.70	0.71	0.72
	月电费增加 %	8.00	7.50	7.00	6.50	6.00	5.50	5.00	4.50	4.00
	实际功率因数	0.73	0.74	0.75	0.76	0.77	0.78	0.79		
	月电费增加 %	3.50	3.00	2.50	2.00	1.50	1.00	0.50		
减收	实际功率因数	0.80	0.81	0.82	0.83	0.84	0.85	0.86	0.87	0.88
	月电费减少 %	0.00	0.10	0.20	0.30	0.40	0.50	0.60	0.70	0.80
	实际功率因数	0.89	0.90	0.91	0.92～1.00					
	月电费减收 %	0.90	1.00	1.15	1.30					

注：功率因数自 0.54 及以下，每降低 0.01 电费增加 2%。

七、技能培训步骤

（一）准备工作

1. 工作现场准备

提供代理购电工商业用户电价表、功率因数调整电费表、答题纸、分时电价执行规定。

2. 着装穿戴

按规定着装，穿工作服。

（二）操作步骤

1. 填写数据

填写用户用电信息，抄录电能表示数，填写抄表卡片。

2. 根据电能表示数、倍率进行电量、电费计算

（1）计算有功电量、无功电量。

（2）计算目录电度电费。

（3）计算功率因数。

（4）参与功率因数调整电费的计算。

（5）计算功率因数调整电费。

（6）计算政府性基金及附加电费。

（7）合计电费计算。

3. 恢复现场

4. 汇报结束，上交记录卡片和答题纸

（三）工作结束

汇报工作结束，清理工作现场，现场恢复原状，离场。

八、技能等级认证标准（评分）

高压单一制用户电费计算考核评分记录表如表 4-27 所示。

表 4-27　高压单一制用户电费计算考核评分记录表

姓名：　　　　　　　　　　准考证号：　　　　　　　　　　单位：

序号	项目	考核要点	配分	评分标准	得分	扣分	备注
1				工作准备			
1.1	营业准备规范	1. 营业开始前，营业窗口服务人员提前到岗，按照仪容仪表规范进行个人整理； 2. 营业前，检查各类办公用品是否齐全、数量是否充足，按照定置定位要求摆放整齐	10	1. 未按营业厅规范标准着工装扣10分； 2. 着装穿戴不规范（不成套、衬衣下摆未扎于裤/裙内，衬衣扣未扣齐），每处扣2分； 3. 未佩戴配套的配饰（女员工未戴头花、领花，男员工未系领带），每项扣2分； 4. 未穿黑色正装皮鞋、佩戴工号牌（工号牌位于工装左胸处），每项扣2分； 5. 浓妆艳抹，佩戴夸张首饰，每处扣2分； 6. 女员工长发应统一束起，短发清爽整洁，无乱发，男员工不留怪异发型，不染发，每处不规范扣2分			
2				工作过程			
2.1	现场抄表及抄表记录	1. 根据现场提供的计算表，正确抄录用户用电信息； 2. 抄录示数完整； 3. 不得错抄、漏抄数据； 4. 记录准确无涂改	15	1. 用户用电信息抄录不完整，每处扣2分； 2. 抄表数据不完整，每处扣2分； 3. 漏抄每处扣5分，错抄每处扣3分； 4. 涂改每处扣1分			
2.2	电量计算	1. 有功电量、无功电量计算正确； 2. 功率因数计算正确； 3. 计算步骤清晰、准确	25	1. 有功电量、无功电量计算错误扣10分； 2. 功率因数计算错误扣10分； 3. 无计算步骤，每项扣2分； 4. 公式错误，每项扣2分； 5. 无电量单位或单位错误，每项扣2分； 6. 涂改每处扣1分			
2.3	电费计算	1. 目录电度电费计算正确； 2. 功率因数调整电费调整系数选择正确； 3. 功率因数调整电费计算正确； 4. 代征电费计算正确； 5. 合计电费计算正确； 6. 计算步骤清晰、准确	45	1. 目录电度电费计算错误扣5分； 2. 功率因数调整电费调整系数选择错误扣5分； 3. 功率因数调整电费计算错误扣5分； 4. 代征电费计算错误扣2分； 5. 合计电费计算错误扣2分； 6. 无计算步骤，每项扣2分； 7. 公式错误，每项扣2分； 8. 无电费单位或单位错误，每项扣2分； 9. 涂改每处扣1分			
3				工作终结验收			
3.1	工作区域整理	汇报工作结束前，清理工作现场，退出系统，计算机桌面及现场恢复原状	5	1. 设施未恢复原样，每项扣2分； 2. 现场遗留纸屑等未清理，扣2分			
			合计得分				

否定项说明：违反技能等级评价考场纪律

考评员：　　　　　　　　　　　　　　　　　年　　月　　日

4.2.2 电能计量装置安装与调试

一、培训目标

通过专业理论学习和技能操作训练，使学员了解低压电能计量装置及采集终端的安装接线与工艺要求等相关知识，熟练掌握低压电能计量装置及采集终端安装技能。

二、培训场所及设施

（一）培训场所

装表接电实训室。

（二）培训设施

培训工具及器材如表 4-28 所示。

表 4-28　培训工具及器材（每个工位）

序号	名称	规格型号	单位	数量	备注
1	高供低计电能计量装置安装模拟装置		套	1	
2	智能电能表	3*220/380V，3*1.5（6）A	只	1	
3	专变终端	3*220/380V，3*1.5（6）A	只	1	
4	试验接线盒		只	1	
5	SIM 卡		个	1	
6	RS-485 线	2×0.75mm^2	盘	若干	
7	单股铜芯线	2.5mm^2	盘	若干	黄、绿、红
8	单股铜芯线	4mm^2	盘	若干	黄、绿、红
9	尼龙扎带	3×150mm	包	1	
10	秒表		只	1	
11	卷尺		把	1	
12	板夹		个	1	
13	万用表		只	1	
14	验电笔	10kV	支	1	
15	验电笔	500V	支	1	
16	封印		个	若干	
17	急救箱		个	1	
18	交流电源	3×220/380V	处	1	
19	通用电工工具		套	1	
20	安全帽		顶	1	现场准备

三、培训参考教材与规程

（1）国家能源局：《电能计量装置安装接线规则》（DL/T 825—2021），2021。

（2）国家能源局：《电能计量装置技术管理规程》（DL/T 448—2016），2016。

（3）国家电网公司：《电力用户用电信息采集系统技术规范 第三部分：通信单元技术规范》（Q/GDW 374.3—2009），2009。

四、培训对象

农网配电营业工（台区经理）。

五、培训方式及时间

（一）培训方式

教师现场讲解、示范，学员进行技能操作训练，培训结束后进行技能测试。

（二）培训时间

(1) 电工基础：1 学时。

(2) 接线图的识读：1 学时。

(3) 接线常用的施工方法：1 学时。

(4) 操作讲解和示范：1 学时。

(5) 分组技能训练：2 学时。

(6) 技能测试：2 学时。

合计：8 学时。

六、基础知识

（一）接线图识别

(1) 经 TA 接入三相四线有功电能表的接线原理图。

(2) 经 TA 接入三相四线有功电能表的表尾接线图。

（二）接线常用的施工方法

(1) 线长测量与导线截取。

(2) 线头的剥削。

(3) 导线的走线、捆绑和线端余线处理。

(4) 接线的整理和检查。

七、技能培训步骤

（一）准备工作

1. 工作现场准备

检查安装场所是否符合安装要求，准备低压三相四线智能电能表、低压负控终端、试验接线盒各一只。

2. 工具器材及使用材料准备

检查现场的工器具种类是否齐全和符合要求，按负荷大小选择确定截面符合要求的对应相色单股铜芯线，选择足量的尼龙扎带和封印。

3. 风险点分析、注意事项及安全措施

风险点分析如表 4-29 所示。

表 4-29　风险点分析

序号	工作现场风险点分析	逐项落实"有/无"
1	设备金属外壳接地不良有触电危险；使用不合格工器具有触电危险	
2	使用工具不当、无遮挡措施时引起电压回路短路或接地，将有危害人员、损坏设备危险	

续表

序号	工作现场风险点分析	逐项落实"有/无"
3	工作不认真、不严谨,误将 TA 二次开路,将产生危及人员和设备的高电压	
4	使用不合格的登高梯台或登高及高处作业时不正确使用梯台,导致高处坠落	
5	低压带电工作无绝缘防护措施,人员触碰带电低压导线,作业过程中作业人员同时接触两相,导致触电	
6	工作过程中,用户低压反送电,导致工作人员触电	
7	接线不正确、接触不良,影响表计正确计量和为客户提供优质服务	
8	表码等重要信息未让客户知情和签字,会产生电量纠纷的风险	

注意事项及安全措施如表 4-30 所示。

表 4-30 注意事项及安全措施

序号	注意事项及安全措施	逐项落实并打"√"
1	进入工作现场,穿工作服、绝缘鞋、戴安全帽,使用绝缘工具,必要时使用护目镜,采取绝缘挡板等隔离措施	
2	召开开工会,交代现场带电部位、应注意的安全事项	
3	工作中严格执行专业技术规程和作业指导书	
4	采取有效措施,工作中严防 TA 二次回路开路;经低压 TA 接入式电能表、终端,应严防三相电压线短路或接地	
5	严格按操作规程进行送电操作,送电后观察表计是否运转正常;不停电换表时计算需要追补的电量	
6	停电作业工作前必须执行停电、验电措施;低压带电工作人员穿绝缘鞋、戴手套,使用绝缘柄完好的工具,螺丝刀、扳手等多余金属裸露部分应用绝缘带包好,以防短路;接触金属表箱前,需用验电器确认表箱外壳不带电	
7	高处作业使用梯子、安全带,设专人监护	
8	提醒客户在有关表格处签字,并告之对电能表的维护职责	
9	认真召开收工会,清理工作现场,确认无遗漏工器具,清理垃圾	
10	工作中严格执行专业技术规程和作业指导书要求,送电后认真观察表计是否正常运转	

(二)操作步骤

1. 接线前检查

(1)填写工作单,检查所用工器具。

(2)检查电能表检定合格证、电流互感器检定合格证是否在检定周期内。

(3)对电能表进行导通测试。

(4)对电流互感器进行极性测试。

(5)断开电路电源(断路器)。

(6)在带电部位进行试验后,对工作点进行验电。

2. 测量并截取导线

(1)线长测量:在初步测定线路的走向、路径和方位后,用卷尺测量好长度。

(2)导线截取:根据测量的导线长度,保留合理的余度,截取导线。

3. 二次回路接线

(1) 导线绝缘层剥削：先根据接线端钮接线孔深度确定剥削长度，再用剥线钳分别剥去每根导线线头的绝缘层。

(2) 导线走线规划：依据"横平竖直"的原则进行布置，按规范选择每相回路的导线颜色、线径。

(3) 根据走线走向、结合接线孔的长度确定剥削长度，用剥线钳分别剥去每根导线线头的绝缘层。

(4) 电能表、采集终端接线端钮接线：按正确接线方式分别接入接线孔，并用螺钉固定好，注意避免铜芯外露、压绝缘层。

(5) 电流互感器接线端钮接线：按进出线分别制作压接圈，按规定方向接入互感器端钮，并用螺钉固定好。

(6) RS-485 通信线压接、天线安装。

4. 二次回路导通测试

(1) 送电前检查设备状态。

(2) 进行电压回路导通测试，验证安装可靠性。

(3) 进行电流回路导通测试，验证安装可靠性。

(4) 完成专变终端 SIM 卡安装、终端参数设置，本地通信调试正确。

(三) 工作结束

1. 接线整理和检查

(1) 对工艺接线进行最后检查，确认接线正确，进行导线捆绑。用尼龙扎带捆绑成型，捆绑间距符合要求，修剪扎带尾线。

(2) 电能表、终端、互感器接线端钮等处加封印。

2. 清理现场

(1) 工器具整理：逐件清点、整理工器具。

(2) 材料整理：逐件清点、整理剩余材料及附件。

(3) 现场清理：工作结束，清理施工现场，确保做到工完场清、文明施工、安全操作。

八、技能等级认证标准（评分）

低压电能计量装置安装与调试考核评分记录表如表 4-31 所示。

表 4-31 低压电能计量装置安装与调试考核评分记录表

姓名： 准考证号： 单位：

序号	项　目	考核要点	配分	评分标准	得分	扣分	备注
1				工作准备			
1.1	着装穿戴	穿工作服、绝缘鞋，戴安全帽、线手套	5	1. 未穿工作服、绝缘鞋，未戴安全帽、线手套，每项扣 2 分； 2. 着装穿戴不规范，每处扣 1 分			
1.2	材料选择及工器具检查	选择材料及工器具齐全，符合使用要求	5	1. 工器具齐全，缺少或不符合要求每件扣 1 分； 2. 工具未检查、检查项目不全、方法不规范每件扣 1 分			

续表

序号	项目	考核要点	配分	评分标准	得分	扣分	备注
2	工作过程						
2.1	填写工作单	正确填写工作单	5	1. 工作单漏填、错填，每处扣2分； 2. 工作单填写有涂改，每处扣1分			
2.2	带电情况检查	操作前不允许碰触柜体，验电步骤合理	10	1. 未检查扣5分； 2. 未验电扣5分； 3. 验电前触碰柜体扣5分； 4. 验电方法不正确扣3分			
2.3	电能表、互感器测试	测试方法正确	5	未正确进行测试扣5分			
2.4	导线选择	导线线径、相色选择正确	15	1. 导线选择错误每处扣2分； 2. 导线选择相序颜色错误，每相扣5分； 3. 接线错误本项及2.5、2.6项不得分			
2.5	设备安装	1. 设备安装工序合理、操作熟练、作业安全，满足作业指导书的相关要求； 2. 设备安装布局美观，接线正确、顺序合理； 3. 安全工器具使用得当； 4. 不得发生设备损坏或影响设备运行效果的作业行为	40	1. 压接圈应压接在互感器二次端子两个平垫之间，不合格每处扣1分； 2. 压接圈外露部分超过垫片的1/3，每处扣2分； 3. 线头超出平垫或闭合不紧，每处扣1分； 4. 线头弯圈方向与螺钉旋紧方向不一致，每处扣1分； 5. 压点紧固复紧不超过1/2周但又不伤线、滑丝，不合格每处扣2分； 6. 表尾、试验接线盒接线应有两处明显压点，不明显每处扣2分； 7. 导线压绝缘层每处扣2分； 8. 横平竖直偏差大于3mm每处扣1分，转弯半径不符合要求每处扣2分； 9. 导线未扎紧，绑扎间隔不均匀、绑线间距超过15cm，每处扣2分； 10. 离转弯点5cm处两边扎紧，不合格扣2分； 11. 芯线裸露超过1mm每处扣1分； 12. 导线绝缘有损伤、有剥线伤痕每处扣2分； 13. 剩线长超过20cm每根扣2分； 14. 螺钉、垫片、元器件掉落每次扣2分；造成设备损坏的，每次扣5分； 15. SIM卡、天线安装不可靠，每处扣2分			
2.6	送电调试及完工	1. 送电前后均须进行必要的设备运行状态检查； 2. 专变终端参数设置正确； 3. 安装及采集调试工作完成后，计量回路施封完整	10	1. 未履行送电前检查程序的，扣2分； 2. 首次送电未汇报，扣2分； 3. 通电后未检查设备运行情况，每少一项记录扣1分，本项最多扣3分； 4. 参数设置错误每项扣2分，每少设置一项扣3分，本项最多扣5分； 5. 带电插拔SIM卡，扣1分； 6. 计量回路未施封每处扣2分，施封不规范每处扣1分			

续表

序号	项目	考核要点	配分	评分标准	得分	扣分	备注
3	工作终结验收						
3.1	安全文明生产	汇报结束前，所选工器具放回原位，摆放整齐；无损坏元件、工具；无不安全行为	5	1. 出现不安全行为每次扣 5 分； 2. 现场未恢复扣 5 分，恢复不彻底扣 2 分； 3. 损坏工具，每件扣 2 分； 4. 工作单未上交扣 5 分			
		合 计 得 分					

否定项说明：1. 违反《国家电网公司电力安全工作规程（配电部分）》相关规定；2. 违反职业技能鉴定考场纪律；3. 造成设备重大损坏；4. 发生人身伤害事故

考评员： 年 月 日

4.2.3 用电信息采集故障分析及处理

一、培训目标

通过专业理论学习和技能操作训练，使学员了解用电信息采集故障分析专业知识和故障排除的方法，熟练掌握用电信息采集故障查找及排除作业的操作流程、仪表使用与安全注意事项。

二、培训场所及设施

（一）培训场所

配电综合实训场。

（二）培训设施

培训工具及器材如表 4-32 所示。

表 4-32 培训工具及器材（每个工位）

序号	名称	规格型号	单位	数量	备注
1	用电信息采集故障排除实训装置		套	1	现场准备
2	数字式万用表		只	1	现场准备
3	低压验电笔		支	1	现场准备
4	调试掌机		只	1	现场准备
5	通用电工工具		套	1	考生自备
6	工作服		套	1	考生自备
7	安全帽		顶	1	考生自备
8	绝缘鞋		双	1	考生自备
9	急救箱（配备外伤急救用品）		个	1	现场准备

三、培训参考教材与规程

（1）国家电网公司：《国家电网公司电力安全工作规程（配电部分）》，中国电力出版社，2014。

（2）电力行业职业技能鉴定指导中心：11-047 职业技能鉴定指导书《配电线路（第二版）》，

中国电力出版社，2008。

（3）电力行业职业技能鉴定指导中心：6-07-05-06 职业技能鉴定指导书《农网配电营业工》（电力工程农电专业），中国电力出版社，2007。

（4）国家电网公司人力资源部：国家电网公司生产技能人员职业能力培训专用教材《农网配电》，中国电力出版社，2010。

四、培训对象

农网配电营业工（台区经理）。

五、培训方式及时间

（一）培训方式

教师现场讲解、示范，学员进行技能操作训练，培训结束后进行理论考核与技能测试。

（二）培训时间

（1）用电信息采集故障分析和排除专业知识：1 学时（选学）。

（2）用电信息采集故障分析和排除作业流程：0.5 学时。

（3）操作讲解、示范：1.5 学时。

（4）分组技能操作训练：3 学时。

（5）技能测试：2 学时。

合计：7（8）学时。

六、基础知识

（一）用电信息采集故障分析专业知识

（1）终端设备故障原因及查找方法。

（2）用电信息采集系统—闭环管理系统的故障分析和排除。

（3）用电信息采集系统各应用模块的故障分析要点。

（4）用电信息采集系统参数设置的故障分析和排除。

（5）故障记录及分析表填写。

（二）用电信息采集故障分析和排除作业流程

作业前的准备→送电、查找终端设备故障现象→对应查找系统故障现象→填写故障记录及分析表→故障排除→送电、观察故障排除情况→工作结束。

七、技能培训步骤

（一）准备工作

1. 工作现场准备

布置现场工作间距不小于 1.5m，各工位之间用遮栏隔离，场地清洁，并具备试验电源；4 个工位可以同时进行作业；每个工位能够实现用电信息采集故障分析和排除操作；工位间安全距离符合要求，无干扰。

2. 工具器材及使用材料准备

对进场的工器具、材料进行检查，确保能够正常使用，并整齐摆放于工具架上。

3. 安全措施及风险点分析

（1）防止触电伤害。

① 工作前使用验电笔分别对盘体、设备进行验电，确保无电压后方可进行工作。

② 工作时，人体与带电设备要保持足够的安全距离，面部夹角符合要求（侧面 >30°）。

（2）防止仪表损坏。

① 使用验电笔前，要摘掉手套进行自检，自检时不得触及工作触头。

② 使用万用表时，进行自检且合格，测试时正确选择挡位，防止发生仪表烧坏和造成设备短路事故。

（3）防止设备损害事故。

① 操作时应严格遵守安全操作规程，正确做好停、送电工作。

② 操作设备时应采取正确方法，不得误碰与作业无关的电气设备。

（二）操作步骤

1. 工作前的准备

工具及器材进行外观检查，熟悉现场图纸、设备情况和报告记录单。

2. 送电、观察故障现象

（1）操作现场办理低压操作票，请设专人监护。在配电盘的金属裸露处验明确无电压后汇报"盘体确无电压"。

（2）打开配电柜门，逐项检查盘内各计量装置。

（3）送电、观察故障现象，顺序如下。

① 合上刀闸→计量装置送电→观察电压情况→查询电能表电压→查询采集终端电压。

② 用电信息采集终端检查：检查并记录终端地址。

③ 用电信息采集终端检查：检查 SIM 卡是否上线。

④ 用电信息采集终端检查：检查并记录终端通道→检查主通道和辅助通道。

⑤ 用电信息采集终端检查：检查终端规约。

⑥ 用电信息采集终端检查：检查终端和电能表参数设置。

⑦ 用电信息采集系统检查：检查系统参数设置。

⑧ 用电信息采集系统检查：检查系统规约设置。

⑨ 用电信息采集系统检查：检查系统端口设置。

⑩ 用电信息采集系统检查：检查系统任务设置。

3. 排查用电信息采集"系统"故障

（1）用电信息采集"系统"—闭环管理系统的故障分析和排除。

（2）用电信息采集"系统"各应用模块的故障分析要点。

（3）用电信息采集"系统"参数设置的故障分析和排除。

4. 填写报告记录单

（1）填写故障查找与排除即故障处理记录表。

（2）要求字迹工整，填写规范。

（3）填写完后交监考人员。

5. 故障排除

（1）用低压验电笔验电后，打开柜门，开始查找故障。

(2）按照故障现象查找故障原因；对已经查处的故障逐一排除。

(3）所有故障查找处理完毕后，仪表关闭或调至安全挡位，工器具放入工具架。

（三）工作结束

（1）将现场所有工器具放回原位，摆放整齐。

（2）清理工作现场，离场。

八、技能等级认证标准（评分）

用电信息采集故障分析和排除项目考核评分记录表如表 4-33 所示。

表 4-33 用电信息采集故障分析和排除项目考核评分记录表

姓名：　　　　　　　　　　准考证号：　　　　　　　单位：

序号	项目	考核要点	配分	评分标准	得分	扣分	备注
1				工作准备			
1.1	着装穿戴	穿工作服、绝缘鞋，戴安全帽、线手套	5	1. 未穿工作服、绝缘鞋，未戴安全帽、线手套，缺少每项扣 2 分； 2. 着装穿戴不规范，每处扣 1 分			
1.2	材料选择及工器具检查	选择材料及工器具齐全，符合使用要求	10	1. 工器具齐全，缺少或不符合要求每件扣 1 分； 2. 工器具未检查、检查项目不全、方法不规范每件扣 1 分； 3. 材料不符合要求每件扣 2 分； 4. 备料不充分扣 5 分			
2				工作过程			
2.1	工器具及仪表使用	1. 工器具及仪表使用恰当，不得掉落、乱放； 2. 仪表按原理正确使用，不得超过试验周期	5	1. 工器具及仪表掉落每次扣 2 分； 2. 工器具及仪表使用前不进行自检每次扣 1 分，工器具及仪表使用不合理每次扣 2 分； 3. 仪表使用完毕后未关闭或未调至安全挡位每次扣 1 分； 4. 查找故障时造成表计损坏扣 2 分			
2.2	填写记录	记录故障现象、分析判断、检查步骤、注意事项	20	1. 故障现象表述不确切或不正确每处扣 2 分； 2. 故障原因不全面每项扣 2 分； 3. 排除方法不正确每处扣 2 分，不规范每处扣 1 分； 4. 安全注意事项不全，每缺少一条扣 2 分； 5. 记录单涂改每处扣 1 分			
2.3	故障查找及处理	1. 正确进行停、送电操作，根据故障现象查找引起故障的原因； 2. 进行直观检查； 3. 对可能造成故障的设备和参数进行认真测试检查，最后确定故障点； 4. 根据故障原因，排除故障	55	1. 未口述办理停、送操作票每次扣 3 分，未申请专人监护的，每次扣 5 分； 2. 未验明盘体无电每次扣 2 分，停、送电操作顺序错误每处扣 3 分，停、送电时面部与开关夹角 <30° 每次扣 1 分； 3. 查找方法针对性不强每处扣 3 分，无目的查找每处扣 5 分，查找过程中损坏元器件每件扣 2 分； 4. 设备未恢复每处扣 2 分； 5. 故障点少查一处扣 10 分； 6. 造成故障点增加每处扣 10 分； 7. 造成短路或设备损坏扣 30 分			

续表

序号	项目	考核要点	配分	评分标准	得分	扣分	备注
3				工作终结验收			
3.1	安全文明生产	汇报结束前,所选工器具放回原位,摆放整齐;无损坏元件、工具;恢复现场;无不安全行为	10	1. 出现不安全行为每次扣 5 分; 2. 作业完毕,现场未清理恢复扣 5 分,恢复不彻底扣 2 分; 3. 损坏工器具每件扣 3 分			
				合计得分			

否定项说明:1. 违反《国家电网公司电力安全工作规程(配电部分)》相关规定;2. 违反职业技能鉴定考场纪律;3. 造成设备重大损坏;4. 发生人身伤害事故

考评员:　　　　　　　　　　　　　　　　　　年　　月　　日

4.2.4　用电业务咨询与办理

一、培训目标

通过专业理论学习,使学员进一步熟悉高压、低压非居民新装的基础知识,掌握容缺"一证受理""一次性告知"等受理业务服务要求,明确大中型企业客户"三省"、小微企业客户"三零"服务适用范围和电网延伸投资界面,熟知办电环节、办理时限等方面业务知识,从而更好地为客户提供精准快捷的用电业务咨询服务。

通过专业理论学习和技能操作训练,使学员了解低压客户分布式光伏项目新装受理工作流程,正确办理低压客户分布式光伏项目新装业务,熟练掌握营销业务流程,正确收集业务办理所需要的资料,为客户提供低压分布式光伏用电业务咨询。

二、培训场所及设施

(一)培训场所

营业厅实训室。

(二)培训设施

培训工具及器材如表 4-34 所示。

表 4-34　培训工具及器材(每个工位)

序号	名称	规格型号	单位	数量	备注
1	培训教材	A4	本	1	现场准备
2	营业厅模拟营销应用系统		个	1	现场准备
3	模拟道具(营业执照等)	A4	张	若干	现场准备
4	分布式电源项目接入申请表		张	10	现场准备
5	桌子		张	1	现场准备
6	凳子		把	1	现场准备
7	答题纸		张	若干	现场准备
8	签字笔		支	1	考生自备

三、培训参考教材与规程

(1)原电力工业部:电力工业部令第 8 号《供电营业规则》,1996。

（2）国家电网公司：《国家电网公司业扩报装管理规则》（国家电网企管〔2019〕431号），2019。

（3）国家电网公司：《国家电网公司分布式电源并网服务管理规则》（国家电网企管〔2014〕1082号），2014。

四、培训对象

农网配电营业工（综合柜员）。

五、培训方式及时间

（一）培训方式

教师现场讲解、示范，学员开展角色扮演，模拟客户申请用电，进行综合柜员业务受理训练，培训结束后进行理论考核与技能测试。

（二）培训时间

（1）理论知识学习：8学时。

（2）操作讲解、示范：4学时。

（3）分组角色扮演训练：4学时。

（4）技能测试：4学时。

合计：20学时。

六、基础知识

（一）新装（增容）受理业务服务要求

1. 容缺"一证受理"及受理资料审核

居民客户提供身份证、政企客户提供营业执照（或组织机构代码证）即受理用电业务。其余资料由客户经理现场服务时上门收集或提供免费寄递服务。

2. "一次性告知"服务

受理客户用电申请，应主动向客户提供用电咨询服务，询问客户申请意图，向客户提供业扩报装办理告知书，一次性告知客户需提交的资料清单、业务办理流程、收费项目及标准、监督电话等信息。

3. "首问负责制"服务

无论客户办理业务是否对口，接待人员都要认真倾听，热心引导，快速衔接，并为客户提供准确的联系人、联系电话和地址。

4. 免填单服务

客户无须填写用电申请书，业务办理人员了解客户申请信息并录入营销业务应用系统，生成用电登记表，打印后交由客户签字确认。

（二）新装（增容）客户类型区分及电网延伸投资界面确定

1. 大中型企业客户"三省"服务适用范围及投资界面

大中型企业是指电压等级在10kV及以上的企业客户。投资界面延伸至红线的大中型企业客户包括市级及以上园区内的企业客户（省级及以上园区以省政府相关部门批复为准，市级园区以市级政府相关文件为准），市级及以上政府部门发布的重点项目，新一轮科技革命和产业变革中形成的经济社会发展新动力、新技术、新产业、新业态、新模式等新动能产业项目（如高新技术、互联网、大数据、高端制造业等高附加值新兴产业），以及新旧动能转换重大项目库入库项目的企业客户，电能替代、综合能源及电动汽车充电设施项目。

2.10kV 客户供电公司投资范围

严格执行公司投资界面规定，柱上开关、高压互感器由公司投资。

3. 小微企业客户"三零"服务适用范围及投资界面

小微企业是指拥有营业执照，且报装容量城市规划区在 160kVA 及以下、农村在 100kVA 及以下的企业客户。小微企业采用低压接入，并由公司投资到电能表。小微企业不包括排灌户、集团户、非直供户，以及累计容量超过 160kVA（100kVA）的客户。

（三）新装（增容）办电环节、办理时限等方面业务知识

1. 高压业扩办电环节

高压业扩分为四个环节：用电申请、方案答复、外部工程实施和验收送电。其中，对投资界面延伸至红线的高压客户，压减为用电申请、方案答复和验收送电三个环节。

2. 高压业扩各环节办理时限

电网内部办理时长压减至 11 个工作日，其中用电申请 1 个工作日，方案答复 5 个工作日，竣工验收和验收送电合并共计 5 个工作日。

3. 低压业扩办电环节

对低压接入的客户，压减为用电申请、装表接电两个环节。

4. 低压业扩各环节办理时限

电网内部办理时长压减至 3 个工作日，其中，用电申请 1 个工作日，装表接电 2 个工作日。

（四）受理客户光伏项目申请注意事项

《国家电网公司分布式电源并网服务管理规则》规定：客户到当地供电公司营业厅填写并网申请表。

（1）分布式光伏受理申请表单的填写：分布式客户填写申请表时，一定要按照对应的条目逐项填写，注意字迹工整，不能有涂改现象，应特别注意客户的联系方式、发电意向消纳方式（分布式电源发电量可以全部自用、自发自用剩余电量上网或全额上网，由用户自行选择，用户不足电量由电网提供），对低压居民客户，需要公司统一备案，所以此项为必填项。

（2）光伏发电实行备案管理，需要资金补贴的项目纳入年度指导规模管理：光伏电站由省级能源主管部门备案；个人利用自有住宅及在住宅区域内建设的分布式光伏发电项目，由当地电网企业直接登记并集中向所在县级能源主管部门备案，其他分布式光伏发电项目由区市能源主管部门备案。

（3）自然人申请需提供：经办人身份证原件及复印件；房产证（或乡镇及以上政府出具的房屋使用证明）。

（4）个人分布式光伏发电项目备案流程：由当地供电企业按周期集中向当地能源主管部门备案，对经现场勘查具备光伏接入条件的客户，在确定分布式光伏接入方案后，登录政府政务服务网站，在网上填报本周期需要备案的光伏项目信息，明确注明其光伏接入方式、容量、地点等信息，将个人分布式光伏备案请示、光伏申请表、身份证、产权证明等复印件材料，加盖业扩专用章提报当地能源主管部门，由当地能源部门进行网上审批，审批通过后，由当

地供电公司企业自行打印存档。

（5）对发电设施占用公共面积的，为避免带来法律风险，需要提供物业或居委会的意见、涉及公共面积的相关业主的认可意见。

（6）分布式光伏受理流程发起：根据营销应用系统对分布式光伏业务受理流程的要求，进行流程发起，并推送到下一个环节。

七、技能培训步骤

（一）准备工作

1. 工作现场准备

（1）营业厅柜台计算机、打印机、高拍仪、电话等办公设备合理布置，业务宣传折页整齐摆放、上墙图板公示，有光伏相关表单。

（2）营业厅柜台、座椅清理干净。

（3）模拟道具：营业执照（复印件）、组织机构代码证（复印件）各若干件。

2. 着装穿戴

穿营业厅工作服。

（二）业扩操作步骤

1. 角色分工

（1）每个学员分别模拟扮演企业客户和综合柜员。

（2）客户种类可分为大中型企业客户、小微企业客户、普通客户。

（3）申请资料可分为营业执照、组织机构代码证等。

2. 模拟业务受理

（1）按照容缺"一证受理"服务要求，当客户携带营业执照（组织机构代码证）来营业厅申请用电时，即可完成业务受理，并告知客户其余资料由客户经理现场服务时上门收集或提供免费寄递服务。

（2）确定客户所需提交的办电资料种类。

用电人有效身份证明（营业执照）、用电地址权属证明（房产证明、租赁协议）。

若企业法定代表人委托代理人办理，则还需提供授权委托书和经办人有效身份证明。

（3）按照"一次性告知"服务要求，综合柜员需主动告知客户整个办电流程环节、时限要求等信息。

（4）按照"免填单"服务要求，客户无须填写用电申请书，业务办理人员了解客户申请信息并录入营销业务应用系统，生成用电登记表，打印后交由客户签字确认。

（5）明确大中型企业客户"三省"服务适用范围及投资界面，明确小微企业客户"三零"服务适用范围及投资界面，详情见"基础知识"的（二）新装（增容）客户类型区分及电网延伸投资界面确定。

（三）分布式光伏项目受理操作步骤

（1）文明受理客户光伏项目申请。

（2）正确填写光伏申请表单。

（3）正确在营销系统中发起流程。

（四）工作结束

（1）办公设备归置：将营业厅办公设备放到原来的位置。

（2）现场清理：工作结束，清理操作现场，确保做到"工完场清"。

八、技能等级认证标准（评分）

用电业务咨询与办理（业扩）考核评分记录表如表 4-35 所示。

表 4-35 用电业务咨询与办理（业扩）考核评分记录表

姓名：　　　　　　　　　　　　准考证号：　　　　　　　　　　　　单位：

序号	考核要点	配分	评分标准	得分	扣分	备注
1			工作准备			
1.1	穿工作服，佩戴领花（领带）、工号牌、头花，着黑色皮鞋	5	1. 未穿工装，扣 5 分； 2. 穿戴不规范（工装不成套、不整洁，衫衣不束腰），无工号牌，每缺少一项扣 1 分； 2. 佩戴夸张首饰，每处扣 1 分； 3. 女员工长发应统一束起，短发清爽整洁，无乱发、不浓妆艳抹，每处不规范扣 2 分，男员工不留怪异发型，不染发，每处不规范扣 1 分。扣完为止			
2			工作过程			
2.1	容缺"一证受理"	5	居民客户提供身份证、政企客户提供营业执照（或组织机构代码证）即受理用电业务，其余资料由客户经理现场服务时上门收集或提供免费寄递服务。 答错得 0 分			
2.2	大中型企业"三省"、小微企业"三零"服务适用范围	10	大中型企业是指电压等级在 10kV 及以上的企业客户。 小微企业是指拥有营业执照，且报装容量城市规划区在 160kVA 及以下、农村在 100kVA 及以下的企业客户。 每项得分 5 分，错一项扣 5 分，扣完为止			
2.3	大中型企业"三省"、小微企业"三零"服务投资界面	10	大中型企业投资界面延伸至红线，柱上开关、高压互感器由公司投资。 小微企业采用低压接入，并由公司投资到电能表。 每项得分 5 分，错一项扣 5 分，扣完为止			
2.4	办电环节	20	高压业扩共分为四个环节：用电申请、方案答复、外部工程实施和验收送电。其中，对投资界面延伸至红线的高压客户，压减为用电申请、方案答复和验收送电三个环节。 低压业扩办电环节，对低压接入的客户，压减为用电申请、装表接电两个环节。 每项得分 5 分，错一项扣 5 分，扣完为止			
2.5	用电申请环节办理时限	15	高压业扩各环节办理时限：电网内部办理时长压减至 11 个工作日，其中用电申请 1 个工作日，方案答复 5 个工作日，竣工验收和验收送电合并共计 5 个工作日。 低压业扩各环节办理时限：电网内部办理时长压减至 3 个工作日，其中，用电申请 1 个工作日，装表接电 2 个工作日。 每项得分 5 分，错一项扣 5 分，扣完为止			

续表

序号	考核要点	配分	评分标准	得分	扣分	备注
2.6	自然人申请低压分布式光伏项目需提供的资料，占用公用面积应如何办理	15	自然人申请需提供：经办人身份证原件及复印件；房产证（或乡镇及以上政府出具的房屋使用证明）。 对发电设施占用公共面积的，为避免带来法律风险，需要提供物业或居委会的意见、涉及公共面积的相关业主的认可意见。 每项得分 5 分，错一项扣 5 分，扣完为止			
2.7	个人分布式光伏发电项目备案流程	15	由当地供电企业按周期集中向当地能源主管部门备案，对经现场勘查具备光伏接入条件的客户，在确定分布式光伏接入方案后，登录政府政务服务网站，在网上填报本周期需要备案的光伏项目信息，明确注明其光伏接入方式、容量、地点等信息，将个人分布式光伏备案请示、光伏申请表、身份证、产权证明等复印件材料，加盖业扩专用章提报当地能源主管部门，由当地能源部门进行网上审批，审批通过后，由当地供电公司企业自行打印存档。 错一处扣 2 分，扣完为止			
3			工作终结验收			
3.1	汇报结束前，所用物品摆放整齐	5	自带物品未清理扣 5 分			
			合 计 得 分			
否定项说明：违反技能等级评价考场纪律						

考评员： 　　　　　　　　　　　　　　　　年　　月　　日

4.2.5 使用现场校验仪测量电能表误差

一、培训目标

通过专业理论学习和技能操作训练，使学员了解低压三相四线电能表现场校验相关知识，熟练掌握低压三相四线电能表现场校验的方法和技巧，熟悉低压三相四线电能表现场校验的操作流程、仪表使用及安全注意事项。

二、培训场所及设施

（一）培训场所

电能计量接线仿真系统实训室。

（二）培训设施

培训工具及器材如表 4-36 所示。

表 4-36　培训工具及器材（每个工位）

序号	名　称	规格型号	单位	数量	备　注
1	电能计量接线仿真系统		台	1	现场准备
2	电能表现场校验仪	钳形电流互感器：5～100A	套	1	现场准备
3	配电第二种工作票	A4	张	若干	现场准备
4	温湿度计		个	1	现场准备

续表

序号	名 称	规格型号	单位	数 量	备 注
5	数字万用表		只	1	现场准备
6	通用电工工具		套	1	现场准备
7	急救箱		个	1	现场准备
8	验电笔		支	1	现场准备
9	工作记录表		页	若干	现场准备
10	通知单		页	若干	现场准备
11	线手套		副	1	现场准备
12	科学计算器		个	1	现场准备
13	安全帽		顶	1	现场准备
14	封印		个	若干	现场准备
15	签字笔（红、黑）		支	2	现场准备
16	板夹		块	1	现场准备

三、培训参考教材与规程

（1）国家能源局:《电能计量装置现场检验规程》（DL/T 1664—2016），2016。

（2）国家能源局:《电能计量装置技术管理规程》（DL/T 448—2016），2016。

（3）国家电网公司:《国家电网公司电力安全工作规程（配电部分）》，中国电力出版社，2014。

四、培训对象

农网配电营业工（台区经理）。

五、培训方式及时间

（一）培训方式

教师现场讲解、示范，学员进行技能操作训练，培训结束后进行理论考核与技能测试。

（二）培训时间

（1）基础知识学习：2学时。

（2）设备介绍：1学时。

（3）操作讲解、示范：3学时。

（4）分组技能操作训练：2学时。

（5）技能测试：2学时。

合计：10学时。

六、基础知识

（一）低压三相四线电能表现场校验专业知识

（1）低压三相四线电能表现场校验工作原理。

（2）现场校验接线方法。

（3）电能表误差测试。

（4）现场校验记录单的填写。

（5）电能表现场检测结果通知单的出具。

（二）低压三相四线电能表现场校验作业流程

作业前准备→填写配电第二种工作票→计量装置检查→误差测试→填写现场校验记录单→出具电能表现场检测结果通知单→工作结束。

七、技能培训步骤

（一）准备工作

1. 工作现场准备

（1）场地准备：必备4个及以上工位，布置现场工作间距不小于1m，各工位之间用栅状遮栏隔离，场地清洁。

（2）功能准备：4个及以上工位可以同时进行作业；每个工位能够实现低压三相四线电能表现场校验操作；工位间安全距离符合要求，无干扰；能够保证考评员正确考核。

2. 工具器材准备

对进场的工器具进行检查，确保能够正常使用，并整齐摆放于工具架上。工具器材要求质量合格、安全可靠、数量满足需要。

3. 安全措施及风险点分析

（1）防止触电伤害。

① 使用验电笔前，要摘掉手套进行自检，自检时不得触及工作触头。

② 工作前使用验电笔对设备外壳进行验电，确保无电压后方可进行工作。

③ 工作时，人体与带电设备要保持足够的安全距离，面部夹角符合要求（侧面 >30°）。

（2）防止仪表损坏。

使用万用表、钳形电流表时，进行自检且合格，测试时正确选择挡位、量程，防止发生仪表损坏事件。

（3）防止设备损害事故。

① 操作时应严格遵守安全操作规程，正确做好停、送电工作。

② 操作设备时应采取正确方法，不得误碰与作业无关的开关设备。

（二）操作步骤

1. 填表

填写配电第二种工作票，并向考评员申请签发、许可开工。

2. 计量装置检查

（1）验电：使用验电笔（器）对计量柜（箱）金属裸露部分进行验电，并检查计量柜（箱）接地是否可靠。

（2）外观检查：检查电能计量柜（箱）应有非许可操作的措施，封印完整，电能表安装、运行环境条件符合要求。

（3）计量异常检查：检查现场计量装置应无违约窃电行为、故障隐患和不合理计量方式等异常现象。

（4）检查校验仪电压、电流试验导线：检查校验仪电压、电流试验导线通断是否良好，防止电压短路、接地。

3. 误差测试

（1）检验接线：现场检验仪器接线顺序为，先开启现场校验仪电源，再依次接入电压试验线和电流试验线或钳形电流互感器，电流试验线或钳形电流互感器应串联或夹接在被试电能表的试验接线盒的电流回路上，电压回路应接在被试电能表接线端钮盒相应电压端钮上，校验仪通电预热。

（2）电能表时钟、时段检查，异常记录、故障代码等数据显示；计量接线等进行直观检查。

（3）测定电能表误差：用现场校验仪实负荷测定电能表的基本误差，检测情况填写"电能表现场检验记录单"，测试误差后填写"电能表现场检测结果通知单"。

（4）拆除校验仪接线：拆除校验仪钳形电流互感器，拆除校验仪电压接线，关闭校验仪电源，整理试验接线。

（5）加封：整理检验现场，对拆封部位加装封印。

4. 工作终结

（1）上交电能表现场检验记录单，出具电能表现场检测结果通知单。

（2）申请办理工作票终结手续。

（三）工作结束

（1）工器具、仪表、设备归位。

（2）清理现场，工作结束，离场。

八、技能等级认证标准（评分）

低压三相四线电能表现场校验考核评分记录表如表 4-37 所示。

表 4-37 低压三相四线电能表现场校验考核评分记录表

姓名： 准考证号： 单位：

序号	项目	考核要点	配分	评分标准	得分	扣分	备注
1				工作准备			
1.1	着装穿戴	戴安全帽、线手套，穿工作服及绝缘鞋，按标准要求着装	5	1. 未戴安全帽、线手套，未穿工作服及绝缘鞋，每项扣 2 分； 2. 着装穿戴不规范，每处扣 1 分			
1.2	填写工作票	正确填写工作票	5	工作票填写错误扣 5 分，涂改每处扣 1 分			
1.3	检查工器具等	前期准备工作规范，相关工器具、仪表准备齐全	5	1. 工器具、仪表齐全，每缺少一件扣 2 分； 2. 工器具、仪表不符合安检要求，每件扣 1 分			
2				工作过程			
2.1	计量装置检查	1. 验电； 2. 外观检查； 3. 计量异常检查； 4. 检查校验仪电压、电流试验导线	20	1. 工作前未验电扣 5 分，验电不正确扣 3 分； 2. 掉落物件每次扣 2 分； 3. 计量柜（箱）外观漏检扣 5 分，检查不规范扣 2 分； 4. 未检查计量装置有无违约窃电、故障隐患和不合理计量，每处扣 2 分			

续表

序号	项目	考核要点	配分	评分标准	得分	扣分	备注
2.2	误差测试	1. 检验接线； 2. 电能表时钟、时段检查； 3. 测量工作电压、电流及相位； 4. 检查计量接线； 5. 测定电能表误差； 6. 拆除校验仪接线； 7. 加封	60	1. 现场检验仪器接线顺序错误扣 5 分； 2. 检验仪器使用前未检查扣 2 分； 3. 未选择合适量程的钳形电流互感器，扣 5 分； 4. 检验记录表漏填、错填每处扣 2 分，涂改每处扣 1 分； 5. 拆除校验仪接线顺序错误扣 5 分； 6. 未加封扣 5 分，少一处扣 2 分			
3			工作终结验收				
3.1	安全文明生产	汇报结束前，拆除临时电源，检查现场是否有遗留物，清点设备和工具，并清理现场	5	1. 出现不安全行为扣 5 分； 2. 现场未恢复扣 5 分，恢复不彻底扣 2 分			
			合 计 得 分				

否定项说明：1. 违反《国家电网公司电力安全工作规程（配电部分）》相关规定；2. 违反职业技能鉴定考场纪律；3. 造成设备重大损坏；4. 发生人身伤害事故

考评员： 年 月 日

4.2.6 移动作业终端应用

一、培训目标

通过理论学习和技能操作训练，使学员熟练掌握营销移动作业终端的操作，提高操作水平，为用电客户提供更好、更专业的服务，提升客户满意度。

二、培训场所及设施

（一）培训场所

营业厅实训室或其他实训室。

（二）培训设施

培训工具及器材如表 4-38 所示。

表 4-38 培训工具及器材（每个工位）

序 号	名 称	规 格 型 号	单 位	数 量	备 注
1	答题纸	A4	张	1	现场准备
2	中性笔	黑色	支	1	现场准备
3	移动作业终端	省公司统一配发型号	台	1	现场准备

三、培训参考教材与规程

《山东电力营销移动作业微应用系统操作手册》。

四、培训对象

农网配电营业工（综合柜员、台区经理）。

五、培训方式及时间

（一）培训方式

教师现场讲解、示范，学员进行技能操作训练，培训结束后进行理论考核与技能测试。

（二）培训时间

（1）营销移动作业登录：0.5 学时。

（2）档案核查：0.5 学时。

（3）客户信息查询：0.5 学时。

（4）用电业务受理：0.5 学时。

（5）现场检查：0.5 学时。

（6）故障报修工单处理：0.5 学时。

合计：3 学时。

六、基础知识

1. 营销移动作业终端介绍

营销移动作业终端通过无线专网网络，经安全接入平台认证后接入后台移动作业平台，采用在线运行模式开展相关业务应用，并与外围系统进行交互。在不具备无线实时接入的情况下，也可以通过采用离线模式在现场开展相应工作，并可在网络接入条件具备后，将现场录入信息同步至后台应用系统。辅助现场人员进行"规范化、效率化、及时化、无纸化"的现场作业，提高现场作业工作效率。

2. 常用功能介绍

移动作业微应用功能架构分为"我的主页""我的工单""辅助工具""系统设置"四大模块。

七、技能培训步骤

（一）准备工作

1. 工作现场准备

必备 4 个工位，布置现场工作间距不小于 1m。

2. 工具器材及使用材料准备

省公司统一配发移动作业终端、操作手册。

3. 安全措施及风险点分析

（1）必须设置开机密码。所有移动作业终端均需设置开机密码，且密码要符合一定的安全性要求。

（2）及时删除终端里面的客户信息。终端相册里的客户资料应定期清理，终端遗失后要立即报备，以便及时锁定。

（3）防止账号密码泄露。不能随意将自己的账号密码给他人使用，操作结束后及时安全退出，避免由此导致的客户信息泄露。

（4）避免操作错误。操作过程中若有疑问应及时提出，不可贸然操作，避免因操作错误或不熟练而导致流程超时或者无法顺利进行。

(二)操作步骤

1. 营销移动作业登录

(1)打开安全接入平台并登录 App,如图 4-8 所示。

单击"vpn 网关"选项,输入密码。单击"确定"按钮,如图 4-9 所示。

图 4-8　安全接入平台登录界面

图 4-9　安全接入平台登录

在移动终端桌面上单击"山东移动作业微应用"图标,如图 4-10 所示,打开山东移动作业微应用程序。

图 4-10　"山东移动作业微应用"图标

(2)进入登录界面,输入"用户名"和"密码",单击"登录"按钮登录系统,如图 4-11 所示。

图 4-11　"山东移动作业微应用"登录界面

2. 档案核查

（1）查询用户档案核查任务，也可单击"新增"按钮，根据户号查询出要核查的用户信息，新增核查任务，如图 4-12 所示。

图 4-12　查询、新增用户档案核查任务界面

（2）现场核查用户档案用户信息、受电设备信息、证件信息、联系信息，如图 4-13 ～图 4-15 所示。

图 4-13　用户档案核查用户信息

图 4-14　用户档案核查证件信息

图 4-15 用户档案核查联系信息

其中联系信息和证件信息可供修改,其他信息都只能查看,图 4-16 所示为用户信息展示。

图 4-16 用户档案核查用户信息展示

(3)完成所有信息的核查后,上传核查结果,如图 4-17 所示。

图 4-17 档案核查结果上传页面

3. 客户信息查询（综合柜员）

查询用户档案信息，支持通过户号、户名、用电地址、电能表条形码查询用户档案信息，信息内容包括用电客户信息、计量装置、电费及缴费信息、计费信息等。

（1）输入供电电压和供电单位名称、表计条形码、身份证号、联系电话等条件可以查询用户列表，如图 4-18 所示。

图 4-18　客户档案输入条件查询页面

（2）定位到要查询的用户后，查看完整的用电客户档案信息，如图 4-19 和图 4-20 所示。

图 4-19　客户档案完整信息（1）

图 4-20　客户档案完整信息（2）

4. 用电业务受理（综合柜员）

可以利用"业务受理"功能，主动为客户进行刷脸办电操作。

（1）单击"业务受理"图标，输入该客户的姓名和身份证号，如图 4-21 和图 4-22 所示。

图 4-21　单击"业务受理"图标

图 4-22　输入客户姓名和身份证号

（2）单击"确定"按钮，系统联网公安厅查询出身份信息，并展示在信息核对界面。单击"拍照"按钮，现场拍摄客户头像，然后进行"人证对比"，通过后即可为客户办电，如图 4-23 所示。

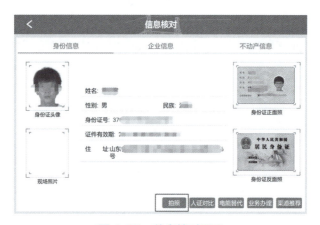

图 4-23　信息核对界面

（3）信息核对页面下方的"电能替代"连接至电能替代案例展示功能，"渠道推荐"可以打开"掌上电力""电E宝""彩虹营业厅"等线上应用的下载二维码，如图4-24和图4-25所示。

图4-24　"线上渠道推广"界面

图4-25　线上渠道推广中"掌上电力"界面

在"企业信息"界面可以通过输入企业名称或统一信用代码，获取该企业的营业执照信息，如图4-26所示。

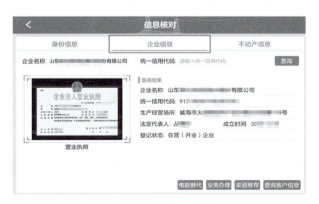

图4-26　企业营业执照信息获取界面

在"不动产信息"界面可以通过输入姓名和详细地址，获取该不动产信息，如图4-27所示。

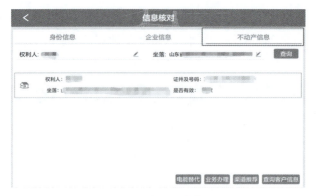

图 4-27　不动产信息获取界面

（4）单击"业务办理"按钮，在对话框内选择需要办理的用户名称，选择姓名默认为低压新装业务，选择企业名称默认为高压新装业务，选好用户名称后单击"开始办理"按钮，如图 4-28 所示。

图 4-28　移动作业终端业务办理开始界面

（5）在业务办理界面，首先核对资料信息，可单击进行预览，也可编辑已有的资料，如图 4-29 所示。

图 4-29　移动作业终端业务办理（资料信息）界面

根据实际需要填写相关的用电申请信息，如申请容量、供电电压、行业分类等，如图 4-30 所示。

图 4-30　移动作业终端业务办理（申请信息）界面

在"联系人信息"界面录入客户联系人类型、姓名、联系电话、优先级等信息，如图 4-31 所示。

图 4-31　移动作业终端业务办理（联系人信息）界面

（6）所有信息录入完毕，单击"保存"按钮，再单击"生成确认单"按钮，对确认单的内容进行审核，确认无误后请客户签字确认，如图 4-32 和图 4-33 所示。

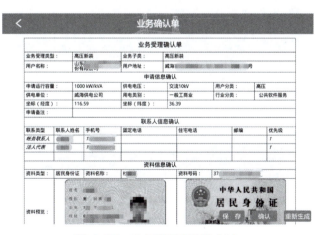

图 4-32　业务受理确认单（1）

图 4-33　业务受理确认单（2）

（7）单击"提交"按钮，生成业务受理工单，如图 4-34 所示。

图 4-34　业务受理工单提交界面

5. 现场检查（台区经理）

现场检查实现营销用电检查流程中的检查结果处理环节功能。通过移动终端下载检查结果处理环节的待办工作单，现场记录检查结果，逐项判断是否存在缺陷与错误，存在缺陷与错误的，可以实时记录缺陷情况。在现场作业中发现的缺陷问题，可以发起故障换表流程、违约/窃电流程、档案维护流程等。

（1）下载现场检查结果处理环节的工单，如图 4-35 所示。

图 4-35　现场检查结果查看界面

（2）首先进行安全提示信息确认，如图 4-36 所示。

图 4-36　现场检查前安全提示确认

（3）现场对客户档案进行信息核对，如图 4-37 所示。

图 4-37　客户档案信息核对界面

（4）现场检查用电客户基本档案，如果发现客户档案错误可现场实时发起档案维护流程，如图 4-38 所示。

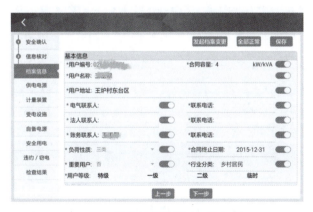

图 4-38　档案信息维护流程发起界面

（5）现场检查用电客户的供电电源、计量装置，若发现计量装置异常可现场实时发起计量装置故障流程，如图 4-39 所示。

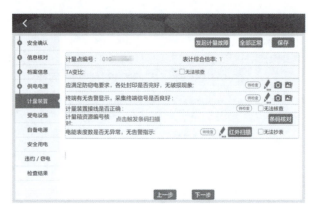

图 4-39　计量装置故障流程发起界面

（6）现场检查用电客户的受电设施、自备电源、安全用电管理及安全防护措施等，检查是否存在违约/窃电情况，若是则可发起违约/窃电流程，如图 4-40 所示。

图 4-40　违约/窃电流程发起界面

（7）生成检查结果通知单，完成检查，返回待处理工单列表，上传工单，如图 4-41 所示。

图 4-41　检查结果通知单生成提交界面

6. 故障报修工单处理（台区经理）

供电所终端接单、到达现场、进行故障确认、抢修完成、恢复送电等环节都可以通过移动作业终端完成。

（1）接单。终端接到故障报修工单，会有蓝色提示框和提示音，如图 4-42 所示。

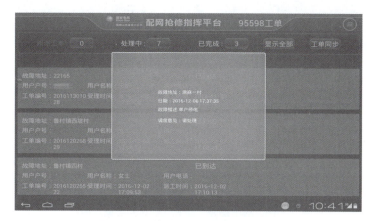

图 4-42　故障报修工单蓝色提示框

通过账号登录后，可以看到一级界面，单击 95598 工单，单击待接单状态的工单，如图 4-43 所示。

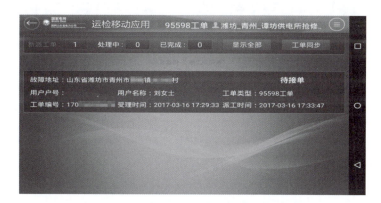

图 4-43　故障报修待接单状态工单显示

打开工单，可查看工单详情，包括联系电话、联系人信息及故障地址。若需要合并工单，则单击"工单合并"按钮，在弹出的工单中选择主单，如图 4-44 所示。

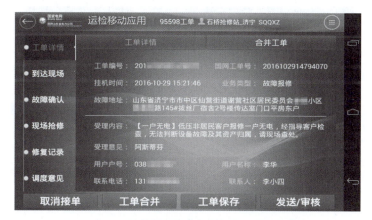

图 4-44　故障报修需要合并工单的主单显示界面

（2）到达现场。可滑动时间轴或者直接填写到达现场时间，如图 4-45 所示。

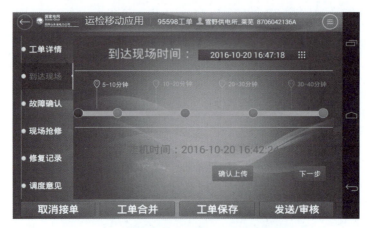

图 4-45　故障报修工单到达现场时间填写界面

（3）故障确认。根据现场实际情况，填写三级分类信息，可以逐项选择，填写完成后可将所填信息设为常用模板，方便下次使用，如图 4-46 所示。

图 4-46　故障三级分类信息填写展示界面

单击中间的梯形按钮，会展开故障信息，根据工单实际情况逐项选择即可。常用的故障信息，可以单击"设为常用"进行设置，方便以后使用，如图 4-47 所示。

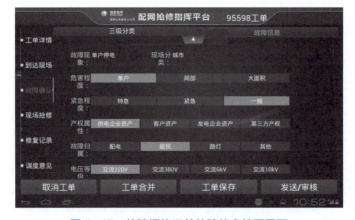

图 4-47　故障报修工单故障信息填写界面

（4）现场抢修。其中"预计修复时间"终端会自动填写为挂机时间后的两个小时，可不用修改，如图 4-48 所示。

图 4-48　故障报修工单预计修复时间填写界面

（5）修复记录。在终端中预存了基础模板、备用模板，以提高现场工作效率，如图 4-49 和图 4-50 所示。

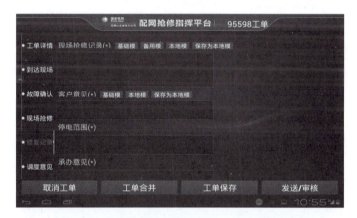

图 4-49　故障报修工单修复记录信息填写界面

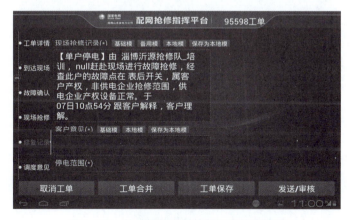

图 4-50　故障报修工单修复记录信息填写

客户意见可从模板中选择，一般选"客户满意"，停电范围根据报修实际情况填写，承办意见一般填"无"，如图 4-51 所示。

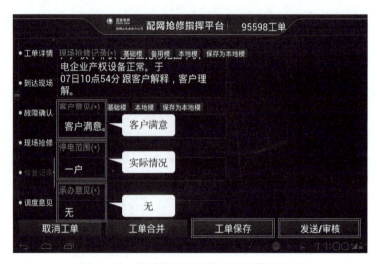

图 4-51　故障报修工单客户意见填写界面

（三）工作结束

（1）将现场所有工器具放回原位，摆放整齐。

（2）清理工作现场，离场。

八、技能等级认证标准（评分）

营销移动作业终端应用项目考核评分记录表（综合柜员）如表 4-39 所示。

表 4-39　营销移动作业终端应用项目考核评分记录表（综合柜员）

姓名：　　　　　　　　　　准考证号：　　　　　　　　单位：

序号	项目	考核要点	配分	评分标准	得分	扣分	备注
1	工作准备							
1.1	营业准备规范	1. 营业开始前，营业窗口服务人员提前到岗，按照仪容仪表规范进行个人整理； 2. 营业前，检查各类表单、服务资料、办公用品是否齐全，按照定置定位要求摆放整齐； 3. 开启设备电源，检查设备是否正常运行	10	1. 未按营业厅规范标准着工装，扣 10 分； 2. 着装穿戴不规范（不成套、衬衣下摆未扎于裤/裙内，衬衣扣未扣齐），每处扣 2 分； 3. 未佩戴工号牌（工号牌位于工装左胸处），扣 2 分； 4. 浓妆艳抹，佩戴夸张首饰，每处扣 2 分； 5. 女员工长发应统一束起，短发清爽整洁，无乱发，男员工不留怪异发型，不染发，每处不规范扣 2 分； 6. 本项业务所需资料准备不齐全，每项扣 2 分； 7. 未检查设备是否正常运行，每项扣 2 分			
1.2	营销移动作业登录	输入密码安全接入，打开 App 并登录账号	15	1. 未正确操作连接上网，扣 5 分； 2. 未找到 App，扣 5 分； 3. 未成功登录，扣 5 分			
2	工作过程							
2.1	档案核查	新增档案核查填写信息，核查并上传成功；在答题纸填写新增档案的用户名称和用户编号	20	1. 未新增任务，扣 10 分； 2. 未核查新增档案，扣 5 分； 3. 答题纸填写错误，每项扣 5 分； 4. 答题纸未填写，扣 20 分			

续表

序号	项目	考核要点	配分	评分标准	得分	扣分	备注
2.2	客户信息查询	通过户号、户名、用电地址等查询客户信息，输入供电电压、表计条形码、身份证号、联系电话等条件查询客户信息；在答题纸上填写客户完整信息	20	1. 未找到查询模块，扣10分； 2. 未进行正确查询，扣10分； 3. 查询后未与客户核对信息，扣10分； 4. 答题纸填写错误，每项扣5分； 5. 答题纸未填写，扣20分			
2.3	用电业务受理	通过系统联网查询身份信息，经比对后刷脸办电；正确获取企业信息、不动产信息，核对信息后录入，生成确认单后经客户确认，最后生成业务受理工单	25	1. 不能通过联网系统查询客户信息，扣10分； 2. 不能进行刷脸办电，扣10分； 3. 无法获取企业信息、不动产信息，每项扣10分； 4. 信息录入后，未让客户确认，扣10分； 5. 未让客户签字确认，扣10分； 6. 最后未生成业务受理工单，扣10分； 7. 业务受理工单信息错误，每项扣5分			
3				工作终结验收			
3.1	工作区域整理	汇报结束前，清点各类工作表单，检查有无未完结业务；退出个人账号，设备归位，无损坏	10	1. 工作表填写不完整，扣3分； 2. 造成设备、设施损坏，扣10； 3. 设施未恢复原样，每项扣2分； 4. 现场遗留纸屑等未清理，扣2分； 5. 营销移动作业系统账号未退出，扣5分； 6. 未退至营销移动作业主界面，扣5分			
合 计 得 分							

否定项说明：违反技能等级评价考场纪律

考评员：   年   月   日

营销移动作业终端应用项目考核评分记录表（台区经理）如表 4-40 所示。

表 4-40　营销移动作业终端应用项目考核评分记录表（台区经理）

姓名：			准考证号：		单位：		
序号	项目	考 核 要 点	配分	评分标准	得分	扣分	备注
1				工 作 准 备			
1.1	着装穿戴	戴安全帽、线手套，穿工作服及绝缘鞋，按标准要求着装	10	1. 未戴安全帽、线手套，未穿工作服及绝缘鞋，扣2分； 2. 着装穿戴不规范，每处扣1分			
1.2	移动作业终端登录	输入密码安全接入，打开 App 并登录账号	10	1. 未正确操作连接上网，扣5分； 2. 未找到 App，扣5分； 3. 未成功登录，扣5分			
2				工 作 过 程			
2.1	档案核查	新增档案核查填写信息，核查并上传成功；在答题纸填写新增档案的用户名称和用户编号	20	1. 未新增任务，扣10分； 2. 未核查新增档案，扣5分； 3. 答题纸填写错误，每项扣5分； 4. 答题纸未填写，扣20分			

续表

序号	项目	考核要点	配分	评分标准	得分	扣分	备注
2.2	现场检查	下载检查结果处理环节的待办工作单，对安全提示信息确认后，现场记录检查结果，逐项判断是否存在缺陷与错误，存在缺陷与错误的，发起故障换表流程、违约/窃电等流程；最后生成检查结果通知单，完成检查，上传工单	25	1. 未找到现场检查功能模块，扣10分； 2. 未进行安全提示信息确认，扣10分； 3. 针对检查出的缺陷与错误派发流程不对应，每项扣5分； 4. 未生成检查结果通知单，扣10分； 5. 通知单未上传，扣10分； 6. 答题纸未填写，扣25分			
2.3	故障报修工单处理	使用移动作业终端接收故障报修工单，到达现场后填写到达时间，进行故障确认并完成故障信息填写，现场抢修后填写修复记录、客户意见等，最后完成工单传递	25	1. 到达现场时间不符合规定要求，扣10分； 2. 相关信息漏填、填写错误或不规范，每项扣2分； 3. 未完成工单传递，扣10分； 4. 答题纸未填写，扣25分			
3			工作终结验收				
3.1	安全文明生产	考核结束前，表单摆放整齐，设备恢复原状	10	1. 表单资料摆放不规范，扣5分； 2. 现场设施未恢复原状扣5分，恢复不彻底扣2分			
			合计得分				

否定项说明：1. 违反《国家电网公司电力安全工作规程（配电部分）》相关规定；2. 违反职业技能鉴定考场纪律；3. 造成设备重大损坏；4. 发生人身伤害事故

考评员：　　　　　　　　　　　　　　　　　　　年　　月　　日

4.2.7 窃电和违约用电检查处理

一、培训目标

通过专业理论学习和技能操作训练，使学员了解窃电和违约用电检查工作流程，安全、正确开展用电检查工作；熟悉利用工具仪表对电能计量装置进行相关数据的测量，并根据测量数据分析判断计量装置运行是否正常，确定是否存在违约用电或窃电行为，根据检查及判断结果规范填写各种通知书；掌握正确计算追补电费、违约使用电费的方法和标准。

二、培训场所及设施

（一）培训场所

反窃电（违约）用电检查实训室。

（二）培训设施

培训工具及器材如表4-41所示。

表4-41　培训工具及器材（每个工位）

序号	名称	规格型号	单位	数量	备注
1	反窃电综合实验装置		台	1	现场准备
2	钳形电流表		只	1	现场准备
3	万用表		只	1	现场准备

续表

序号	名　称	规格型号	单　位	数　量	备　注
4	通用电工工具		套	1	现场准备
5	验电笔		支	1	现场准备
6	工作记录表		页	若干	现场准备
7	通知书		页	若干	现场准备
8	线手套		副	1	现场准备
9	科学计算器		个	1	现场准备
10	安全帽		顶	1	现场准备
11	封印		个	若干	现场准备
12	签字笔（红、黑）		支	2	现场准备
13	板夹		块	1	现场准备

三、培训参考教材与规程

（1）国家能源局:《电能计量装置安装接线规则》（DL/T 825—2021），2021。

（2）国家能源局:《电能计量装置技术管理规程》（DL/T 448—2016），2016。

（3）国家电网公司:《国家电网公司电力安全工作规程（配电部分）》，中国电力出版社，2014。

（4）原电力工业部：电力工业部令第 8 号《供电营业规则》，1996。

四、培训对象

农网配电营业工（台区经理）。

五、培训方式及时间

（一）培训方式

教师现场讲解、示范，学员进行技能操作训练，培训结束后进行理论考核与技能测试。

（二）培训时间

（1）基础知识学习：2 学时。

（2）设备介绍：1 学时。

（3）操作讲解、示范：3 学时。

（4）分组技能操作训练：2 学时。

（5）技能测试：2 学时。

合计：10 学时。

六、基础知识

（一）反窃电（违约）用电检查工作流程知识

（1）正确使用工器具、仪器仪表。

（2）掌握电能表功率测量及计算方法。

（3）填写工作记录表。

（4）正确判定是否存在违约用电或窃电行为。

（5）规范填写各种通知书，正确计算追补电费、违约使用电费。

（二）反窃电（违约）用电检查工作作业流程

作业前准备（安全措施完备）→测量接入电能表电压、电流→计算电能表理论和实际功率→判断窃电（违约）形式→填写各种通知书→计算追补、违约电费→工作结束。

七、技能培训步骤

（一）准备工作

1. 工作现场准备

（1）场地准备：必备 4 个及以上工位，布置现场工作间距不小于 1m，各工位之间用栅状遮栏隔离，场地清洁。

（2）功能准备：4 个及以上工位可以同时进行作业；每个工位能够实现"反窃电用电检查工作"操作；工位间安全距离符合要求，无干扰；能够保证考评员正确考核。

2. 工具器材准备

对进场的工器具进行检查，确保能够正常使用，并整齐摆放于工具架上。工具器材要求质量合格、安全可靠、数量满足需要。

3. 安全措施及风险点分析

（1）防止触电伤害。

① 使用验电笔前，要摘掉手套进行自检，自检时不得触及工作触头。

② 工作前使用验电笔对设备外壳进行验电，确保无电压后方可进行工作。

③ 工作时，人体与带电设备要保持足够的安全距离，面部夹角符合要求（侧面 >30°）。

（2）防止仪表损坏。

使用万用表、钳形电流表时，进行自检且合格，测试时正确选择挡位、量程，防止发生仪表损坏情况。

（3）防止设备损害事故。

① 操作时应严格遵守安全操作规程，正确做好停、送电工作。

② 操作设备时应采取正确方法，不得误碰与作业无关的开关设备。

（二）操作步骤

1. 测量

（1）利用钳形电流表测量电能表接入电流，万用表测量电能表接入电压。

（2）利用钳形电流表测量电能表参考电流，万用表测量电能表参考电压。

2. 记录

将电能表接入电压、电流，电能表参考电压、电流等数值记录到工作单相应位置。

3. 计算

（1）计算电能表接入功率。

（2）计算电能表参考功率。

（3）计算追补电费。

（4）计算违约电费。

4. 得出结论

根据检查结果，规范填写各种通知书，正确计算追补电费、违约使用电费。

(三) 工作结束

(1) 工具、仪表、设备归位。

(2) 清理现场,工作结束,离场。

八、技能等级认证标准(评分)

反窃电(违约)用电检查处理考核项目评分记录表如表 4-42 所示。

表 4-42　反窃电(违约)用电检查处理考核项目评分记录表

姓名:　　　　　　　　　　准考证号:　　　　　　　　　　单位:

序号	项目	考核要点	配分	评分标准	得分	扣分	备注
1				工作准备			
1.1	着装穿戴	戴安全帽、线手套,穿工作服及绝缘鞋,按标准要求着装	5	1. 未戴安全帽、线手套,未穿工作服及绝缘鞋,每项扣 2 分; 2. 着装穿戴不规范,每处扣 1 分			
1.2	检查工器具及仪表	前期准备工作规范,相关工器具、仪表准备齐全	5	1. 工器具、仪表齐全,每少一件扣 2 分; 2. 工器具、仪表不符合要求,每件扣 1 分			
2				工作过程			
2.1	测量过程	1. 验电; 2. 仪表的使用; 3. 数据测量	20	1. 工作前未验电扣 5 分,验电方法不正确扣 3 分; 2. 掉落物件每次扣 2 分; 3. 仪表使用前未检查、未自检扣 2 分; 4. 仪表挡位、量程选择错误,每次扣 2 分; 5. 测量数据错误,每处扣 2 分			
2.2	工单填写	1. 正确填写低压用电检查工作单; 2. 正确填写用电检查结果通知书; 3. 正确填写违约用电处理工作单; 4. 正确填写窃电处理工作单	25	1. 未填写工作单、通知书每份扣 5 分,内容或数据错误、漏项每处扣 2 分,涂改每处扣 1 分; 2. 法律条款适用错误每条扣 5 分,未明确某条某款每处扣 2 分,条款内容不全每处扣 2 分			
2.3	追补电费、违约电费计算	1. 计算功率表达式; 2. 计算更正系数; 3. 计算实际电量; 4. 计算追补电费; 5. 计算违约使用电费	40	1. 功率表达式错误扣 5 分,无计算过程扣 2 分; 2. 更正系数计算错误扣 5 分,无计算过程扣 2 分; 3. 实际电量、追补电费计算错误每处扣 5 分,无计算过程扣 2 分; 4. 违约使用电费计算错误扣 5 分,无计算过程扣 2 分; 5. 单位符号书写不规范每处扣 1 分; 6. 涂改每处扣 1 分			
3				工作终结验收			
3.1	安全文明生产	汇报结束前,所选工器具放回原位,摆放整齐,现场恢复原状	5	1. 出现不安全行为扣 5 分; 2. 现场未恢复扣 5 分,恢复不彻底扣 3 分			
			合计得分				

否定项说明:1. 违反《国家电网公司电力安全工作规程(配电部分)》相关规定;2. 违反职业技能鉴定考场纪律;3. 造成设备重大损坏;4. 发生人身伤害事故

考评员:　　　　　　　　　　　　　　　　　　年　　月　　日

4.2.8 用电检查

一、培训目标

通过专业理论知识学习和技能操作实训，使学员了解用电检查工作流程，安全、正确开展检查工作；熟悉利用工具仪表对客户用电现场进行安全检查，对电能计量装置进行相关数据测量，并根据测量数据分析判断客户计量装置运行是否正常，确定客户是否存在违约用电或窃电行为，根据检查及判断结果规范填写各种通知书；掌握正确计算追补电费、违约使用电费的方法。

二、培训场所及设施

（一）培训场所

用电检查实训室。

（二）培训设施

培训工具及器材如表 4-43 所示。

表 4-43 培训工具及器材（每个工位）

序号	名称	规格型号	单位	数量	备注
1	营销管理信息系统		套	1	现场准备
2	反窃电综合实验装置		台	1	现场准备
3	钳形电流表		只	1	现场准备
4	万用表		只	1	现场准备
5	螺丝刀	平口	个	1	现场准备
6	螺丝刀	十字口	个	1	现场准备
7	验电笔		支	1	现场准备
8	考试记录表		页	若干	现场准备
9	草稿纸	A4	张	若干	现场准备
10	线手套		副	1	现场准备
11	科学计算器		个	1	现场准备
12	安全帽		顶	1	现场准备
13	封印		个	若干	现场准备
14	签字笔（红、黑）		支	2	现场准备

三、培训参考教材与规程

（1）国家能源局：《电能计量装置安装接线规则》（DL/T 825—2021），2021。

（2）国家能源局：《电能计量装置技术管理规程》（DL/T 448—2016），2016。

（3）国家电网公司：《国家电网公司电力安全工作规程（配电部分）》，中国电力出版社，2014。

（4）原电力工业部：电力工业部令第 8 号《供电营业规则》，1996。

（5）国务院：《电力供应与使用条例》（国务院令第 196 号，2019 年第二次修订），1996。

四、培训对象

农网配电营业工（台区经理）。

五、培训方式及时间

（一）培训方式

教师现场讲解、示范，学员进行技能操作训练，培训结束后进行理论考核与技能测试。

（二）培训时间

（1）基础知识学习：2学时。

（2）设备介绍：1学时。

（3）操作讲解、示范：3学时。

（4）分组技能操作训练：2学时。

（5）技能测试：2学时。

合计：10学时。

六、基础知识

（一）用电检查工作流程知识

（1）掌握用电检查工作流程。

（2）掌握工器具、仪器仪表使用方法。

（3）掌握电能表电压、电流和功率测量及计算方法。

（4）正确填写工作记录表。

（5）正确判定是否存在违约用电或窃电行为。

（6）规范填写用电检查工作单、用电检查结果通知书。

（7）正确计算追补电费、违约使用电费。

（二）用电检查工作作业流程

业务发起→作业前准备（安全措施完备）→现场检查→了解被检户信息→测量接入电能表电压、电流→计算电能表理论和实际功率→判断违约或窃电形式→填写各种通知书→计算追补、违约电费→资料归档。

七、技能培训步骤

（一）准备工作

1. 工作现场准备

（1）场地准备：必备4个及以上工位，布置现场工作间距不小于1m，各工位之间用栅状遮栏隔离，场地清洁。

（2）功能准备：4个及以上工位可以同时进行作业；每个工位能够实现"用电检查工作"操作；工位间安全距离符合要求，无干扰；能够保证考评员正确考核。

2. 工具器材准备

对进场的工器具进行检查，确保能够正常使用，并整齐摆放于工具架上。工具器材要求质量合格、安全可靠、数量满足需要。

3. 安全措施及风险点分析

（1）防止触电伤害。

① 使用验电笔前，要摘掉手套进行自检，自检时不得触及工作触头。

② 工作前使用验电笔对设备外壳进行验电，确保无电压后方可进行工作。

③ 工作时，人体与带电设备要保持足够的安全距离，面部夹角符合要求（侧面 >30°）。

（2）防止仪表损坏。

使用万用表、钳形电流表时，进行自检且合格，测试时正确选择挡位、量程，防止发生仪表损坏情况。

（3）防止设备损害事故。

① 操作时应严格遵守安全操作规程，正确做好停、送电工作。

② 操作设备时应采取正确方法，不得误碰与作业无关的开关设备。

（二）操作步骤

1. 业务发起

按照计划或专项需求发起任务，将任务分解到台区经理。

2. 现场检查

（1）了解被检用户的基本信息、负荷情况、电费档案等基本情况，对高危用户和重要电力用户，查阅用户停电应急预案。

（2）检查受送电设备运行及电力使用情况，包括：用户联系人、身份证明、营业执照等；受电装置；运行管理资料；重要用户检查隐患治理及电源配置情况等。

3. 测量

（1）利用钳形电流表测量电能表接入电流，万用表测量电能表接入电压。

（2）利用钳形电流表测量电能表参考电流，万用表测量电能表参考电压。

4. 记录

（1）将电能表接入电压、电流，电能表参考电压、电流等数值记录到工作单相应位置。

（2）将了解的被检用户基本信息、负荷情况、变压器容量记录到工作单相应位置。

5. 计算

（1）计算电能表接入功率。

（2）计算电能表参考功率。

（3）计算追补电费。

（4）计算违约电费。

6. 得出结论

根据检查结果，规范填写各种通知书，正确计算追补电费、违约使用电费。

7. 资料归档

检查工作完成后，将相关资料归档。

（三）工作结束

（1）工具、仪表、设备归位。

（2）清理现场，工作结束，离场。

八、技能等级认证标准（评分）

用电检查处理考核项目评分记录表如表 4-44 所示。

表 4-44　用电检查处理考核项目评分记录表

姓名：　　　　　　　　　　　准考证号：　　　　　　　　　单位：

序号	项目	考核要点	配分	评分标准	得分	扣分	备注
1			工作准备				
1.1	着装穿戴	戴安全帽、线手套，穿工作服及绝缘鞋，按标准要求着装	5	1. 未戴安全帽、线手套，未穿工作服及绝缘鞋，每项扣 2 分； 2. 着装穿戴不规范，每处扣 1 分			
1.2	检查工器具及仪表	前期准备工作规范，相关器具、仪表准备齐全	5	1. 工器具、仪表齐全，每少一件扣 2 分； 2. 工器具、仪表不符合要求，每件扣 1 分			
2			工作过程				
2.1	测量过程	1. 验电； 2. 仪表的使用； 3. 数据测量	20	1. 工作前未验电扣 5 分，验电方法不正确扣 3 分； 2. 掉落物件每次扣 2 分； 3. 仪表使用前未检查、未自检扣 2 分； 4. 仪表挡位、量程选择错误，每次扣 2 分； 5. 测量数据错误，每处扣 2 分			
2.2	工单填写	1. 正确填写低压用电检查工作单； 2. 正确填写用电检查结果通知书； 3. 正确填写违约用电处理工作单； 4. 正确填写窃电处理工作单	25	1. 未填写工作单、通知书每份扣 5 分，内容或数据错误、漏项每处扣 2 分，涂改每处扣 1 分； 2. 法律条款适用错误每条扣 5 分，未明确某条某款每处扣 2 分，条款内容不全每处扣 2 分			
2.3	追补电费、违约电费计算	1. 计算功率表达式； 2. 计算更正系数； 3. 计算实际电量； 4. 计算追补电费； 5. 计算违约使用电费	40	1. 功率表达式错误扣 5 分，无计算过程扣 2 分； 2. 更正系数计算错误扣 5 分，无计算过程扣 2 分； 3. 实际电量、追补电费计算错误每处扣 5 分，无计算过程扣 2 分； 4. 违约使用电费计算错误扣 5 分，无计算过程扣 2 分； 5. 单位符号书写不规范每处扣 1 分； 6. 涂改每处扣 1 分			
3			工作终结验收				
3.1	安全文明生产	汇报结束前，所选工器具放回原位，摆放整齐，现场恢复原状	5	1. 出现不安全行为扣 5 分； 2. 现场未恢复扣 5 分，恢复不彻底扣 3 分			
			合计得分				

否定项说明：1. 违反《国家电网公司电力安全工作规程（配电部分）》相关规定；2. 违反职业技能鉴定考场纪律；3. 造成设备重大损坏；4. 发生人身伤害事故

考评员：　　　　　　　　　　　　　　　　年　　月　　日

第 5 章

二级／技师

5.1 配电技能

5.1.1 环网柜停送电操作

一、培训目标

通过专业理论学习和技能操作训练,使学员了解环网柜停送电操作,熟练掌握更换 10kV 环网柜作业的操作流程及安全注意事项。

二、培训场所及设施

(一)培训场所

配电综合实训场。

(二)培训设施

培训工具及器材如表 5-1 所示。

表 5-1　培训工具及器材(每个工位)

序号	名称	规格型号	单位	数量	备注
1	操作票		张	1	现场准备
2	操作把手		把	1	现场准备
3	中性笔		支	2	考生自备
4	安全帽		顶	1	考生自备
5	绝缘鞋		双	1	考生自备
6	工作服		套	1	考生自备
7	绝缘手套		副	1	考生自备
8	急救箱(配备外伤急救用品)		个	1	现场准备
9	"禁止合闸,线路有人工作"标示牌		块	1	现场准备
10	操作任务单		张	1	现场准备

三、培训参考教材与规程

(1)国家电网公司:《国家电网公司电力安全工作规程(配电部分)》,中国电力出版社,2014。

(2)电力行业职业技能鉴定指导中心:11-047 职业技能鉴定指导书《配电线路(第二版)》,中国电力出版社,2008。

(3)电力行业职业技能鉴定指导中心:6-07-05-06 职业技能鉴定指导书《农网配电营业工》(电力工程农电专业),中国电力出版社,2007。

(4)国家电网公司人力资源部:国家电网公司生产技能人员职业能力培训专用教材《农网配电》,中国电力出版社,2010。

(5)国家电网公司人力资源部:国家电网公司生产技能人员职业能力培训专用教材《配电线路检修》,中国电力出版社,2010。

四、培训对象

农网配电营业工（台区经理）。

五、培训方式及时间

（一）培训方式

教师现场讲解、示范，学员进行技能操作训练，培训结束后进行理论考核与技能测试。

（二）培训时间

（1）安全工器具检查及使用专业知识：2学时。

（2）操作规程及操作讲解、示范：1学时。

（3）分组技能操作训练：3学时。

（4）技能测试：2学时。

合计：8学时。

六、基础知识

（一）高压设备

10kV环网柜。

（二）操作步骤

（1）安全工器具的检查及使用。

（2）操作规程及操作讲解、示范。

（三）环网柜停送电操作流程

作业前的准备→个人着装检查→填写操作票→安全工器具检查→办理工作许可→操作→清理现场、工作结束。

七、技能培训步骤

（一）作业前的准备

1. 工作现场准备

必备4个工位，布置现场工作间距不小于3m，各工位之间用栅状遮栏隔离，场地清洁。每个工位有一台10kV环网柜。

2. 工具器材准备

对进场的工器具进行检查，确保能够正常使用，并整齐摆放于工具架上。

3. 安全措施及风险点分析

防触电伤害；正确使用安全工器具——绝缘手套、绝缘靴、操作杆，操作时注意操作顺序及安全事项。

（二）个人着装检查

检查着装及安全帽佩戴情况。

（三）安全工器具检查

10kV绝缘手套、10kV绝缘靴、操作把手、标示牌，对外观及检漏进行检查，对试验标签进行检查与核对，并正确汇报检查结果。

（四）办理工作许可

正确填写操作票，向调度汇报办理许可。

（五）操作

检查设备名称、开关双重名称及带电显示器。

（六）清理现场、工作结束

操作完毕后，将工器具、材料整齐摆放在指定位置；清理现场，工作结束，离场，向考评员汇报工作结束。

八、技能等级认证标准（评分）

环网柜停送电操作项目考核评分记录表如表 5-2 所示。

表 5-2 环网柜停送电操作项目考核评分记录表

姓名：　　　　　　　　　　　准考证号：　　　　　　　　　单位：

序号	项目	考核要点	配分	评分标准	得分	扣分	备注
1	着装及防护	劳保服、安全帽、劳保鞋	2	1. 现场工作服穿着整洁，扣好衣扣、袖扣，无错扣、漏扣、掉扣，无破损 2. 穿着劳保鞋，鞋带绑扎实整齐，无安全隐患 3. 正确佩戴安全帽，耳朵在帽带三角区，合格无破损			
2	申请考试	申请考试	1	报告考评员准备工作完成，得到许可后指定工位，方可开展工作			
3	工器具和材料选用及检查	工器具选用及检查	1	将 10kV 绝缘手套整齐摆放在帆布或塑料布上，对外观及检漏进行检查，对试验标签进行检查与核对，并正确汇报检查结果			
			1	将 10kV 绝缘靴整齐摆放在帆布或塑料布上，对外观进行检查，对试验标签进行检查与核对，并正确汇报检查结果			
			1	将操作把手整齐摆放在帆布或塑料布上，对外观及连接部位进行检查，并正确汇报检查结果			
			1	将标示牌整齐摆放在帆布或塑料布上，对外观进行检查，并正确汇报检查结果			
		材料选用及检	1	正确选用操作票、中性笔			
4	接受调度令、办理操作票	工作许可	2	已与调度员联系，调度员已经下达操作任务，已复诵操作任务，得到调度员的确认			
	与调度办理工作许可手续	操作票填写	4	根据操作任务填写操作票，操作步骤填写完毕后，应在下一行填写"以下空白"字样			
			4	操作票填写应规范、整洁，不应有错漏及涂改			
			4	操作票时间应按 24h 制两位数填写			
			4	操作票每操作完一项任务在相应栏用红笔打钩（√）			
			4	操作票全部操作结束后，操作人和监护人应立即相互签字确认			

续表

序号	项目	考核要点	配 分	评 分 标 准	得分	扣分	备注
5	环网柜操作步骤	核对设备名称及编号	3	核对现场设备双重命名及状态，并正确汇报核对结果，清晰、洪亮地读出来			
		检查气压表	7	监护人唱票操作任务后，操作人应复诵操作任务，复诵时应说普通话，声音洪亮，咬字清楚，不卡顿，同时手指向设备处，并检查SF6气压表指针在绿色区域			
		检查带电显示器	7	监护人唱票操作任务后，操作人应复诵操作任务，复诵时应说普通话，声音洪亮，咬字清楚，不卡顿，同时手指向设备处，并检查三相带电显示器监视灯全亮			
		操作开关	5	按规范断开开闭所开关，站位合适			
			7	监护人唱票操作任务后，操作人应复诵操作任务，复诵时应说普通话，声音洪亮，咬字清楚，不卡顿，同时手指向设备处，并检查开关确在分闸位置			
			6	监护人唱票操作任务后，操作人应复诵操作任务，复诵时应说普通话，声音洪亮，咬字清楚，不卡顿，同时手指向设备处，并检查三相带电显示器监视灯全灭			
		合接地刀闸	5	按规范合上开闭所接地刀闸，站位合适			
			7	监护人唱票操作任务后，操作人应复诵操作任务，复诵时应说普通话，声音洪亮，咬字清楚，不卡顿，同时手指向设备处，并检查接地刀闸确在分闸位置			
		悬挂标示牌	6	监护人唱票操作任务后，操作人应复诵操作任务，复诵时应说普通话，声音洪亮，咬字清楚，不卡顿，同时手指向设备处，并在操作面板上合适位置悬挂"禁止合闸，线路有人工作"标示牌			
		操作情况	2	操作人应正确穿戴绝缘鞋和绝缘手套			
			7	操作过程中要求熟悉操作步骤，动作连贯，不卡顿			
6	事后清理	清理现场	3	操作完毕后，将工器具、材料整齐摆放在指定位置			
	结束报告	工作汇报	1	操作完毕后，向考评员汇报工作结束			
		合 计 得 分					

否定项说明：1.违反《国家电网公司电力安全工作规程（配电部分）》相关规定；2.违反职业技能鉴定考场纪律；3.造成设备重大损坏；4.发生人身伤害事故

考评员： 年 月 日

5.1.2 箱式变压器停送电操作

一、培训目标

通过专业理论学习和技能操作训练，使学员了解箱式变压器停送电操作，熟练掌握箱式变压器停送电的操作流程及安全注意事项。

二、培训场所及设施

（一）培训场所

配电综合实训场。

（二）培训设施

培训工具及器材如表 5-3 所示。

表 5-3 培训工具及器材（每个工位）

序号	名称	规格型号	单位	数量	备注
1	操作票		张	1	现场准备
2	操作杆		套	1	现场准备
3	中性笔		支	2	考生自备
4	安全帽		顶	1	考生自备
5	绝缘鞋		双	1	考生自备
6	工作服		套	1	考生自备
7	绝缘手套		副	1	考生自备
8	急救箱（配备外伤急救用品）		个	1	现场准备
9	安全带		副	1	现场准备
10	脚扣		副	1	现场准备
11	警示锥		个	2	现场准备
12	"禁止合闸，线路有人工作"标示牌		块	1	现场准备

三、培训参考教材与规程

（1）国家电网公司：《国家电网公司电力安全工作规程（配电部分）》，中国电力出版社，2014。

（2）电力行业职业技能鉴定指导中心：11-047 职业技能鉴定指导书《配电线路（第二版）》，中国电力出版社，2008。

（3）电力行业职业技能鉴定指导中心：6-07-05-06 职业技能鉴定指导书《农网配电营业工》（电力工程农电专业），中国电力出版社，2007。

（4）国家电网公司人力资源部：国家电网公司生产技能人员职业能力培训专用教材《农网配电》，中国电力出版社，2010。

（5）国家电网公司人力资源部：国家电网公司生产技能人员职业能力培训专用教材《配电线路检修》，中国电力出版社，2010。

四、培训对象

农网配电营业工（台区经理）。

五、培训方式及时间

（一）培训方式

教师现场讲解、示范，学员进行技能操作训练，培训结束后进行理论考核与技能测试。

（二）培训时间

（1）安全工器具检查及使用专业知识：2学时。

（2）操作讲解、示范：1学时。

（3）分组技能操作训练：3学时。

（4）技能测试：2学时。

合计：8学时。

六、基础知识

（一）高压设备

箱式变压器。

（二）操作步骤

（1）安全工器具的检查及使用。

（2）操作的注意事项。

（三）10kV箱式变压器停送电操作流程

作业前的准备→个人着装检查→填写操作票→安全工器具检查→办理工作许可→操作→清理现场、工作结束。

七、技能培训步骤

（一）作业前的准备

1. 工作现场准备

必备1个工位，已安装一台箱式变压器，进出线已连接。

2. 工具器材准备

对进场的工器具进行检查，确保能够正常使用，并整齐摆放于工具架上。

3. 安全措施及风险点分析

（1）防止触电伤害。

操作由两人进行，一人监护，开门前应检查箱式变压器外壳接地引下线接触良好。开门前使用验电笔对箱体外壳进行验电，开门后注意观察是否存在裸露的带电部分。操作时，严禁打开与操作无关的防护门。

（2）防止交通伤害。

位于路边的箱式变压器，应提前在道路两侧设置警示锥，注意观察交通情况。

（二）个人着装检查

检查着装及安全帽佩戴情况。

（三）安全工器具检查

10kV绝缘手套、10kV绝缘靴、10kV绝缘操作棒、标示牌，对外观及检漏进行检查，对试验标签进行检查与核对，并正确汇报检查结果。

（四）办理工作许可

正确填写操作票，向调度汇报办理许可。

（五）操作

按照操作规程操作箱式变压器。

（六）清理现场、工作结束

操作完毕后，将工器具、材料整齐摆放在指定位置；清理现场，工作结束，离场，向考评员汇报工作结束。

八、技能等级认证标准（评分）

箱式变压器停送电操作项目考核评分记录表如表 5-4 所示。

表 5-4　箱式变压器停送电操作项目考核评分记录表

姓名：　　　　　　　　　　　准考证号：　　　　　　　　单位：

序号	项目	考核要点	配分	评分标准	得分	扣分	备注
1	着装及防护	1. 现场工作服穿着整洁，扣好衣扣、袖扣，无错扣、漏扣、掉扣，无破损；2. 穿着劳保鞋，鞋带绑扎扎实整齐，无安全隐患；3. 正确佩戴安全帽，耳朵在帽带三角区，合格无破损	3	1. 未穿工作服、绝缘鞋，未戴安全帽，每缺少一项扣 2 分；2. 着装穿戴不规范，每处扣 1 分			
2	申请考试	报告考评员准备工作完成，得到许可后指定工位，方可开展工作	2	未申请扣 2 分			
3	工器具和材料选用及检查	将 10kV 绝缘手套整齐摆放在帆布或塑料布上，对外观及检漏进行检查，对试验标签进行检查与核对，并正确汇报检查结果	2	1. 未检查绝缘手套合格有效期扣 2 分；2. 未检漏扣 2 分			
		将 10kV 绝缘靴整齐摆放在帆布或塑料布上，对外观进行检查，对试验标签进行检查与核对，并正确汇报检查结果	2	1. 未检查绝缘合格有效期扣 2 分；2. 未进行外观检查扣 2 分			
		将 10kV 操作杆整齐摆放在帆布或塑料布上，对外观及检漏进行检查，对试验标签进行检查与核对，并正确汇报检查结果	2	未准备操作杆或操作杆选择错误扣 2 分			
		将标示牌整齐摆放在帆布或塑料布上，对外观进行检查，并正确汇报检查结果	2	遗漏标示牌或标示牌选择错误扣 2 分			
4	与调度办理工作许可手续	能正确接收调度指令，已与调度员联系，调度员已经下达操作任务，已复诵操作任务，得到调度员的确认	2	未正确接收调度令并记录，扣 2 分			

续表

序号	项目	考核要点	配分	评分标准	得分	扣分	备注
4	填写操作票	能正确填写操作票	4	1. 操作任务填写不正确扣4分； 2. 未填写设备双重名称扣2分； 3. 操作漏项每处扣2分； 4. 字迹工整清楚，有涂改每处扣1分，涂改达到3处及3处以上扣4分，字迹潦草扣2分			
5	核对现场开关双重命名及状态	能正确到达所操作的设备位置，并正确汇报核对结果，清晰、洪亮地读出来	4	未正确到达所操作设备位置扣4分			
	断开低压侧开关	1. 能正确完成唱票复诵。操作时使用规范操作术语，唱票复诵，准确清晰，严肃认真，声音洪亮。 2. 能正确操作开关	8	1. 未唱票每处扣1分； 2. 未复诵每处扣1分，复诵不完整、不准确每处扣0.5分； 3. 未使用规范的操作术语每次扣2分，不准确每次扣1分； 4. 声音不洪亮扣2分； 5. 未正确操作开关扣4分			
	检查低压侧开关状态	1. 能正确完成唱票复诵。操作时使用规范操作术语，唱票复诵，准确清晰，严肃认真，声音洪亮。 2. 能正确识别开关状态	6	1. 未唱票每处扣1分； 2. 未复诵每处扣1分，复诵不完整、不准确每处扣0.5分； 3. 未使用规范的操作术语每次扣2分，不准确每次扣1分； 4. 声音不洪亮扣2分； 5. 未正确识别开关状态扣4分			
	检查高压侧开关带电指示器三相有电	1. 能正确完成唱票复诵。操作时使用规范操作术语，唱票复诵，准确清晰，严肃认真，声音洪亮。 2. 能正确识别带电指示器状态及所代表的意义	6	1. 未唱票每处扣1分； 2. 未复诵每处扣1分，复诵不完整、不准确每处扣0.5分； 3. 未使用规范的操作术语每次扣2分，不准确每次扣1分； 4. 声音不洪亮扣2分； 5. 未正确识别带电指示器状态扣3分			
	断开高压侧开关	1. 能正确完成唱票复诵。操作时使用规范操作术语，唱票复诵，准确清晰，严肃认真，声音洪亮。 2. 能正确操作开关，掌握开关的操作方法	8	1. 未唱票每处扣1分； 2. 未复诵每处扣1分，复诵不完整、不准确每处扣0.5分； 3. 未使用规范的操作术语每次扣2分，不准确每次扣1分； 4. 声音不洪亮扣2分； 5. 未正确操作开关扣4分			
	检查高压侧开关状态	1. 能正确完成唱票复诵。操作时使用规的操作术语，唱票复诵，准确清晰，严肃认真，声音洪亮。 2. 能正确识别开关状态	6	1. 未唱票每处扣1分； 2. 未复诵每处扣1分，复诵不完整、不准确每处扣0.5分； 3. 未使用规范的操作术语每次扣2分，不准确每次扣1分； 4. 声音不洪亮扣2分； 5. 未正确识别开关状态扣4分			

续表

序号	项目	考核要点	配分	评分标准	得分	扣分	备注
5	检查高压侧开关带电指示器三相无电	1. 能正确完成唱票复诵。操作时使用规范操作术语，唱票复诵，准确清晰，严肃认真，声音洪亮。 2. 能正确识别带电指示器状态及所代表的意义	6	1. 未唱票每处扣 1 分； 2. 未复诵每处扣 1 分，复诵不完整、不准确每处扣 0.5 分； 3. 未使用规范的操作术语每次扣 2 分，不准确每次扣 1 分； 4. 声音不洪亮扣 2 分； 5. 未正确识别带电指示器状态扣 3 分			
	合上高压侧接地开关	1. 能正确完成唱票复诵。操作时使用规范操作术语，唱票复诵，准确清晰，严肃认真，声音洪亮。 2. 掌握合上接地开关的前提条件	8	1. 未唱票每处扣 1 分； 2. 未复诵每处扣 1 分，复诵不完整、不准确每处扣 0.5 分； 3. 未使用规范的操作术语每次扣 2 分，不准确每次扣 1 分； 4. 声音不洪亮扣 2 分； 5. 未正确操作接地开关扣 4 分			
	检查高压侧接地开关状态	1. 能正确完成唱票复诵。操作时使用规范操作术语，唱票复诵，准确清晰，严肃认真，声音洪亮。 2. 能正确识别接地开关状态	6	1. 未唱票每处扣 1 分； 2. 未复诵每处扣 1 分，复诵不完整、不准确每处扣 0.5 分； 3. 未使用规范的操作术语每次扣 2 分，不准确每次扣 1 分； 4. 声音不洪亮扣 2 分； 5. 未正确识别接地开关状态扣 3 分			
	悬挂标示牌	正确选择标示牌，悬挂在开关操作孔上，标示牌悬挂牢固	6	1. 未正确选择标示牌扣 4 分； 2. 标示牌悬挂位置错误扣 3 分			
	其他要求	操作人应正确穿戴绝缘鞋和绝缘手套	4	未全程穿戴绝缘鞋或绝缘手套扣 4 分			
		操作项目完成后，立即在对应栏内标注"√"，对于监护操作由监护人完成	4	1. 未按要求在操作完操作项目后进行标注每处扣 2 分； 2. 标注位置错误，每处扣 1 分			
		操作过程中要求熟悉操作步骤，动作连贯，不卡顿	4	操作过程不熟练，动作不连贯，每处扣 1 分			
6	安全文明生产	汇报结束前，所选工器具放回原位，摆放整齐；无损坏元件、工具；恢复现场；无不安全行为	5	1. 出现不安全行为每次扣 5 分； 2. 作业完毕，现场未清理恢复扣 5 分，恢复不彻底扣 2 分； 3. 损坏工器具每件扣 3 分			
		合 计 得 分					

否定项说明：1. 违反《国家电网公司电力安全工作规程（配电部分）》相关规定；2. 违反职业技能鉴定考场纪律；3. 造成设备重大损坏；4. 发生人身伤害事故

考评员：　　　　　　　　　　　　　　　　　　　　　　　　年　　月　　日

5.1.3 测量配电线路交叉跨越距离

一、培训目标

通过专业理论学习和技能操作训练，使学员了解经纬仪测量专业知识和测量方法，熟练掌握经纬仪测量交叉跨越作业的操作流程、工器具使用及安全注意事项,从而提高经纬仪的使用水平。

二、培训场所及设施

(一)培训场所

配电综合实训场。

(二)培训设施

培训工具及器材如表 5-5 所示。

表 5-5　培训工具及器材(每个工位)

序号	名称	规格型号	单位	数量	备注
1	经纬仪	J2 或 J6	台	1	现场准备
2	塔尺		把	1	现场准备
3	计算器	带函数	个	1	现场准备
4	卷尺	3m	个	1	现场准备
5	急救箱(配备外伤急救用品)		个	1	现场准备
6	中性笔		支	2	考生自备
7	通用电工工具		套	1	考生自备
8	安全帽		顶	1	考生自备
9	绝缘鞋		双	1	考生自备
10	工作服		套	1	考生自备
11	线手套		副	1	考生自备

三、培训参考教材与规程

(1)国家电网公司:《国家电网公司电力安全工作规程(配电部分)》,中国电力出版社,2014。

(2)国家经济贸易委员会:《低压电力技术规程》(DL/T 499—2001),2001。

(3)电力行业职业技能鉴定指导中心:11-047 职业技能鉴定指导书《配电线路(第二版)》,中国电力出版社,2008。

(4)电力行业职业技能鉴定指导中心:6-07-05-06 职业技能鉴定指导书《农网配电营业工》(电力工程农电专业),中国电力出版社,2007。

(5)国家电网公司人力资源部:国家电网公司生产技能人员职业能力培训专用教材《农网配电》,中国电力出版社,2010。

(6)国家电网公司人力资源部:国家电网公司生产技能人员职业能力培训专用教材《配电线路检修》,中国电力出版社,2010。

(7)住房和城乡建设部:《电气装置安装工程 66kV 及以下架空电力线路施工及验收规范》(GB 50173—2014),2015。

(8)国家能源局:《10kV 及以下架空配电线路设计规范》(DL/T 5220—2021),2021。

(9)《架空绝缘配电线路施工及验收规程》(DL/T 602—1996),1996。

四、培训对象

农网配电营业工（台区经理）。

五、培训方式及时间

（一）培训方式

教师现场讲解、示范，学员进行技能操作训练，培训结束后进行理论考核与技能测试。

（二）培训时间

（1）经纬仪测量交叉跨越专业知识：1学时。

（2）经纬仪测量交叉跨越作业流程：0.5学时。

（3）操作讲解、示范：0.5学时。

（4）分组技能操作训练：4学时。

（5）技能测试：2学时。

合计：8学时。

六、基础知识

（一）经纬仪测量交叉跨越专业知识

（1）经纬仪的组成。

（2）经纬仪的操作方法。

（3）经纬仪操作注意事项。

（4）根据测量结果进行计算。

（二）经纬仪测量对地距离及交叉跨越作业流程

作业前的准备→三脚架安置合适高度，脚架固定牢固→经纬仪从箱内取出→经纬仪安装牢固→选择合适定位点→经纬仪整平→瞄准塔尺→读取上丝、中丝、下丝数据记录→瞄准被跨越点、读取垂直数据记录→测量结果计算→把计算结果记录在项目记录表内→分析校验→汇报考评老师作业已完成→经纬仪装箱→清理现场、工作结束。

七、技能培训步骤

（一）准备工作

1. 工作现场准备

（1）场地准备：必备4个工位，可以同时进行作业。

（2）功能准备：布置现场工作间距不小于3m，各工位场地清洁，无干扰。

2. 工具器材准备

对进场的工器具进行检查，确保能够正常使用，并整齐摆放于工具架上。工具器材要求质量合格、安全可靠、数量满足需要。

3. 安全措施及风险点分析

测量过程中应注意防止经纬仪损伤。

（1）取、放经纬仪要轻拿轻放。

（2）经纬仪支架安装牢固。

（3）旋转经纬仪要检查水平和竖直制动旋钮是否锁紧。

（4）禁止用力旋转。

（二）操作步骤

1. 工作前的准备

（1）正确合理着装。

（2）正确检查工具及器材。

2. 经纬仪测量对地距离及交叉跨越距离

（1）仪器架设。

① 三脚架安置的角度和高度适宜（试镜水平时不高于眼部或低于下颌），脚架的分节固定牢固。

② 经纬仪从箱内取出及放置时轻拿轻放；设定导线牢固，互不影响。

③ 经纬仪在三脚架上安装牢固。

仪器架设如图 5-1 所示。

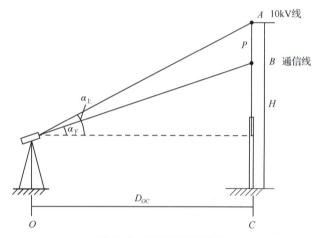

图 5-1　仪器架设示意图

④ 选择合适的 O、C 定位点，实际测量竖直夹角小于 45°。

（2）经纬仪整平。

① 整平后，水准管气泡偏移不得超过 1 格。

② 调准后，不得再碰触三脚架，否则需重新调整。

（3）采用视距法测距。

瞄准 10kV 线 A 与通信线 B 交跨在地面投影点 C 塔尺中心上，锁紧水平制动旋钮，瞄准镜水平对准塔尺后锁紧竖直制动旋钮，读取塔尺对应的上丝、中丝和下丝高度，记录数据。

（4）测量通信线 B 竖直角。

松开竖直制动旋钮，对准被跨越点后锁紧竖直制动旋钮，记录竖直度数 $α_下$。

（5）测量 10kV 线 A 竖直角。

松开竖直制动旋钮，对准跨越点后锁紧竖直制动旋钮，记录竖直度数 $α_上$。

（6）测量结果计算。

① 根据测量结果进行 D_{OC} 距离计算：

$$D_{OC} = K(上丝 - 下丝)\cos^2 α \quad K=100, α=0°$$

② 根据测量结果进行净空高度计算：
$$P = D_{OC}(\tan\alpha_上 - \tan\alpha_下)$$
③ 根据测量结果进行导线对地距离计算：
$$H = D_{OC} \times \tan\alpha_上 + 中丝高度$$

(7) 计算分析。

把计算结果记录在项目记录表内，检验导线跨越距离及对地距离是否合格。

(8) 仪器装箱。

① 拆经纬仪前，先把竖直制动旋钮和水平制动旋钮松开。

② 经纬仪装箱要轻拿轻放。

③ 经纬仪要按规定角度装箱。

（三）工作结束

（1）工器具、设备归位。

（2）清理现场，工作结束，离场。

八、技能等级认证标准（评分）

经纬仪测量交叉跨越项目考核评分记录表如表 5-6 所示。

表 5-6 经纬仪测量交叉跨越项目考核评分记录表

姓名： 准考证号： 单位：

序号	项目	考核要点	配分	评分标准	得分	扣分	备注
1				工作准备			
1.1	着装穿戴	1. 穿工作服、绝缘鞋； 2. 戴安全帽、线手套	5	1. 未穿工作服、绝缘鞋，未戴安全帽、线手套，每缺少一项扣 2 分； 2. 着装穿戴不规范，每处扣 1 分			
1.2	工器具选择及检查	1. 检查经纬仪外观良好，无潮湿、破损； 2. 检查其他材料配套、完好，从箱内取出须轻拿轻放	5	1. 工器具检查项目不全、方法不规范，每处扣 2 分； 2. 仪器进出箱各种制动螺钉固定不规范每处扣 1 分； 3. 仪器损伤该项不得分			
2				工作过程			
2.1	仪器架设及装箱	1. 三脚架安置的角度和高度适宜（试镜水平时不高于眼部或低于下颌），脚架的分节固定牢固； 2. 经纬仪要轻拿轻放； 3. 经纬仪安装牢固	5	1. 安置高度不适宜扣 2 分； 2. 脚架腿碰动一次（需调整）扣 3 分； 3. 不连接底座中心螺旋扣 3 分			
2.2	定位、整平	1. O、C 定位点合适，实际测量竖直夹角小于 $45°$； 2. 整平后，水准管气泡偏移不得超过 1 格	5	1. 定位不合适或再次移动扣 5 分； 2. 整平误差不满足要求扣 5 分			
2.3	测量水平距离	1. 瞄准 C 点塔尺中心，锁紧水平制动旋钮； 2. 瞄准镜水平对准塔尺后锁紧竖直制动旋钮，视窗的中丝对准观测部位； 3. 读取数据记录； 4. 列公式计算	15	1. 未锁紧制动旋钮每处扣 5 分； 2. 读数或计算不准确各扣 10 分； 3. 无计算结果不得分			

续表

序号	项目	考核要点	配分	评分标准	得分	扣分	备注
2.4	测量跨越点或被跨越点竖直角	1. 松开经纬仪竖直制动旋钮； 2. 对准被跨越点锁紧竖直制动旋钮； 3. 读取数据记录； 4. 列公式计算	20	1. 未松开制动旋钮旋转经纬仪每次扣 10 分； 2. 读数或计算不准确各扣 10 分； 3. 无计算结果不得分			
2.5	测量结果计算分析	根据测量结果进行对地距离计算	10	1. 对地距离计算误差大于 30mm 扣 5 分； 2. 记录有涂改每处扣 2 分； 3. 无分析不得分			
2.6	经纬仪装箱	1. 拆经纬仪前松开制动旋钮； 2. 按规定角度装箱	5	1. 未松开制动旋钮旋转经纬仪每处扣 5 分； 2. 未按规定角度装箱每处扣 5 分			
3				工作终结验收			
3.1	安全文明生产	汇报结束前，所选工器具放回原位，摆放整齐；无损坏元件、工具；恢复现场；无不安全行为	10	1. 出现不安全行为每次扣 5 分； 2. 作业完毕，现场未清理恢复扣 3 分，恢复不彻底扣 2 分； 3. 损坏工器具每件扣 3 分			
		合 计 得 分					

否定项说明：1. 违反《国家电网公司电力安全工作规程（配电部分）》相关规定；2. 违反职业技能鉴定考场纪律；3. 造成设备重大损坏；4. 发生人身伤害事故

考评员： 年 月 日

5.1.4 低压总控、仪表、照明、计量、电容回路故障查找及排除

一、培训目标

通过专业理论学习和技能操作训练，使学员了解低压电气设备故障排除专业知识和电气识图方法，掌握低压故障排除的原理和方法；能正确完成低压配电设备停、送电操作，能完成低压总控制回路、指示仪表回路、照明回路、无功补偿回路故障查找，并正确排除查出的故障。

二、培训场所及设施

（一）培训场所

（1）技能培训场所满足低压总控制回路、指示仪表回路、照明回路、无功补偿回路故障查找及排除实训安全操作条件。

（2）必备 2 个以上工位，工位间安全距离符合要求；每个工位实现独立操作，可以同时进行作业，互不干扰；各工位之间用遮栏隔离，场地清洁。

（二）培训设施

培训工具及器材如表 5-7 所示。

表 5-7 培训工具及器材（每个工位）

序号	名 称	规格型号	单 位	数 量	备 注
1	低压总控制回路、指示仪表回路、照明回路、无功补偿回路故障查找及排除实训装置		台	1	现场准备
2	低压验电笔		支	1	现场准备
3	便携短路型 0.4kV 接地线		组	1	现场准备
4	标示牌	"禁止合闸，有人工作"	个	1	现场准备
5	万用表	数字式	只	1	现场准备
6	尖嘴钳	150mm	把	1	现场准备
7	螺丝刀	十字、金属杆带绝缘套	把	1	现场准备
8	螺丝刀	一字、金属杆带绝缘套	把	1	现场准备
9	故障排除连接线	黄、绿、红、蓝	根	12	现场准备
10	急救箱（配备外伤急救用品）		个	1	现场准备

三、培训参考教材与规程

（1）国家电网公司：《国家电网公司电力安全工作规程（配电部分）》，中国电力出版社，2014。

（2）国家经济贸易委员会：《低压电力技术规程》（DL/T 499—2001），2001。

（3）电力行业职业技能鉴定指导中心：11-047 职业技能鉴定指导书《配电线路（第二版）》，中国电力出版社，2008。

（4）电力行业职业技能鉴定指导中心：6-07-05-06 职业技能鉴定指导书《农网配电营业工》（电力工程农电专业），中国电力出版社，2007。

（5）国家电网公司人力资源部：国家电网公司生产技能人员职业能力培训专用教材《农网配电》，中国电力出版社，2010。

（6）国家电网公司人力资源部：国家电网公司生产技能人员职业能力培训专用教材《配电线路检修》，中国电力出版社，2010。

（7）《低压配电综合实训装置技术规范书》。

四、培训对象

从事农网 10kV 及以下高、低压电网的运行、维护、安装，并符合农网配电营业工二级/技师申报条件的人员。

五、培训方式及时间

（一）培训方式

教师现场讲解、示范，学员进行技能操作训练，培训结束后进行理论考核与技能测试。

（二）培训时间

（1）总控制、指示仪表、照明、无功补偿回路图纸识别及原理讲解：1学时。

（2）控制、指示仪表、照明、无功补偿回路故障查找及排除实操流程：0.5学时。

（3）总控制、指示仪表、照明、无功补偿回路故障查找及排除方法：1学时。

(4)操作讲解、示范:0.5学时。

(5)分组技能操作训练:4学时。

(6)技能测试:1学时。

合计:8学时。

六、基础知识

(1)低压配电线路、装置、设备图纸识别。

(2)低压总控制、指示仪表、照明、无功补偿回路原理。

(3)低压配电装置、设备停送电顺序、要求和注意事项。

(4)安全工器具的选择、检查和使用。

(5)万用表的选择、检查和使用。

七、技能培训步骤

1. 准备工作

工器具及仪表进行外观检查,熟悉现场图纸、设备情况和记录表。

2. 送电、观察故障现象

(1)摘下手套,先在带电设备上检验验电笔的状况良好,再用低压验电笔在实训装置柜体的金属裸露处验明确无电压后,戴上手套。

(2)逐项检查柜体的各相开关位置状况。用手指的方式快速检查,但是检查过程中不要触及柜体任何设备,检查顺序为:总开关位置→电压切换开关位置→三相刀闸位置→单相刀闸位置→双联开关位置→日光灯开关/白炽灯开关/节能灯开关位置→起辉器。核对主要的设备编号数据。

(3)送电时,刀闸接近闭合时要快速闭合;断开刀闸时,要快速断开。停电后,要悬挂"禁止合闸,有人工作"的标示牌,并模拟装设接地线。

① 总控制回路、指示仪表回路:送总开关(侧面>30°)→调节电压表切换开关,观察各项电压的变化情况,判断故障原因(电压正常,指示回零位置)→总开关下各分开关进行送电,观察各分路的运行情况,判断故障原因→设备处于运行状态。

② 照明回路:送单相刀闸(侧面>30°)→送双联开关(侧面>30°)→送节能灯开关(侧面>30°),观察节能灯的变化情况,判断故障原因→送白炽灯开关(侧面>30°)观察变化情况,判断故障原因→观察双控开关控制线路的情况,判断故障原因→送日光灯开关(侧面>30°),观察变化情况,判断故障原因→设备处于运行状态。

③ 无功补偿回路:电动机正反转回路启动运转后→观察功率因数表的变化情况,判断故障原因→Y-△回路启动后→观察功率因数表的变化情况,判断故障原因→Y-△转换后观察功率因数表的变化情况,判断故障原因→设备处于运行状态。

3. 故障现象查看完毕,检查开关位置后停电

(1)照明回路:停下日光灯开关(侧面>30°)→停下白炽灯开关(侧面>30°)→停下节能灯开关(侧面>30°)→检查所有灯具开关处于断开位置→切断单相双联开关(侧面>30°)→断开单相刀闸(侧面>30°)。

(2)无功补偿回路:电动机正反转停止后,观察功率因数表的变化情况→Y-△回路停止

后，观察功率因数表的变化情况→判断故障原因。

（3）总控制回路、指示仪表回路：断开总开关（侧面>30°）→调节电压表切换开关，观察电压的变化情况，判断故障原因→观察各分路的停电情况，判断故障原因→设备处于停电状态。

（4）检查所有开关处于断开位置→关闭配电柜门。

4. 填写故障记录及分析表

（1）填写低压回路故障查找与排除即故障处理记录表。

（2）要求字迹工整，填写规范。

5. 故障排除

（1）用低压验电笔验电后，打开柜门，验明开关确无电压，开始查找故障。

（2）调整挡位对万用表自检，试验后，按照故障现象查找故障原因；对已经查出的故障使用连接线牢固连接，核对检查连接线的连接情况，消除错接线现象。

（3）所有故障查找处理完毕后，将万用表挡位置于交流高压挡并关闭电源，放入工具包内。

6. 送电试验

送电，观察故障现象已消除，拆除连接线，恢复原状，关闭实训装置柜门。

7. 工作结束

（1）将现场所有工器具放回原位，摆放整齐。

（2）清理工作现场，离场。

八、技能等级认证标准（评分）

低压指示仪表回路、照明回路故障查找及排除评分表如表5-8所示。

表5-8 低压指示仪表回路、照明回路故障查找及排除评分表

姓名： 准考证号： 单位：

序号	项目	考核要点	配分	评分标准	得分
1				工作准备	
1.1	着装穿戴	1. 穿工作服、绝缘鞋； 2. 戴安全帽、线手套	5	1. 未穿工作服、绝缘鞋，未戴安全帽、线手套，每缺少一项扣2分； 2. 着装穿戴不规范每处扣1分	
1.2	检查工器具、仪表	1. 工器具、仪表准备齐全； 2. 检查试验工器具、仪表	10	1. 工器具、仪表齐全，缺少或不符合要求每件扣2分； 2. 工器具、仪表未检查试验、检查项目不全、方法不规范每件扣1分； 3. 工器具、仪表不符合安检要求每件扣1分	
2				工作过程	
2.1	工器具、仪表使用	工器具、仪表使用恰当，不得掉落	5	1. 工器具、仪表使用不当每次扣1分； 2. 工器具、仪表掉落每次扣1分； 3. 仪表使用前不进行自检扣2分； 4. 仪表使用完毕未关闭或未调至安全挡位扣2分； 5. 查找故障时造成表计损坏扣5分	

续表

序号	项目	考核要点	配分	评分标准	得分
2.2	填写记录	1. 根据送电后各设备的运行情况，观察故障现象，判断可能造成故障的各种原因；2. 对照所观察到的故障现象，填写故障记录及分析表	15	1. 故障现象无表述每处扣 5 分，表述不正确扣 3 分；2. 分析判断不全面每项扣 1 分，无根据每项扣 2 分；3. 检查步骤不正确每项扣 2 分；4. 安全防范措施填写不全面每项扣 2 分；5. 涂改、错字每处扣 2 分	
2.3	故障查找及处理	1. 熟悉低压回路故障排除实训装置中指示仪表回路、照明回路的接线原理；2. 正确停、送电操作，根据故障现象查找引起故障的设备元件；3. 确定故障设备和相对应的接线端子号；4. 使用仪表对可能造成故障的所有设备进行认真测试检查，最后确定故障点；5. 使用故障恢复连接线进行连接处理，排除故障	55	1. 打开实训装置柜门前未检查柜体接地扣 2 分，未验明柜体无电扣 5 分，触碰柜体内开关、线路、设备前未验明开关、线路、设备无电各扣 5 分，程序不完整或错误扣 3 分，使用验电笔方法错误每次扣 3 分；2. 试送电前应检查所有开关在断开位置，开关位置不正确每处扣 1 分；3. 停、送电顺序、方法不正确每次扣 5 分，停、送电时面部与开关的夹角小于 30°每次扣 2 分；4. 现场所做安全措施每少一项扣 5 分；5. 在带电的情况下进行故障查找每次扣 10 分；6. 未使用万用表查找故障、查找方法针对性不强每次扣 3 分；7. 故障排除线接点未接好每处扣 2 分；8. 故障点少查每处扣 10 分；9. 造成故障点增加每处扣 10 分；10. 故障排除后未送电试验扣 10 分，少送一处扣 5 分；11. 造成短路每处扣 10 分；12. 查找过程中损坏元器件每件扣 5 分；13. 阶段性操作结束未关闭柜门每次扣 1 分	
3			工作终结验收		
3.1	安全文明生产	汇报结束前，所选工器具放回原位，摆放整齐；无损坏元件、工具；恢复现场；无不安全行为	10	1. 出现不安全行为扣 5 分；2. 现场未恢复扣 5 分，恢复不彻底扣 3 分	
			合 计 得 分		

否定项说明：1. 严重违反电力安全工作规程；2. 违反职业技能评价考场纪律；3. 造成设备重大损坏；4. 发生人身伤害事故

考评员：　　　　　　　　　　　　　　年　　月　　日

低压指示仪表回路、照明回路故障查找记录表如表 5-9 所示。

表 5-9　低压指示仪表回路、照明回路故障查找记录表

1	故障现象	
2	故障原因	

3	处理故障时所采用的方法及步骤	
4	查找过程应注意的事项	
5	实际故障	

5.1.5 农网配电台区漏电故障查找及排除

一、培训目标

通过专业理论学习和技能操作训练，使学员了解剩余电流动作保护器故障排除专业知识和电气识图方法，熟练掌握剩余电流动作保护器故障查找及排除作业的操作流程、仪表使用及安全注意事项。

二、培训场所及设施

（一）培训场所

配电综合实训场。

（二）培训设施

培训工具及器材如表 5-10 所示。

表 5-10 培训工具及器材（每个工位）

序号	名称	规格型号	单位	数量	备注
1	剩余电流动作保护器故障排除实训装置		套	1	现场准备
2	数字式万用表		只	1	现场准备
3	低压验电笔		支	1	现场准备
4	短接线		根	若干	现场准备
5	通用电工工具		套	1	考生自备
6	工作服		套	1	考生自备
7	安全帽		顶	1	考生自备
8	绝缘鞋		双	1	考生自备
9	急救箱（配备外伤急救用品）		个	1	现场准备

三、培训参考教材与规程

（1）国家电网公司：《国家电网公司电力安全工作规程（配电部分）》，中国电力出版社，

2014。

（2）国家经济贸易委员会：《低压电力技术规程》（DL/T 499—2001），2001。

（3）电力行业职业技能鉴定指导中心：11-047 职业技能鉴定指导书《配电线路（第二版）》，中国电力出版社，2008。

（4）电力行业职业技能鉴定指导中心：6-07-05-06 职业技能鉴定指导书《农网配电营业工》（电力工程农电专业），中国电力出版社，2007。

（5）国家电网公司人力资源部：国家电网公司生产技能人员职业能力培训专用教材《农网配电》，中国电力出版社，2010。

（6）国家电网公司人力资源部：国家电网公司生产技能人员职业能力培训专用教材《配电线路检修》，中国电力出版社，2010。

四、培训对象

农网配电营业工（台区经理）。

五、培训方式及时间

（一）培训方式

教师现场讲解、示范，学员进行技能操作训练，培训结束后进行理论考核与技能测试。

（二）培训时间

（1）保护器故障排除专业知识：1 学时（选学）。

（2）保护器故障排除作业流程：0.5 学时。

（3）操作讲解、示范：1.5 学时。

（4）分组技能操作训练：3 学时。

（5）技能测试：2 学时。

合计：7（8）学时。

六、基础知识

（一）保护器故障排除专业知识

（1）电气设备故障原因及查找方法。

（2）保护器故障排除设备及电气识图。

（3）保护器故障排除要点。

（4）故障记录及分析表填写。

（二）低压故障排除作业流程

作业前的准备→送电、观察故障现象→填写故障记录及分析表→故障排除→送电、观察故障排除情况→工作结束。

七、技能培训步骤

（一）准备工作

1. 工作现场准备

布置现场工作间距不小于 1.5m，各工位之间用遮栏隔离，场地清洁，并具备试验电源；4 个工位可以同时进行作业；每个工位能够实现剩余电流动作保护器故障查找及排除操作；工位间安全距离符合要求，无干扰。

2. 工具器材及使用材料准备

对进场的工器具、材料进行检查，确保能够正常使用，并整齐摆放于工具架上。

3. 安全措施及风险点分析

（1）防止触电伤害。

① 工作前使用验电笔分别对盘体、设备进行验电，确保无电压后方可进行工作。

② 工作前要检查开关位置，应有明显的分（合）指示或断开点，确认无误后方可进行工作。

③ 工作时，人体与带电设备要保持足够的安全距离，面部夹角符合要求（侧面 >30°）。

（2）防止仪表损坏。

① 使用验电笔前，要摘掉手套进行自检，自检时不得触及工作触头。

② 使用万用表时，进行自检且合格，测试时正确选择挡位，防止发生仪表烧坏和造成设备短路事故。

（3）防止设备损害事故。

① 操作时应严格遵守安全操作规程，正确做好停、送电工作。

② 操作设备时应采取正确方法，不得误碰与作业无关的开关设备。

（二）操作步骤

1. 工作前的准备

工具及器材进行外观检查，熟悉现场图纸、设备情况和报告记录表。

2. 送电、观察故障现象

（1）低压送电操作票已办理，请设专人监护。在配电盘的金属裸露处验明确无电压后，汇报"盘体确无电压"。

（2）打开配电柜门，逐项检查盘内各开关位置，汇报"开关均处于断开位置"。

（3）送电、观察故障现象，顺序如下。

① 合上刀闸→切换万能转换开关→观察电压情况→按下总级保护器合闸按钮→观察接触器运行情况→观察总保护器液晶显示屏数字变化情况。

② 合上电容补偿器的开关：观察总保护器液晶显示屏数字变化情况。

③ 合上第一个二级保护器：观察该保护器液晶显示屏数字变化情况。

④ 合上第二个二级保护器：观察该保护器液晶显示屏数字变化情况。

⑤ 合上第一个用户的保护器，打开开关：观察该保护器的运行情况。

⑥ 合上第二个用户的保护器，打开开关：观察该保护器的运行情况。

⑦ 合上第三个用户的保护器，打开开关：观察该保护器的运行情况。

⑧ 合上第四个用户的保护器：观察该保护器与第二个二级保护器的变化情况。

⑨ 合上第五个用户的保护器：观察该保护器与第二个二级保护器的变化情况。

记录故障现象。

3. 填写报告记录单

（1）填写故障查找与排除即故障处理记录表。

（2）要求字迹工整，填写规范。

（3）填写完后交监考人员。

4. 故障排除

（1）用低压验电笔验电后，打开柜门，验明开关确无电压，开始查找故障。

（2）调整挡位对万用表自检，试验后，按照故障现象查找故障原因；对已经查出的故障使用连接线牢固连接，核对检查连接线的连接情况，消除错接线现象。

（3）所有故障查找处理完毕后，将万用表挡位置于交流电压最高挡并关闭电源，放入工具架。

5. 送电试验

送电，观察故障现象，拆除连接线，恢复原状，关闭配电柜门。

（三）工作结束

（1）将现场所有工器具放回原位，摆放整齐。

（2）清理工作现场，离场。

八、技能等级认证标准（评分）

农网配变台区漏电故障查找及排除项目考核评分记录表如表 5-11 所示。

表 5-11 农网配变台区漏电故障查找及排除项目考核评分记录表

姓名： 　　　　　　　　　　准考证号： 　　　　　　　　　　单位：

序号	项目	考核要点	配分	评分标准	得分	扣分	备注
1				工作准备			
1.1	着装穿戴	穿工作服、绝缘鞋、戴安全帽、线手套	5	1. 未穿工作服、绝缘鞋、未戴安全帽、线手套，缺少每项扣2分； 2. 着装穿戴不规范，每处扣1分			
1.2	材料及工器具选择与检查	选择材料及工器具齐全，符合使用要求	10	1. 工器具齐全，缺少或不符合要求每件扣1分； 2. 工器具未检查、检查项目不全、方法不规范每件扣1分； 3. 材料不符合要求每件扣2分； 4. 备料不充分扣5分			
2				工作过程			
2.1	工器具及仪表使用	1. 工器具及仪表使用用恰当，不得掉落、乱放； 2. 仪表按原理正确使用，不得超过试验周期	5	1. 工器具、仪表掉落每次扣2分； 2. 工器具、仪表使用前不进行自检每次扣1分，工器具、仪表使用不合理每次扣2分； 3. 仪表使用完毕后未关闭或未调至安全挡位每次扣1分； 4. 查找故障时造成表计损坏扣2分			
2.2	填写记录	总结故障现象、分析判断、检查步骤、注意事项	20	1. 故障现象表述不确切或不正确每处扣2分； 2. 故障原因不全面每项扣2分； 3. 排除方法不正确每处扣2分，不规范每处扣1分； 4. 安全注意事项不全，每缺少1条扣2分； 5. 记录单涂改每处扣1分			

续表

序号	项目	考核要点	配分	评分标准	得分	扣分	备注
2.3	查找及处理	1. 正确停、送电操作，根据故障现象查找引起故障的设备元件； 2. 确定故障设备和相对应的接线端子号； 3. 使用仪表对可能造成故障的所有设备进行认真测试检查，最后确定故障点； 4. 使用故障恢复连接线进行连接处理，排除故障	55	1. 未口述办理停、送电操作票每次扣 3 分；未申请专人监护，每次扣 5 分； 2. 未验明盘体无电每次扣 2 分，停、送电操作前不检查开关位置每处扣 2 分，停、送电操作顺序错误每处扣 3 分，停、送电时面部与开关夹角 <30°每次扣 1 分； 3. 查找方法针对性不强每处扣 3 分，无目的查找每处扣 5 分，查找过程中损坏元器件每件扣 2 分，带电查故障每次扣 10 分； 4. 设备未恢复每处扣 2 分； 5. 故障点少查一处扣 10 分； 6. 造成故障点增加每处扣 10 分； 7. 造成短路扣 30 分			
3			工作终结验收				
3.1	安全文明生产	汇报结束前，所选工器具放回原位，摆放整齐；无损坏元件、工具；恢复现场；无不安全行为	10	1. 出现不安全行为每次扣 5 分； 2. 作业完毕，现场未清理恢复扣 5 分，恢复不彻底扣 2 分； 3. 损坏工器具每件扣 3 分			
			合 计 得 分				

否定项说明：1. 违反《国家电网公司电力安全工作规程（配电部分）》相关规定；2. 违反职业技能鉴定考场纪律；3. 造成设备重大损坏；4. 发生人身伤害事故

考评员： 年 月 日

5.1.6 10kV 及以下电缆故障测距

一、培训目标

通过专业理论学习和技能操作训练，使学员熟练掌握行波法电缆故障测距波形的分析，并能够使用电缆故障测距仪等仪器进行电缆故障点测距。

二、培训场所及设施

（一）培训场所

电缆故障模拟实训场地。

（二）培训设施

培训工具及器材如表 5-12 所示。

表 5-12 培训工具及器材（每个工位）

序 号	名 称	规格型号	单 位	数 量
1	电缆故障测距仪		台	1
2	绝缘手套		副	1
3	验电器		个	1

续表

序号	名称	规格型号	单位	数量
4	放电棒		支	1
5	接地线		根	3
6	试验引线		根	若干
7	电缆故障查找成套设备		套	1
8	电源盘		个	1

三、培训参考教材与规程

（1）《电力电缆线路试验规程》（Q/GDW 11316—2014），2014。

（2）《电力电缆及通道运维规程》（Q/GDW 1512—2014），2014。

（3）国家电网公司：《国家电网公司电力安全工作规程（配电部分）》，中国电力出版社，2014。

（4）李胜祥：《电力电缆故障探测技术》，机械工业出版社，1999。

（5）国家电网公司人力资源部：国家电网公司生产技能人员职业能力培训专用教材《配电电缆》，中国电力出版社，2010。

（6）国家电网有限公司设备管理部：《中压电力电缆技术培训教材》，中国电力出版社，2021。

四、培训对象

农网配电营业工。

五、培训方式及时间

（一）培训方式

教师现场讲解基础知识、示范操作步骤，学员进行技能操作训练，培训结束后进行理论考核与技能测试。

（二）培训时间

（1）基础知识学习：1学时。

（2）操作讲解、示范：1学时。

（3）自主练习：1学时。

（4）技能测试：1学时。

合计：4学时。

六、基础知识

行波法又称脉冲法，主要有低压脉冲法、脉冲电流法（闪络回波法）和二次脉冲法三种测距方法。

1. 低压脉冲法

低压脉冲法又称雷达法，主要用于测量电缆的开路和低阻短路故障的距离，还可用于测量电缆的全长、波速度和识别定位电缆的中间头、T形接头等。

（1）基本原理。

测试时，在电缆一端通过仪器向电缆中输入低压脉冲信号，该脉冲信号沿着电缆传播，当遇到电缆中的波阻抗变化（不匹配）点时，如开路点、低阻短路点和接头点等，脉冲信号就会产生反射，并返回测量端被仪器接收、记录下来，如图 5-2 所示；通过检测反射信号和发射信号的时间差，即可测得阻抗变化点的距离。因为高阻和闪络性故障点阻抗变化太小，反射波无法识别，所以低压脉冲法对高阻和闪络性故障不适用。

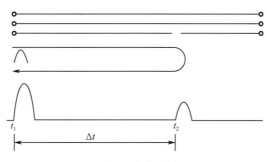

图 5-2　低压脉冲反射原理图

电磁波在电缆中传播的速度简称波速度，波速度只与电缆绝缘介质的材质有关，而与电缆芯线的线径、芯线的材料及绝缘厚度等无关。常见的油浸纸电缆的波速一般为 160m/μs，而对于交联电缆，一般在 170～172m/μs 之间。

（2）反射波的方向与故障距离测量。

当电缆开路时，入射波与反射波同方向。如果仪器向电缆中发射的脉冲为正脉冲，则其开路反射脉冲也是正脉冲，波形如图 5-3 所示。

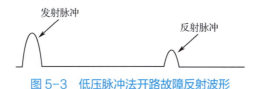

图 5-3　低压脉冲法开路故障反射波形

当电缆发生低阻短路或低阻接地故障时，入射波将与反射波方向相反。显然，如果仪器向电缆中发射的脉冲为正脉冲，则其短路反射脉冲是负脉冲，如图 5-4 所示。

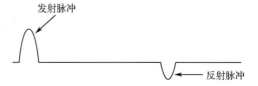

图 5-4　低压脉冲法短路故障反射波形

图 5-5 所示为低压脉冲法的一个实测波形。在测试仪器的屏幕上有两个光标：一个是实光标，一般把它放在屏幕的左边（测试端）——设定为零点；另一个是虚光标，把它放在阻抗不匹配点反射脉冲的起始点处。这样在屏幕的右上角，就会自动显示出该阻抗不匹配点离测试端的距离。

一般的低压脉冲反射仪器依靠操作人员移动标尺或电子光标来测量故障距离。在测试时，应选择波形上反射脉冲造成的拐点作为反射脉冲的起始点。

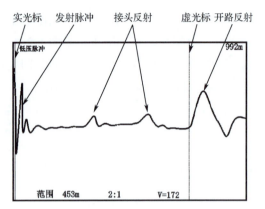

图 5-5 低压脉冲法的一个实测波形

实测时,电缆线路结构可能比较复杂,存在着接头点、分支点或低阻故障点等。特别是低阻故障点的电阻相对较大时,反射波形比较平滑,其大小可能还不如接头反射,更使得脉冲反射波形不太容易理解,波形起始点不好标定。对于这种情况可以采用低压脉冲比较法,将通过故障导体测得的低压脉冲波形与通过良好导体测得的低压脉冲波形进行比较,波形明显分歧处即为故障点的反射。

图 5-6 所示是用低压脉冲比较法实际测量的低阻故障波形。从图中可以看出,在故障点之前,良好导体的波形与故障导体的波形基本重合,从虚光标所在位置开始,两个波形出现明显分歧,该处即是低阻故障点,距离为 94m。

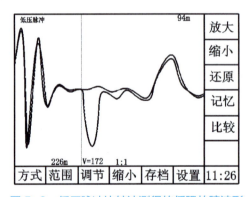

图 5-6 低压脉冲比较法测得的低阻故障波形

2. 脉冲电流法(闪络回波法)

在实际的电缆故障中,断线开路与低阻短路故障很少,绝大部分故障都是高阻的或闪络性的单相接地、多相接地故障。而对于高阻或闪络性故障,由于故障点处的波阻抗变化太小,低压脉冲在此位置没有反射或反射很小,无法识别,因此低压脉冲法不能测试高阻或闪络性故障。对于这类故障,一般选择用脉冲电流法测试。

与低压脉冲法不同,脉冲电流法是一种被动的测试方法,主要用于电缆高阻与闪络性故障的测距。其原理是,通过直流高压或间隙击穿产生的脉冲高压将故障点击穿,然后在地线端通过线圈耦合方式采集故障点击穿放电产生的脉冲电流行波信号。

(1)基本原理。

如图 5-7 所示,将电缆故障点用直流或脉冲高电压击穿,用仪器采集并记录下故障点击穿后产生的电流行波脉冲信号,通过分析判断电流行波脉冲信号在测量端与故障点往返一次所需的时间差,利用公式计算出故障距离的测试方法叫脉冲电流法。脉冲电流法采用线性电流耦合器采集电缆中的电流行波信号。

与低压脉冲法不同的是,这里的脉冲信号是故障点放电产生的,而不是测试仪发射的。如图 5-8 所示,把故障点放电脉冲波形的起始点定为零点(实光标),那么它到故障点反射脉冲波形的起始点(虚光标)的距离就是故障距离。

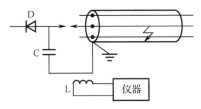

图 5-7　脉冲电流测试法接线

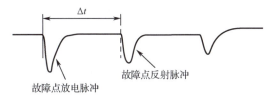

图 5-8　脉冲电流直闪法测试波形图

(2)测试电路原理图。

图 5-9 所示为脉冲电流冲闪法的测试原理接线图。测试时,通过调节电压升压器对电容 C 充电,当电容 C 上的电压足够高时,球形间隙 G 击穿,电容 C 对电缆放电,这一过程相当于把直流电源电压突然加到电缆上去。如果电压足够高,故障点就会击穿放电,其放电产生的高压脉冲电流行波信号就会在故障点和测试端往返循环传播,直到弧光熄灭或信号被衰减。

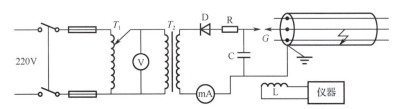

图 5-9　脉冲电流冲闪法测试原理接线图

图 5-10 所示是一个比较常见的、典型的实测脉冲电流冲闪波形。如图中标示,1 是高压信号发生器的放电脉冲,也就是球形间隙的击穿脉冲,球形间隙被击穿后,高压才被突然加到电缆中,电容中的电荷也随之向电缆中释放;2 是故障点的放电脉冲,这个脉冲会在故障点与电容端往返传播;5 是故障点放电脉冲的一次反射波;6 是故障点放电脉冲的二次反射波;从故障点的放电脉冲到一次反射波或者从一次反射波到二次反射波之间都是故障距离。测试时,把零点实光标(2 指示的)放在故障点放电脉冲波形的下降沿(起始拐点处),虚光标(4 指示的)放在一次反射波形的上升沿,显示的数字 380m 就是故障距离。

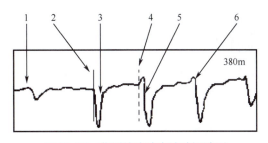

图 5-10　典型的脉冲电流冲闪波形

3. 二次脉冲法

二次脉冲法是近些年来出现的一种比较先进的测试方法，是基于低压脉冲波形容易分析、测试精度高而开发出的测距方法，主要用于电缆高阻故障和闪络性故障的测距，其实质是低压脉冲比较法。

基本原理。

图 5-11 所示为二次脉冲法测试原理接线图。

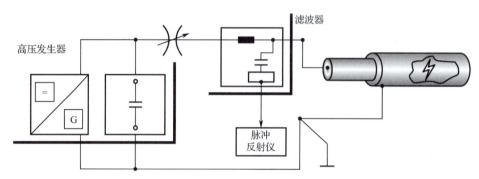

图 5-11　二次脉冲法测试原理接线图

二次脉冲法的测距原理是先用高压信号击穿高阻或闪络性故障点，故障点击穿时会出现弧光放电，由于电弧电阻很小，只有几欧姆，在燃弧期间原本高阻或闪络性的故障变为低阻短路故障，此时用低压脉冲法测试，故障点处就会出现短路反射波形（称为带电弧低压脉冲反射波形），如图 5-12（a）所示（这是实测波形）。

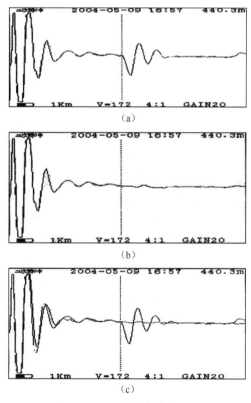

图 5-12　二次脉冲法波形图

在高压电弧熄灭后或者故障点击穿前，电缆故障点处于高阻状态，此时用低压脉冲法测试，因对于低压脉冲来说高阻故障就和没有故障一样，故低压脉冲在故障点处没有反射，这个波形称为不带电弧低压脉冲反射波形，如图 5-12（b）所示。

将带电弧低压脉冲反射波形与故障点击穿前或电弧熄灭后的不带电弧低压脉冲反射波形同时显示在显示器上，进行比较，如图 5-12（c）所示，两个波形在故障点处出现明显差异点，把虚光标移动到两个波形的分叉点处，显示的 440.3m 就是故障距离。

从 5-12（c）所示的二次脉冲波形图可以看出，二次脉冲法测得的波形简单，易于识别，是目前较为先进的测试方法。但由于用二次脉冲法测试时，故障点处必须存在一段时间较为稳定的电弧，对于部分高阻故障来说，这个条件很难达到，无法获得二次脉冲反射波形。因此较之闪络回波法来讲，用二次脉冲法测试成功的比例要小一些，大约有 30% 的高阻故障，闪络回波法可以测试，但二次脉冲法不能。

4. 测距方法的选择

不同的电缆故障测距方法适用于不同类型的电缆故障，电缆故障测距方法的选择可以参考表 5-13。

表 5-13　电缆故障测距方法的选择

故障性质	特　　征	判断方法	测距方法
开路断线故障	电缆导体不连续	导通试验	低压脉冲法
低阻（短路）故障	绝缘低阻≤100Ω	绝缘电阻测量	低压脉冲法
高阻（泄漏性）故障	绝缘电阻≥100Ω 但低于正常值		脉冲电流法 二次脉冲法
闪络性故障	电压升至一定程度，发生绝缘击穿，电压下降后电缆绝缘值恢复	耐压试验	脉冲电流法

七、技能培训步骤

（一）准备工作

1. 工作现场准备

（1）核对故障电缆线路名称、线路段名称、线路电压等级。

（2）在测试端操作区装设安全围栏，悬挂安全标示牌，检测前封闭安全围栏。

（3）做好停电、验电、放电和接地工作，确认电缆接地良好。

（4）把电缆从系统中拆除，使电缆彻底独立出来，两个终端不要连接任何其他设备。

2. 工具器材及使用仪器准备

（1）检验电缆主绝缘故障测寻设备性能是否正常，保证设备电量充足或者现场交流电源满足仪器使用要求。

（2）领用安全工器具，核对工器具的使用电压等级、合格证和试验周期，并检查外观完好无损。

（3）作业前清点并检查检测设备、仪器、工器具、安全工器具等齐全，并摆放整齐。

(二)操作步骤

1. 测量全长

(1) 根据前期故障诊断结果,选取电缆完好相,测量故障电缆全长。

(2) 连接测试线:电缆测距仪测试线红色线夹接完好相电缆线芯,黑色线夹接接地线,如图 5-13 所示,然后开机。

图 5-13　低压脉冲法接线图

(3) 测距方法选择:通过仪器按键选择测距方法为"低压脉冲法"。

(4) 波速度选择:根据电缆绝缘材质,选择对应的波速度。

(5) 全长反射标定:按下"测试"按钮,通过调整增益及检测范围,在显示器上得到第一次全长反射波形,将测距光标分别移动至发射脉冲和第一次反射脉冲的上升沿,记录屏幕上显示的电缆长度即为电缆全长。

2. 低压脉冲法测距

(1) 按照测量全长的方法完成仪器接线及测距方法、波速度的设置。

(2) 按下"测试"按钮,通过调整增益及检测范围,在显示器上得到第一次反射波形,将测距光标分别移动至发射脉冲和第一次反射脉冲的上升沿,记录屏幕上显示的长度即为故障距离。其中,开路故障的反射波形与发射脉冲方向相同,短路或低阻故障的第一次反射波形与发射脉冲方向相反。

3. 脉冲电流法测距

(1) 按照图 5-14 所示进行仪器接线。

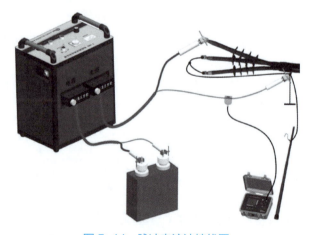

图 5-14　脉冲电流法接线图

（2）电缆测距仪开机后，选择测距方法为"脉冲电流法"，根据电缆绝缘类型及电缆全长，设置波速度和测试范围。

（3）按下"测试"按钮，此时测距仪屏幕显示"待触发"状态。

（4）调整高压信号发生器对电缆进行放电冲击，之后测距仪触发、采集并显示波形。调整测距仪及高压信号发生器输出电压，多次使用高压信号发生器对电缆放电，直至测距仪采集到满意的脉冲电流波形。

（5）移动光标，使实光标定位在第一个击穿放电脉冲的起始点，将虚光标移动到第二个脉冲的起始点，记录两个光标间的距离即为故障点距测试点的距离。

4. 二次脉冲法测距

（1）按照图 5-15 所示进行仪器接线。

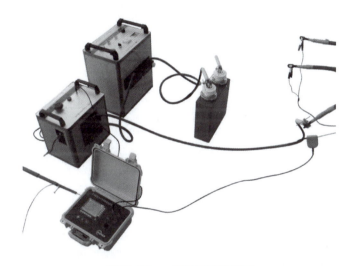

图 5-15　二次脉冲法接线图

（2）电缆测距仪开机后，选择测距方法为"二次脉冲法"，根据电缆绝缘类型及电缆全长，设置波速度和测试范围。

（3）按下"测试"按钮，此时测距仪屏幕显示"待触发"状态。

（4）调整高压信号发生器对电缆进行放电冲击，之后测距仪触发、采集并显示波形。调整测距仪及高压信号发生器输出电压，多次使用高压信号发生器对电缆放电，直至测距仪采集到满意的二次脉冲波形。

（5）移动光标，使虚光标定位到两个波形开始分离的位置，记录屏幕上显示的长度即为故障距离。

（三）工作结束

（1）试验中保持工作现场整洁。

（2）试验结束，把电缆各相短路接地，对地充分放电。

（3）检查线路设备上确无遗留的工具、材料，拆除围栏。

八、技能等级认证标准（评分）

10kV 及以下电缆故障测距项目考核评分记录表如表 5-14 所示。

表 5-14　10kV 及以下电缆故障测距项目考核评分记录表

姓名：　　　　　　　　　　　准考证号：　　　　　　　　单位：

序号	项目	考核要点	配分	评分标准	得分	扣分	备注
1			工作准备				
1.1	工作现场准备	1. 核对故障电缆线路名称、线路段名称、线路电压等级； 2. 在测试端操作区装设安全围栏，悬挂安全标示牌，检测前封闭安全围栏； 3. 做好停电、验电、放电和接地工作，确认电缆接地良好； 4. 把电缆从系统中拆除，使电缆彻底独立出来，两个终端不要连接任何其他设备	10	1. 未核对故障电缆线路名称、线路段名称、线路电压等级，每遗漏一项扣 10 分； 2. 未设置安全围栏或安全围栏设置不规范，扣 5 分，每遗漏一块标示牌扣 2 分； 3. 未做好停电、验电、放电和接地工作，每项扣 10 分，未检查电缆接地情况扣 2 分； 4. 未把电缆从系统中拆除，扣 10 分			
1.2	工具器材及使用仪器准备	1. 检验电缆主绝缘故障测寻设备性能是否正常，保证设备电量充足或者现场交流电源满足仪器使用要求； 2. 领用安全工器具，核对工器具的使用电压等级、合格证和试验周期，并检查外观完好无损； 3. 作业前清点并检查检测设备、仪器、工器具、安全工器具等齐全，并摆放整齐	10	1. 未检查仪器设备性能及电量，每遗漏一项扣 1 分； 2. 未检查安全工器具，每遗漏一项扣 1 分； 3. 仪器及工器具准备不齐全，每遗漏一项扣 2 分，摆放不整齐扣 2 分			
2			工作过程				
2.1	测量全长	1. 根据前期故障诊断结果，选取电缆完好相，测量故障电缆全长； 2. 连接测试线——电缆测距仪测试线红色线夹接完好相电缆线芯，黑色线夹接接地线，然后开机； 3. 测距方法选择——通过仪器按键选择测距方法为"低压脉冲法"； 4. 波速度选择——根据电缆绝缘材质，选择对应的波速度； 5. 全长反射标定——按下"测试"按钮，通过调整增益及检测范围，在显示器上得到第一次全长反射波形，将测距光标分别移动至发射脉冲和第一次反射脉冲的上升沿，记录屏幕上显示的电缆长度即为电缆全长	10	1. 完好相选择不正确，扣 2 分； 2. 接线错误，扣 5 分； 3. 测距方法选择不正确，扣 5 分； 4. 波速度选择不正确，扣 2 分； 5. 未正确定位全长反射波形，扣 5 分； 6. 未记录测量结果，扣 2 分			
2.2	低压脉冲法测距	1. 按照测量全长的方法完成仪器接线及测距方法、波速度的设置； 2. 按下"测试"按钮，通过调整增益及检测范围，在显示器上得到第一次反射波形，将测距光标分别移动至发射脉冲和第一次反射脉冲的上升沿，记录屏幕上显示的长度即为故障距离。其中，开路故障的反射波形与发射脉冲方向相同，短路或低阻故障的第一次反射波形与反射脉冲方向相反	25	1. 故障相选择不正确，扣 10 分； 2. 接线错误，扣 5 分； 3. 测距方法选择不正确，扣 10 分； 4. 波速度选择不正确，扣 2 分； 5. 未正确定位故障反射波形，扣 5 分； 6. 测距结果不正确，扣 5 分； 7. 未记录测量结果，扣 2 分			

续表

序号	项目	考核要点	配分	评分标准	得分	扣分	备注
2.3	脉冲电流法测距	1. 正确进行仪器接线； 2. 电缆测距仪开机后，选择测距方法为"脉冲电流法"，根据电缆绝缘类型及电缆全长，设置波速度和测试范围； 3. 按下"测试"按钮，此时测距仪屏幕显示"待触发"状态； 4. 调整高压信号发生器对电缆进行放电冲击，之后测距仪触发、采集并显示波形，调整测距仪及高压信号发生器输出电压，多次使用高压信号发生器对电缆放电，直至测距仪采集到满意的脉冲电流波形； 5. 移动光标使实光标定位在第一个击穿放电脉冲的起始点，将虚光标移动到第二个脉冲的起始点，记录两个光标间的距离即为故障点距测试点的距离	25	1. 故障相选择不正确，扣10分； 2. 接线错误，每处扣5分； 3. 测距方法选择不正确，扣10分； 4. 波速度选择不正确，扣2分； 5. 未正确定位故障反射波形，扣5分； 6. 测距结果不正确，扣5分； 7. 未记录测量结果，扣2分			
2.4	二次脉冲法测距	1. 正确进行仪器接线； 2. 电缆测距仪开机后，选择测距方法为"二次脉冲法"，根据电缆绝缘类型及电缆全长，设置波速度和测试范围； 3. 按下"测试"按钮，此时测距仪屏幕显示"待触发"状态； 4. 调整高压信号发生器对电缆进行放电冲击，之后测距仪触发、采集并显示波形，调整测距仪及高压信号发生器输出电压，多次使用高压信号发生器对电缆放电，直至测距仪采集到满意的二次脉冲波形； 5. 移动光标，使虚光标定位到两个波形开始分离的位置，记录屏幕上显示的长度即为故障距离	10	1. 故障相选择不正确，扣2分； 2. 接线错误，每处扣5分； 3. 测距方法选择不正确，扣5分； 4. 波速度选择不正确，扣2分； 5. 测距结果不正确，扣5分； 6. 未记录测量结果，扣2分			
3			工作终结验收				
3.1	工作区域整理	1. 试验中保持工作现场整洁； 2. 试验结束，把电缆各相短路接地，对地充分放电； 3. 检查线路设备上确无遗留的工具、材料，拆除围栏	10	1. 试验中未保持工作现场整洁，扣5分； 2. 试验结束，未将电缆各相短路接地，对地充分放电，扣10分； 3. 线路设备上有遗留的工具、材料，每项扣2分； 4. 未拆除围栏，扣5分			
		合 计 得 分					

否定项说明：1. 违反《国家电网公司电力安全工作规程（配电部分）》相关规定；2. 违反职业技能鉴定考场纪律；3. 造成设备重大损坏；4. 发生人身伤害事故

考评员：　　　　　　　　　　　　　　　　　　　年　　月　　日

5.2 营销技能

5.2.1 电费核算（两部制代理购电客户电费计算）

一、培训目标

本项目为两部制代理购电客户电费计算，在教师指导下，学员通过专业理论学习和技能操作训练，熟悉两部制、分时电价及功率因数调整电费的计费方式，了解代理购电机制，熟悉工商业用户销售电价的构成，熟悉功率因数调整电费计算的基础知识，掌握功率因数调整电费执行的标准及功率因数调整电费的计算方法，能够正确计算两部制代理购电用户的电费，从而更好地为客户提供服务。

二、培训场所及设施

（一）培训场所

实训室。

（二）培训设施

培训工具及器材如表5-15所示。

表5-15 培训工具及器材（每个工位）

序号	名称	规格型号	单位	数量	备注
1	科学计算器		个	1	
2	桌子		张	1	
3	凳子		把	1	
4	答题纸		张	若干	
5	功率因数调整电费表		张	1	
6	代理购工商业用户电价表		张	1	
7	分时电价执行规定		张	1	
8	中性笔	黑色	支	1	

三、培训参考教材与规程

（1）张俊玲：《抄表核算收费》，中国电力出版社，2013。

（2）国家电网公司：《国家电网有限公司电费抄核收管理办法》［国网（营销/3）273—2019］，2019。

（3）原水利电力部、国家物价局：《功率因数调整电费办法》（水电财字〔1983〕215号），1983。

（4）国家发改委：《国家发展改革委关于调整销售电价分类结构有关问题的通知》（发改价格〔2013〕973号），2013。

（5）国家发改委：《国家发展改革委办公厅关于完善两部制电价用户基本电价执行方式的通知》（发改办价格〔2016〕1583号），2016。

（6）国家发改委：《国家发展改革委关于降低一般工商业电价有关事项的通知》（发改价

格〔2018〕500号），2018。

（7）国家发改委：《国家发展改革委办公厅关于组织开展电网企业代理购电工作有关事项的通知》（发改办价格〔2021〕809号），2021。

四、培训对象

农网配电营业工（台区经理）。

五、培训方式及时间

（一）培训方式

教师现场讲解、示范，学员进行技能操作训练，培训结束后进行理论考核与技能测试。

（二）培训时间

（1）基础知识学习：1学时。

（2）分组技能操作训练：1学时。

（3）技能测试：1学时。

合计：3学时。

六、基础知识

（一）代理购电机制

为发挥市场在资源配置中的决定性作用，按照电力体制改革"管住中间、放开两头"总体要求，国家发改委于2021年10月发布《关于进一步深化燃煤发电上网电价市场化改革的通知》和《关于组织开展电网企业代理购电工作有关事项的通知》。

要求全面放开燃煤机组和工商业用户进入电力市场，取消工商业目录销售电价，推动工商业用户都进入市场，同时建立电网企业代理购电制度，由电网企业代理暂不具备直接入市交易条件的用户开展市场交易。

建立电网企业代理购电机制，保障机制平稳运行，是进一步深化燃煤发电上网电价市场化改革提出的明确要求，对有序平稳实现工商业用户全部进入电力市场、促进电力市场加快建设发展具有重要意义。

（二）工商业用户销售电价的构成

进入市场的工商业用户销售电价由市场交易购电价格辅助服务费用、输配电价和政府性基金及附加构成。

通过电网企业代理购电的工商业用户销售电价由代理购电价格、保障性电量新增损益分摊标准、代理购电损益分摊标准、输配电价、政府性基金及附加构成，实现现货交易的地区还包含容量补偿电价。

（三）两部制电价

两部制电价由电度电价和基本电价两部分构成。电度电价是指按用户用电度数计算的电价；基本电价是按变压器容量或最大需量计算的基本电价，以发电机组平均投资成本为基础确定，由政府定价，与用户每月实际用电量无关。

自1975年以来，两部制电价执行范围主要为315kVA及以上的工业生产用电。当前，两部制电价执行范围各地存在差异，部分地区工商业及其他用户中受电变压器容量在100kVA或用电设备装接容量在100kW及以上的用户，已放开实行两部制电价。

两部制电力用户可自愿选择基本电费计收方式：

1. 按变压器容量计算基本电费

$$基本电费 = 计收容量 \times 容量用电电价$$

2. 按合同最大需量计算基本电费

（1）电力用户实际最大需量未超过合同确定值的 105% 时：

$$基本电费 = 合同最大需量 \times 需量用电电价$$

（2）电力用户实际最大需量超过合同确定值的 105% 时：

基本电费 = 合同最大需量 × 需量用电电价 + 超过 105% 部分需量 ×2× 需量用电电价

3. 按实际最大需量计算基本电费

$$基本电费 = 实际最大需量 \times 需量用电电价$$

（四）峰谷分时电价

峰谷分时电价是根据一天内不同时段用电，按照不同价格分别计算电费的一种电价制度。峰谷分时电价根据电网的负荷变化情况，将每天 24h 划分为高峰、平段、低谷等多个时间段，对各时间段分别制定不同的电价，以鼓励用电客户合理安排用电时间。

各地峰谷分时电价的执行范围、时段划分和浮动比例差异化较大。通过市场交易购电的工商业用户，不再执行峰谷分时电价；由供电公司代购的工商业用户，继续执行峰谷分时电价，具体执行要求以当地分时电价政策为准。执行居民阶梯电价的用户，部分地区已经放开分时电价的执行，用户可按自己的用电情况，选择执行还是不执行；合表的居民生活电价用户，其中小区的充电设施用电部分地区已放开执行分时电价；农业生产和农业排灌用电，除少数地区规定执行分时电价外，多地没有放开执行分时电价。

分时目录电度电费的计算方式：

$$目录电度电费 = \sum_{j=1}^{n} 结算电量_j \times 目录电度电价_j$$

其中，j 表示各时段。

（五）功率因数调整电费计算

1. 功率因数标准

1983 年，原水利电力部及国家物价局联合下发的 215 号文件中《功率因数调整电费办法》规定：

功率因数标准 0.90，适用于 160kVA 以上的高压供电工业用户（包括社队工业用户）、装有带负荷调整电压装置的高压供电电力用户和 3200kVA 及以上的高压供电电力排灌站；

功率因数标准 0.85，适用于 100kVA（kW）及以上的其他工业用户（包括社队工业用户）、100kVA（kW）及以上的非工业用户和 100kVA（kW）及以上的电力排灌站；

功率因数标准 0.80，适用于 100kVA（kW）及以上的农业用户和趸售用户，但大工业用户未划由电业直接管理的趸售用户，功率因数标准应为 0.85。

2. 功率因数的计算

按用户每月实用有功电量和无功电量，计算月平均功率因数（无功电量为按倒送的无功电量与实用无功电量两者的绝对值之和）。计算公式如下：

$$\cos\varphi = \frac{\text{有功电量}}{\sqrt{(\text{有功电量})^2 + (\text{无功电量})^2}}$$

公式中有功电量、无功电量的计算如下。

（1）高供低计：

有功电量＝（本月有功电表示数－上月有功电表示数）×倍率＋变压器有功损耗

变压器有功损耗＝有功铁损＋有功铜损

无功电量＝使用的无功电量＋变压器无功损耗＋倒送的无功电量的绝对值

使用的无功电量＝（本月正向无功电表示数－上月正向无功电表示数）×倍率

倒送的无功电量＝（本月反向无功电表示数－上月反向无功电表示数）×倍率

变压器无功损耗＝变压器有功损耗×K值

（2）高供高计：

有功抄见电量＝（本月有功电表示数－上月有功电表示数）×倍率

无功电量＝使用的无功电量＋倒送的无功电量的绝对值

使用的无功电量＝（本月正向无功电表示数－上月正向无功电表示数）×倍率

倒送的无功电量＝（本月反向无功电表示数－上月反向无功电表示数）×倍率

3. 功率因数调整电费计算

根据计算的功率因数，高于或低于规定标准时，在按照规定的电价计算出其当月电费后，再按照"功率因数调整电费表"所规定的百分数增减电费。

（1）参与功率因数调整电费。

单一制电价客户电费计算方法：目录电度电费＝结算电量×电价

实行峰谷分时电价客户电费计算方法：目录电度电费＝尖峰结算电量×尖峰电价＋峰结算电量×峰电价＋低谷结算电量×低谷电价＋平段结算电量×平段电价

（2）功率因数调整电费的计算。

功率因数调整电费＝调整系数×目录电度电费（执行两部制电价的用户，基本电费参与功率因数调整电费的计算）

（3）功率因数调整电费表。

以 0.9 为标准值的功率因数调整电费表如表 5-16 所示。

表 5-16 以 0.9 为标准值的功率因数调整电费表

增收	实际功率因数	0.65	0.66	0.67	0.68	0.69	0.70	0.71	0.72	0.73
	月电费增加 %	15.00	14.00	13.00	12.00	11.00	10.00	9.50	9.00	8.50
	实际功率因数	0.74	0.75	0.76	0.77	0.78	0.79	0.80	0.81	0.82
	月电费增加 %	8.00	7.50	7.00	6.50	6.00	5.50	5.00	4.50	4.00
	实际功率因数	0.83	0.84	0.85	0.86	0.87	0.88	0.89		
	月电费增加 %	3.50	3.00	2.50	2.00	1.50	1.00	0.50		
减收	实际功率因数	0.90	0.91	0.92	0.93	0.94	0.95～1.00			
	月电费减少 %	0.00	0.15	0.30	0.45	0.60	0.75			

注：功率因数自 0.64 及以下，每降低 0.01 电费增加 2%。

以 0.85 为标准值的功率因数调整电费表如表 5-17 所示。

表 5–17　以 0.85 为标准值的功率因数调整电费表

	实际功率因数	0.60	0.61	0.62	0.63	0.64	0.65	0.66	0.67	0.68
增收	月电费增加 %	15.00	14.00	13.00	12.00	11.00	10.00	9.50	9.00	8.50
	实际功率因数	0.69	0.70	0.71	0.72	0.73	0.74	0.75	0.76	0.77
	月电费增加 %	8.00	7.50	7.00	6.50	6.00	5.50	5.00	4.50	4.00
	实际功率因数	0.78	0.79	0.80	0.81	0.82	0.83	0.84		
	月电费增加 %	3.50	3.00	2.50	2.00	1.50	1.00	0.50		
减收	实际功率因数	0.85	0.86	0.87	0.88	0.89	0.90	0.91	0.92	0.93
	月电费减收 %	0.00	0.10	0.20	0.30	0.40	0.50	0.65	0.80	0.95

注：（1）功率因数自 0.59 及以下，每降低 0.01 电费增加 2%；
　　（2）功率因数为 0.94～1.00，月电费减少 1.10%。

以 0.80 为标准值的功率因数调整电费表如表 5-18 所示。

表 5–18　以 0.80 为标准值的功率因数调整电费表

	实际功率因数	0.55	0.56	0.57	0.58	0.59	0.60	0.61	0.62	0.63
增收	月电费增加 %	15.00	14.00	13.00	12.00	11.00	10.00	9.50	9.00	8.50
	实际功率因数	0.64	0.65	0.66	0.67	0.68	0.69	0.70	0.71	0.72
	月电费增加 %	8.00	7.50	7.00	6.50	6.00	5.50	5.00	4.50	4.00
	实际功率因数	0.73	0.74	0.75	0.76	0.77	0.78	0.79		
	月电费增加 %	3.50	3.00	2.50	2.00	1.50	1.00	0.50		
减收	实际功率因数	0.80	0.81	0.82	0.83	0.84	0.85	0.86	0.87	0.88
	月电费减少 %	0.00	0.10	0.20	0.30	0.40	0.50	0.60	0.70	0.80
	实际功率因数	0.89	0.90	0.91	0.92～1.00					
	月电费减收 %	0.90	1.00	1.15	1.30					

注：功率因数自 0.54 及以下，每降低 0.01 电费增加 2%。

七、技能培训步骤

（一）工作准备

1. 工作现场准备

提供功率因数调整电费表、代理购工商业用户电价表、分时电价执行规定。

2. 着装穿戴

按规定着装，穿工作服。

（二）操作步骤

1. 填写数据

填写用户用电信息，抄录电能表示数，填写抄表卡片。

2. 根据电能表示数、倍率进行电量、电费计算

（1）计算有功电量、无功电量。

(2) 计算目录电度电费。

(3) 计算基本电费。

(4) 计算功率因数。

(5) 参与功率因数调整电费的计算。

(6) 计算功率因数调整电费。

(7) 计算政府性基金及附加电费。

(8) 合计电费计算。

3. 恢复现场

4. 汇报结束，上交记录卡片和答题纸

(三) 工作结束

汇报工作结束，清理工作现场，现场恢复原状，离场。

八、技能等级认证标准（评分）

两部制代理购电客户电费计算考核评分记录表如表 5-19 所示。

表 5-19 两部制代理购电客户电费计算考核评分记录表

姓名：　　　　　　　　　　　　准考证号：　　　　　　　　　　　单位：

序号	项目	考核要点	配分	评分标准	得分	扣分	备注
1				工 作 准 备			
1.1	营业准备规范	1. 营业开始前，营业窗口服务人员提前到岗，按照仪容仪表规范进行个人整理； 2. 营业前，检查各类办公用品是否齐全、数量是否充足，按照定置定位要求摆放整齐	10	1. 未按营业厅规范标准着工装扣 10 分； 2. 着装穿戴不规范（不成套、衬衣下摆未扎于裤/裙内，衬衣扣未扣齐），每处扣 2 分； 3. 未佩戴配套的配饰（女员工未戴头花、领花，男员工未系领带），每项扣 2 分； 4. 未穿黑色正装皮鞋、佩戴工号牌（工号牌位于工装左胸处），每项扣 2 分； 5. 浓妆艳抹，佩戴夸张首饰，每处扣 2 分； 6. 女员工长发应统一束起，短发清爽整洁，无乱发，男员工不留怪异发型，不染发，每处不规范扣 2 分			
2				工 作 过 程			
2.1	现场抄表及抄表记录	1. 根据现场提供的计算表，正确抄录用户用电信息； 2. 抄录示数完整； 3. 不得错抄、漏抄数据； 4. 记录准确无涂改	15	1. 用户用电信息抄录不完整，每处扣 2 分； 2. 抄表数据不完整，每处扣 2 分； 3. 漏抄每处扣 5 分，错抄每处扣 3 分； 4. 涂改每处扣 1 分			
2.2	电量计算	1. 有功电量、无功电量计算正确； 2. 功率因数计算正确； 3. 计算步骤清晰、准确	15	1. 有功电量、无功电量计算错误扣 5 分； 2. 功率因数计算错误扣 5 分； 3. 无计算步骤，每项扣 2 分； 4. 公式错误，每项扣 2 分； 5. 无电量单位或单位错误，每项扣 2 分； 6. 涂改每处扣 1 分			

续表

序号	项目	考核要点	配分	评分标准	得分	扣分	备注
2.3	电费计算	1. 目录电度电费计算正确； 2. 基本电费计算正确； 3. 功率因数调整电费调整系数选择正确； 4. 功率因数调整电费计算正确； 5. 代征电费计算正确； 6. 合计电费计算正确； 7. 计算步骤清晰、准确	55	1. 目录电度电费计算错误扣 5 分； 2. 基本电费计算错误扣 10 分； 3. 功率因数调整电费调整系数选择错误扣 5 分； 4. 功率因数调整电费计算错误扣 5 分； 5. 代征电费计算错误扣 5 分； 6. 合计电费计算错误扣 5 分； 7. 无计算步骤，每项扣 2 分； 8. 公式错误，每项扣 2 分； 9. 无电费单位或单位错误，每项扣 2 分； 10. 涂改每处扣 1 分			
3				工作终结验收			
3.1	工作区域整理	汇报工作结束前，清理工作现场，退出系统，计算机桌面及现场恢复原状	5	1. 设施未恢复原样，每项扣 2 分； 2. 现场遗留纸屑等未清理，扣 2 分			
				合计得分			
否定项说明：违反技能等级评价考场纪律							

考评员：　　　　　　　　　　　　　　　　　　　年　　月　　日

5.2.2 电能计量装置安装及调试

一、培训目标

通过专业理论学习和技能操作训练，使学员进一步掌握电能计量的基础知识、采集装置的安装与调试的基础知识，熟练掌握电能表、互感器、采集器的工作原理，能陈述出计量的基本概念，描述出电能计量装置的组成、分类及配置，明确安装接线规则、工艺技术标准等相关知识。

二、培训场所及设施

（一）培训场所

装表接电实训室。

（二）培训设施

培训工具及器材如表 5-20 所示。

表 5-20　培训工具及器材（每个工位）

序号	名称	规格型号	单位	数量	备注
1	高供低计电能计量装置安装模拟装置		套	1	
2	智能电能表	3×220/380V, 3×1.5（6）A	只	1	
3	电流互感器	150/5A	只	3	
4	三相集中器		只	1	
5	试验接线盒		只	1	

续表

序 号	名 称	规 格 型 号	单位	数量	备 注
6	单股铜芯线	$2.5mm^2$	盘	若干	黄、绿、红、蓝
7	单股铜芯线	$4mm^2$	盘	若干	黄、绿、红
8	尼龙扎带	3×150mm	包	1	
9	秒表		个	1	
10	卷尺		个	1	
11	板夹		个	1	
12	万用表		只	1	
13	验电笔	10kV	支	1	
14	验电笔	500V	支	1	
15	封印		粒	若干	黄色
16	急救箱		个	1	
17	交流电源	3×220/380V	处	1	
18	通用电工工具		套	1	
19	RS-485 线	$2×0.75mm^2$	m	若干	

三、培训参考教材与规程

（1）国家能源局:《电能计量装置安装接线规则》（DL/T 825—2021），2021。

（2）国家能源局:《电能计量装置技术管理规程》（DL/T 448—2016），2016。

（3）国家电网公司:《电力用户用电信息采集系统技术规范 第三部分:通信单元技术规范》（Q/GDW 374.3—2009），2009。

四、培训对象

农网配电营业工（台区经理）。

五、培训方式及时间

（一）培训方式

教师现场讲解、示范，学员进行技能操作训练，培训结束后进行理论考核与技能测试。

（二）培训时间

（1）电工基础:1学时。

（2）接线图的识读:1学时。

（3）接线常用的施工方法:1学时。

（4）操作讲解和示范:1学时。

（5）分组技能训练:2学时。

（6）技能测试:2学时。

合计:8学时。

六、基础知识

（一）接线图识别

（1）经 TA 和联合接线盒接入的智能电能表、采集终端的联合接线原理图。

（2）经 TA 和联合接线盒接入的智能电能表、采集终端的联合接线的表尾接线图识别。

（二）接线常用的施工方法

（1）线长测量与导线截取。

（2）线头的剥削。

（3）导线的走线、捆绑和线端余线处理。

（4）接线的整理和检查。

七、技能培训步骤

（一）准备工作

1. 工作现场准备

检查安装场所是否符合安装要求，经电流互感器接入的三相四线智能电能表、采集终端、试验接线盒各一只。

2. 工具器材及使用材料准备

检查现场的工器具种类是否齐全和符合要求，按负荷大小选择确定截面符合要求的对应相色单股铜芯线，选择足量的尼龙扎带和封印。

（二）操作步骤

1. 接线前的检查

（1）填写工作单，检查所用工器具。

（2）检查电能表检定合格证、电流互感器检定合格证是否在检定周期内。

（3）对电能表进行导通测试。

（4）对电流互感器进行极性测试。

（5）断开电路电源（断路器）。

（6）在带电部位进行试验后，对工作点进行验电。

2. 测量并截取导线

（1）线长测量：在初步测定线路的走向、路径和方位后，用卷尺测量好长度。

（2）导线截取：根据测量的导线长度，保留合理的余度，截取导线。

3. 二次回路接线

（1）导线绝缘层剥削：先根据接线端钮接线孔深度确定剥削长度，再用剥线钳分别剥去每根导线线头的绝缘层。

（2）导线走线规划：依据"横平竖直"的原则进行布置，按规范选择每相回路的导线颜色、线径。

（3）根据走线走向、结合接线孔的长度确定剥削长度：用剥线钳分别剥去每根导线线头的绝缘层。

（4）端钮接线：按正确接线方式分别接入接线孔，并用螺钉固定好，注意避免铜芯外露、压绝缘层。

（5）电流互感器接线端钮接线：按进、出线分别制作压接圈，按规定方向接入互感器接线端钮，并用螺钉固定好。

（6）电流回路导通测试：验证安装可靠性。

(7)电能计量装置送电及检查。

(8)终端调试。

风险点分析如表 5-21 所示。

表 5-21 风险点分析

序号	工作现场风险点分析	逐项落实"有/无"
1	设备金属外壳接地不良有触电危险;使用不合格工器具有触电危险	
2	使用工具不当、无遮挡措施时引起 TV 二次相间及单相接地短路,将有危害人员、损坏设备危险	
3	工作不认真、不严谨,误将 TA 二次开路,将产生危及人员和设备的高电压	
4	使用不合格的登高梯台或登高及高处作业时不正确使用梯台,导致高处坠落	
5	低压带电工作无绝缘防护措施,人员触碰带电低压导线,作业过程中作业人员同时接触两相,导致触电	
6	工作过程中,用户低压反送电,导致工作人员触电	
7	接线不正确、接触不良,影响表计正确计量和为客户提供优质服务	
8	表码等重要信息未让客户知情和签字,会产生电量纠纷的风险	

注意事项及安全措施如表 5-22 所示。

表 5-22 注意事项及安全措施

序号	注意事项及安全措施	逐项落实并打"√"
1	进入工作现场,穿工作服、绝缘胶鞋,戴安全帽,使用绝缘工具,必要时使用护目镜,采取布设绝缘挡板等隔离措施	
2	召开开工会,交代现场带电部位、应注意的安全事项	
3	工作中严格执行专业技术规程和作业指导书要求	
4	采取有效措施,工作中严防 TA 二次回路开路、TV 二次回路短路或接地;经低压 TA 接入的电能表、终端,应严防三相电压线路短路或接地	
5	严格按操作规程进行送电操作,送电后观察表计是否运转正常;不停电换表时计算需要追补的电量	
6	停电作业工作前必须执行停电、验电措施;低压带电工作人员穿绝缘鞋、戴手套,使用绝缘柄完好的工具,螺丝刀、扳手等多余金属裸露部分应用绝缘带包好,以防短路;接触金属表箱前,需用验电器确认表箱外壳不带电	
7	高处作业使用梯子、安全带,设专人监护	
8	提醒客户在有关表格处签字,并告之对电能表的维护职责	
9	认真召开收工会,清理工作现场,确保无遗漏工器具,清理垃圾	

(三)工作结束

1. 接线整理和检查

(1)对工艺接线进行最后检查,确认接线正确,进行导线捆绑;用尼龙扎带捆绑成型,捆绑间距符合要求,修剪扎带尾线。

(2)电能表、终端、互感器接线端钮等处加封印。

2. 清理现场

（1）工器具整理：逐件清点、整理工器具。

（2）材料整理：逐件清点、整理剩余材料及附件。

（3）现场清理：工作结束，清理施工现场，确保做到工完场清、文明施工、安全操作。

八、技能等级认证标准（评分）

电能计量装置安装及调试考核评分记录表如表 5-23 所示。

表 5-23　电能计量装置安装及调试考核评分记录表

姓名：　　　　　　　　　　　　准考证号：　　　　　　　　　　　单位：

序号	项　目	考核要点	配分	评分标准	得分	扣分	备注
1				工作准备			
1.1	着装穿戴	穿工作服、绝缘鞋、戴安全帽、线手套	5	1. 未穿工作服、绝缘鞋，未戴安全帽、线手套，每项扣 2 分； 2. 着装穿戴不规范，每处扣 1 分			
1.2	材料及工器具选择与检查	选择材料及工器具齐全，符合使用要求	5	1. 工器具齐全，缺少或不符合要求每件扣 1 分； 2. 工器具未检查、检查项目不全、方法不规范每件扣 1 分			
2				工作过程			
2.1	填写工作单	正确填写工作单	5	1. 工作单漏填、错填，每处扣 2 分； 2. 工作单填写有涂改，每处扣 1 分			
2.2	带电情况检查	操作前不允许碰触柜体，验电步骤合理	10	1. 未检查扣 5 分； 2. 未验电、验电前触碰柜体扣 5 分； 3. 验电方法不正确扣 3 分			
2.3	电能表、采集器导通测试，互感器极性测试	测试方法正确	5	未正确进行测试扣 5 分			
2.4	接线方式	接线正确，导线线径、相色选择正确	15	1. 导线选择错误每处扣 2 分； 2. 导线选择相序颜色错误，每相扣 5 分； 3. 接线错误，本项及 2.5 项不得分			
2.5	设备安装、调试	1. 设备安装工序合理、操作熟练、作业安全，满足作业指导书的相关要求； 2. 设备安装布局美观，接线正确，顺序合理； 3. 安全工器具使用得当； 4. 不得发生设备损坏或影响设备运行效果的作业行为	50	1. 压接圈应在互感器二次端子两个平垫之间，不合格每处扣 1 分； 2. 压接圈外露部分超过垫片的 1/3，每处扣 2 分； 3. 线头超出平垫或闭合不紧，每处扣 1 分； 4. 线头弯曲方向与螺钉旋紧方向不一致，每处扣 1 分； 5. 接线应有两处明显压点，不明显每处扣 2 分； 6. 导线压绝缘层每处扣 2 分； 7. 横平竖直偏差大于 3mm 每处扣 1 分，转弯半径不符合要求每处扣 2 分； 8. 导线未扎紧、间隔不均匀、间距超过 15cm，每处扣 2 分； 9. 离转弯点 5cm 处两边扎紧，不合格每处扣 2 分； 10. 芯线裸露超过 1mm 每处扣 1 分； 11. 导线绝缘有损伤、有剥线伤痕每处扣 2 分； 12. 剩余线长超过 20cm 每根扣 2 分； 13. 元器件掉落每次扣 2 分，造成设备损坏，每次扣 5 分； 14. 计量回路未施封每处扣 2 分；施封不规范每处扣 1 分； 15. RS-485 信号线接错本项不得分			

续表

序号	项目	考核要点	配分	评分标准	得分	扣分	备注
3				工作终结验收			
3.1	安全文明生产	汇报结束前，所选工器具放回原位，摆放整齐；无损坏元件、工具；无不安全行为	5	1. 出现不安全行为每次扣 5 分； 2. 现场未恢复扣 5 分，恢复不彻底扣 2 分； 3. 损坏工具，每件扣 2 分； 4. 工作单未上交扣 5 分			
			合计得分				

否定项说明：1. 严重违反《国家电网公司电力安全工作规程（配电部分）》相关规定；2. 违反职业技能鉴定考场纪律；3. 造成设备重大损坏；4. 发生人身伤害事故

考评员：　　　　　　　　　　　　　　　　　年　　月　　日

5.2.3 用电业务咨询与办理

一、培训目标

通过专业理论学习和技能操作训练，使学员了解更名过户、暂停、暂停恢复工作流程，正确办理更名过户、暂停、暂停恢复业务；熟练掌握营销业务流程，正确收集业务办理所需要的资料；正确填写工作单；流程发起后，进行工单、资料整理装订。

通过专业理论学习和技能操作训练，使学员进一步掌握低压客户分布式光伏项目新装受理的基础知识，从而提高实际工作的效率。

二、培训场所及设施

（一）变更用电

1. 培训场所

营业厅实训室。

2. 培训设施

培训工具及器材如表 5-24 所示。

表 5-24　培训工具及器材（每个工位）（变更用电业务）

序号	名称	规格型号	单位	数量	备注
1	计算机（电力营销业务应用系统）		台	1	
2	复印机		台	1	
3	高拍仪		台	1	
4	签字笔		支	2	
5	打印纸	A4	张	若干	
6	订书机		个	1	
7	日常营业工作单（Ⅰ类、Ⅲ类）		份	若干	
8	红色印台		个	1	

（二）低压客户分布式光伏项目新装受理

1. 培训场所

营业厅实训室。

2. 培训设施

培训工具及器材如表 5-25 所示。

表 5-25 培训工具及器材（每个工位）（低压客户分布式光伏项目新装受理业务）

序号	名 称	规格型号	单 位	数 量	备 注
1	培训教材	A4	本	1	
2	模拟道具（营业执照等）	A4	张	若干	
3	桌子		张	1	
4	凳子		把	1	
5	答题纸		张	若干	
6	签字笔		支	1	

三、培训参考教材与规程

（1）原电力工业部：电力工业部令第 8 号《供电营业规则》，1996。

（2）国家电网公司：《国家电网公司业扩报装管理规则》(国家电网企管〔2019〕431 号），2019。

（3）国家电网公司：《国家电网公司分布式电源并网服务管理规则》（国家电网企管〔2014〕1082 号），2014。

四、培训对象

农网配电营业工（综合柜员、台区经理）。

五、培训方式及时间

（一）培训方式

教师现场讲解、示范，学员开展角色扮演，模拟客户申请用电，综合柜员进行业务受理训练，培训结束后进行理论考核与技能测试。

（二）培训时间

（1）基础知识学习：2 学时。

（2）设备介绍：2 学时。

（3）操作讲解、示范：2 学时。

（4）分组技能操作训练：2 学时。

（5）技能测试：4 学时。

合计：12 学时。

六、基础知识

（一）掌握电力营销业务应用系统流程

1. 熟悉电力营销业务应用系统功能模块

电力营销业务应用系统包括 19 大类 342 项业务，主要包括新装增容及变更用电、抄表管理、核算管理、电费收缴及账务管理、线损管理、资产管理、计量点管理、计量体系管理、电能信息采集、供用电合同管理、用电检查管理、95598业务处理、客户关系管理、客户联络、市场管理、能效管理、有序用电管理、稽查及工作质量、客户档案资料管理等功能模块。通过该系统的运行应用，实现了对高低压新装（增容）、变更用电、电费核算、收费管理、计量管理等核心业务与服务质量的在线监控。

2. 掌握营销业务发起流程

在实际应用中，柜员要熟知本职工作专业知识和具备应有的业务技能，熟悉电力营销业务应用系统操作流程，掌握政务信息共享、一链办理、刷脸办电、智能交费等新型业务，具备相应的实际操作能力。

（二）收集变更用电业务办理所需资料

正确收集业务办理所需的各项资料，包括身份证明材料、房产证明材料。

（三）变更用电工作单填写

熟练掌握、正确填写工作单项目［更名过户应填处包括业务类型、原户名、户号、用电地址、新户名、身份证号、移动电话、新户签名（盖章）、承诺（客户签名盖章）、受理人、申请编号、受理日期；暂停、暂停恢复应填处包括户名、户号、用电地址、经办人、身份证、移动电话、业务类型、申请理由及内容、变更后主变或电源情况、经办人签名（单位盖章）、年月日、受理人、申请编号、受理日期］，不能出现错（漏）填情况。

（四）分布式电源业务概述

（五）光伏业务文件宣贯，实际工作与文件要求的结合

（六）受理客户光伏项目申请注意事项

（七）光伏申请等表单的填写

七、技能培训步骤

（一）准备工作

1. 变更用电业务

工作现场准备：

（1）营业厅实训室，配置设备具备运行条件。

（2）具有电力营销业务应用系统。

工具器材及使用材料准备：

（1）计算机、复印机、高拍仪。

（2）订书机、打印纸、红色印台、签字笔。

（3）工作单。

2. 低压客户分布式光伏项目新装受理业务

工作现场准备：

供演练用的光伏相关业务表单。

工具器材及使用材料准备：

（1）画方案图用的尺子。

（2）普通计算器。

(二) 更名过户业务操作步骤

(1) 收集审核所需资料。

(2) 正确进入电力营销业务应用系统,如图 5-16 所示。

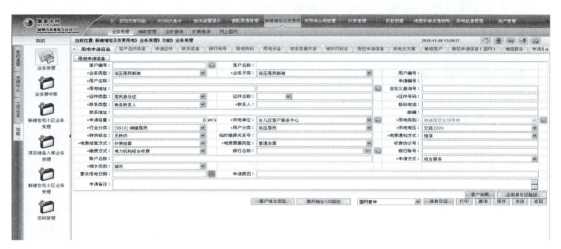

图 5-16 电力营销业务应用系统界面

(3) 正确发起业务流程。

步骤一:进入系统后,单击"新装增容及变更用电"→"功能"→"业务受理",在打开界面的"业务类型"中选择"更名",单击"用户编号"右侧的按钮,如图 5-17 所示。

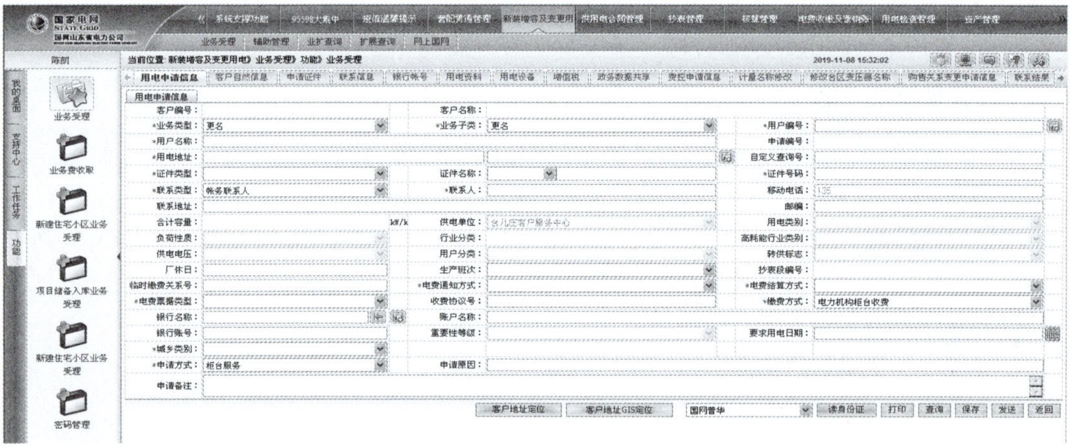

图 5-17 选择"更名"界面

步骤二:在打开界面中输入"用户编号"或"用户名称",选择"供电单位",单击下方的"查询"按钮,选择目标客户,单击"确认"按钮,如图 5-18 所示。

步骤三:在"用户名称""证件名称""证件号码""移动电话"栏输入新客户各项信息,单击"保存"按钮,如图 5-19 所示。

步骤四:选择"申请证件"界面,单击"新增"按钮,增加新客户身份信息;单击"删除"按钮,删除老客户身份信息。单击"保存"按钮,如图 5-20 所示。

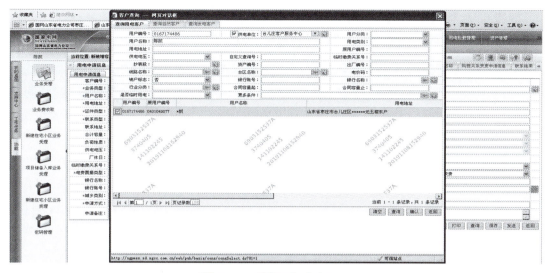

图 5-18　选择目标客户界面

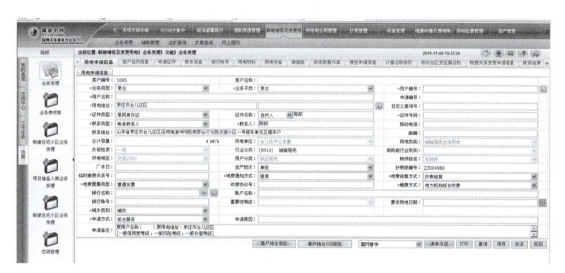

图 5-19　输入新客户各项信息界面

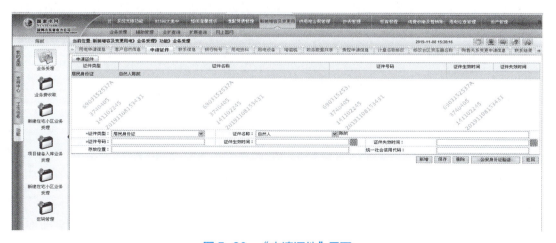

图 5-20　"申请证件"界面

步骤五：选择"联系信息"界面，单击"新增"按钮，增加新客户联系信息；单击"删除"按钮，删除老客户联系信息。单击"保存"按钮，如图5-21所示。

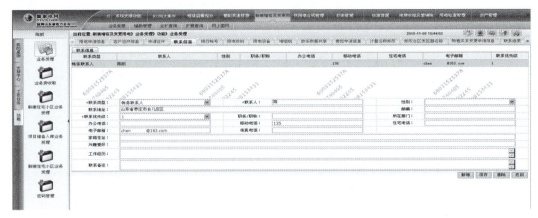

图5-21 "联系信息"界面

步骤六：选择"用电资料"界面，单击"资料类别"按钮，再单击"资料名称"按钮，在弹出的窗口中选择要上传的文件，单击"保存"按钮；如需继续上传其他资料，可单击"新增"按钮，如图5-22所示。

图5-22 "用电资料"界面

步骤七：选择"用电申请信息"界面，单击"发送"按钮，如图5-23所示，流程结束。

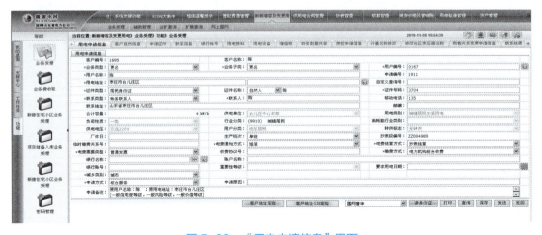

图5-23 "用电申请信息"界面

(4)填写工作单［应填处包括业务类型、原户名、户号、用电地址、新户名、身份证号、移动电话、新户签名（盖章）、承诺（客户签名盖章）、受理人、申请编号、受理日期］。

(5)扫描上传身份证明材料、房产证明资料，保存路径正确（见上述步骤六）。

（三）暂停、暂停恢复业务操作步骤

(1)收集审核所需资料。

(2)正确进入电力营销业务应用系统，如图5-24所示。

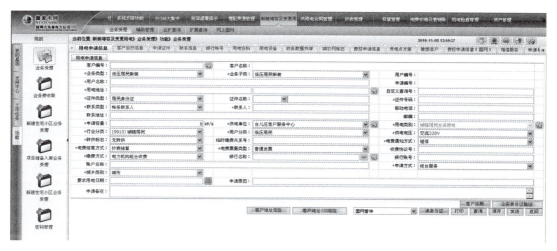

图5-24　电力营销业务应用系统界面

(3)正确发起业务流程。

步骤一：进入系统后，单击"新装增容及变更用电"→"功能"→"业务受理"，在打开界面的"业务类型"中选择"暂停"，如图5-25所示。

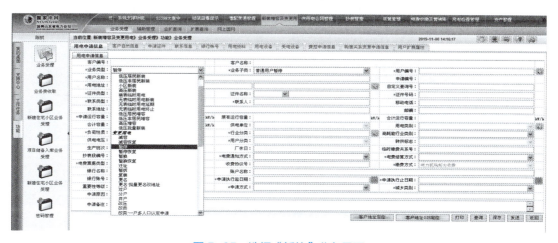

图5-25　选择"暂停"业务界面

步骤二：单击"业务子类"下拉按钮，在列表中选择"普通用户暂停"，单击"用户编号"右侧的按钮，如图5-26所示。

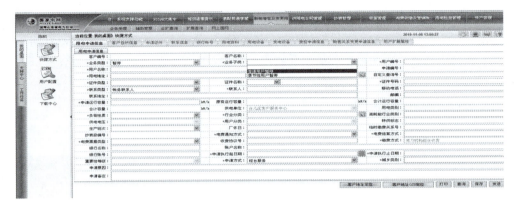

图 5-26 选择"普通用户暂停"界面

步骤三：在打开界面中输入"用户编号"或"用户名称"，选择"供电单位"，单击下方的"查询"按钮，选择目标客户，单击"确认"按钮，如图 5-27 所示。

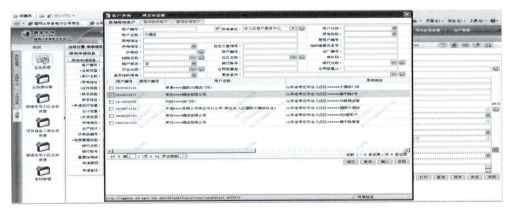

图 5-27 查询用电客户界面

步骤四：在弹出的确认界面单击"确定"按钮，如图 5-28 所示。

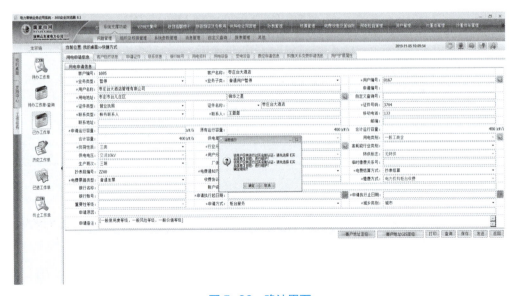

图 5-28 确认界面

步骤五：设置"申请运行容量""合计运行容量"，选择"申请执行起日期""申请执行止日期""申请方式"，单击"保存"按钮，如图 5-29 所示。

图 5-29　运行容量申请界面

步骤六：选择"用电资料"界面，设置"资料类别""资料名称"，单击"电子文件路径"右侧的"浏览"按钮，选择文件所在位置，单击"保存"按钮。单击"新增"按钮，继续上传其他资料，如图 5-30 所示。

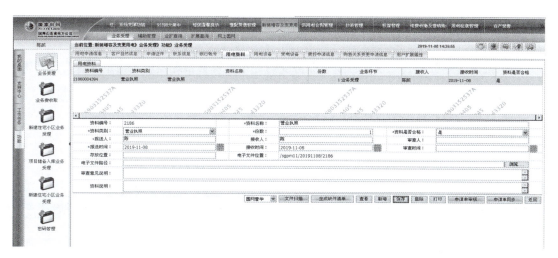

图 5-30　用电资料新增界面

步骤七：选择"用电申请信息"界面，单击"发送"按钮，如图 5-31 所示，流程结束。

（4）填写工作单［应填处包括户名、户号、用电地址、经办人、身份证、移动电话、业务类型、申请理由及内容、变更后主变或电源情况、经办人签名（单位盖章）、年月日、受理人、申请编号、受理日期］。

（5）扫描上传身份证明材料、房产证明资料，保存路径正确（见上述步骤六）。

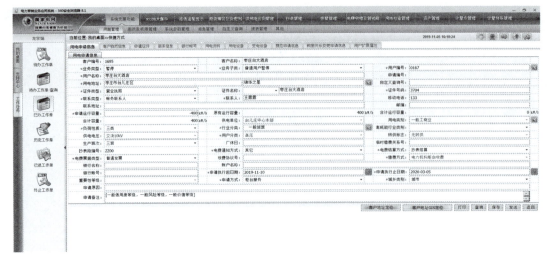

图 5-31　用电信息发送界面

（四）低压客户分布式光伏项目新装受理操作步骤

（1）文明受理客户光伏项目申请。

（2）正确填写"承诺书"。

（3）正确填写光伏申请表单。

（4）根据客户光伏项目需求，确定客户接入系统方案并告知客户。

（五）工作结束

（1）变更用电业务工作结束退出电力营销业务应用系统，整理装订资料，整理工作台面（桌面）。

（2）低压客户分布式光伏项目新装业务受理完毕将资料整理摆放到指定位置，清理考核现场，确保"工完场清"。

八、技能等级认证标准（评分）

用电业务咨询与办理（变更用电）项目考核评分记录表如表 5-26 所示。

表 5-26　用电业务咨询与办理（变更用电）项目考核评分记录表

姓名：　　　　　　　　　　准考证号：　　　　　　　　单位：

序号	项目	考核要点	配分	评分标准	得分	扣分	备注
1				工作准备			
1.1	营业准备规范	1. 营业开始前，营业窗口服务人员提前到岗，按照仪容仪表规范进行个人整理； 2. 营业前，检查各类表单、服务资料、办公用品是否齐全、数量是否充足，按照定置定位要求摆放整齐； 3. 营业前开启设备电源，启动计算机、打印机等办公设备，检查自助交费终端等信息化设备是否正常运行	10	1. 未按营业厅规范标准着工装扣 10 分； 2. 着装穿戴不规范（不成套、衬衣下摆未扎于裤/裙内，衬衣扣未扣齐），每处扣 2 分； 3. 未佩戴工号牌（工号牌位于工装左胸处），每项扣 2 分； 4. 浓妆艳抹，佩戴夸张首饰，每处扣 2 分； 5. 女员工长发应统一束起，短发清爽整洁，无乱发，男员工不留怪异发型，不染发，每处不规范扣 2 分； 6. 本项业务所需资料准备不齐全每项扣 2 分； 7. 未检查设备是否正常运行，每项扣 2 分			

续表

序号	项目	考核要点	配分	评分标准	得分	扣分	备注
1.2	服务行为规范	姿态规范：站姿、坐姿规范	5	1. 站立时身体抖动，随意扶、倚、靠等，每项扣1分； 2. 坐立时托腮或趴在工作台上，抖动腿、跷二郎腿、左顾右盼，每项扣1分			
2				工作过程			
2.1	资料收集	更名过户业务应包括客户身份证明（包括身份证、驾驶证、护照等有效身份证明材料）、房产证明（购房合同、购房协议、判决书、公证书，以及居委会及以上单位证明材料等）；暂停、暂停恢复业务应包括客户申请书（暂停或恢复）、客户证明材料（包括营业执照、法人身份证复印件、经办人身份证等）、委托书等	30	未能收集资料，每项扣10分，扣完为止			
2.2	流程发起	正确发起业务流程	45	1. 业务类型选择不正确的，直接扣45分； 2. 其他信息错误，每项扣5分，扣完为止			
3				工作终结验收			
3.1	整理工单	按照要求正确整理、装订工单	5	1. 未整理、装订工单的，每项扣1分； 2. 工单每错（漏）填一处［应填处包括业务类型、原户名、户号、用电地址、新户名、身份证号、移动电话、新户签名（盖章）、承诺（客户签名盖章）、受理人、申请编号、受理日期］扣1分，扣完为止			
3.2	工作区域整理	汇报结束前，清洁个人工作区域，保持干净整洁；将工作区域内的办公物品及设备按要求整齐归位，无损坏设备、设施	5	1. 造成设备、设施损坏，此项不得分； 2. 设施未恢复原样，每项扣2分； 3. 现场遗留纸屑等未清理，扣2分； 4. 营销系统账号未退出，扣5分； 5. 考核完毕，柜员应将岗位牌翻至"暂停营业"后离岗，未将岗位牌翻至"暂停营业"的，扣5分			
			合计得分				

否定项说明：1. 严重违反《国家电网公司电力安全工作规程（配电部分）》相关规定；2. 违反职业技能鉴定考场纪律；3. 造成设备重大损坏；4. 发生人身伤害事故

考评员： 年 月 日

用电业务咨询与办理（低压客户分布式光伏项目新装受理）项目考核评分记录表如表5-27所示。

表 5-27 用电业务咨询与办理（低压客户分布式光伏项目新装受理）项目考核评分记录表

姓名： 准考证号： 单位：

序号	项目	考核要点	配分	评分标准	得分	扣分	备注
1			工作准备				
1.1	着装穿戴	戴安全帽、线手套，穿工作服及绝缘鞋，按标准要求着装	10	1. 未穿工作服、绝缘鞋、未戴安全帽、线手套，缺少每项扣 2 分； 2. 着装穿戴不规范，每处扣 1 分			
2			工作过程				
2.1	受理过程	1. 文明受理客户申请； 2. 审核客户证件资料	10	1. 受理客户申请时未使用文明用语扣 5 分； 2. 客户申请所需资料不明扣 5 分			
2.2	现场工作过程	1. 填写分布式电源并网申请表； 2. 填写"承诺书"； 3. 填写接入系统方案项目确认单； 4. 填写接入电网方案	70	1. 表单错填、漏填每处扣 5 分，涂改每处扣 2 分； 2. 接入电网方案错误扣 10 分； 3. 单位符号书写不规范每处扣 3 分； 4. 表单空白每张扣 20 分			
3			工作终结验收				
3.1	安全文明生产	考核结束前，所有表单摆放整齐，现场恢复原状	10	1. 表单资料摆放不规范扣 5 分； 2. 现场未恢复扣 5 分，恢复不彻底扣 2 分			
			合计得分				

否定项说明：1. 严重违反《国家电网公司电力安全工作规程（配电部分）》相关规定；2. 违反职业技能鉴定考场纪律；3. 造成设备重大损坏；4. 发生人身伤害事故

考评员： 年 月 日

5.2.4 低压台区营业普查

一、培训目标

通过专业理论学习和技能操作训练，使学员进一步掌握低压台区营业普查的基础知识，掌握抄表、核算的基本知识，并可以对抄表核算结果进行营销分析，处理检查出的问题，提出防范措施，从而提高实际工作的效率。

二、培训场所及设施

（一）培训场所

抄核收实训室。

（二）培训设施

培训工具及器材如表 5-28 所示。

表 5-28 培训工具及器材（每个工位）

序号	名称	规格型号	单位	数量	备注
1	抄核收模拟装置		台	1	现场准备
2	三相四线电源		只	1	现场准备
3	三相智能电能表		只	2	现场准备

续表

序 号	名 称	规格型号	单 位	数 量	备 注
4	单相智能电能表		只	4	现场准备
5	验电笔	500V	支	1	现场准备
6	客户档案信息		份	1	现场准备
7	计算器		个	1	现场准备
8	记录表	A4	张	若干	现场准备
9	工作单	A4	张	若干	现场准备
10	分析报告	A4	张	若干	现场准备
11	现行电价表		张	1	现场准备
12	安全帽		顶	1	现场准备
13	线手套		副	1	现场准备
14	签字笔		支	1	现场准备
15	板夹		块	1	现场准备

三、培训参考教材与规程

（1）国家能源局:《电能计量装置技术管理规程》(DL/T 448—2016)，2016。

（2）国家能源局:《电能计量装置安装接线规则》(DL/T 825—2021)，2021。

（3）国家电网公司:《国家电网公司电力安全工作规程（配电部分）》，中国电力出版社，2014。

四、培训对象

农网配电营业工（台区经理）。

五、培训方式及时间

（一）培训方式

教师现场讲解、示范，学员进行技能操作训练，培训结束后进行理论考核与技能测试。

（二）培训时间

（1）基础知识学习：2学时。

（2）设备介绍：2学时。

（3）操作讲解、示范：2学时。

（4）分组技能操作训练：2学时。

（5）技能测试：2学时。

合计：10学时。

六、基础知识

（一）概述

（二）工作流程

（三）工单填写

（四）抄表

（1）抄表注意事项。

(2)按期、到位、准确抄录电能表。

（五）电量、电费计算

(1)分类电量、分类电费的计算。

(2)总电量、总电费的计算。

（六）营销指标分析

(1)进行日线损和月线损分析。

(2)对台区用电情况进行分析，发现营业管理中存在的问题。

（七）对台区管理存在问题提出整改及处理意见

七、技能培训步骤

（一）准备工作

1. 工作现场准备

(1)抄核收模拟装置系统安装牢固，设备外壳必须可靠接地。

(2)电能表通信、显示正常，操作系统正常。

2. 工具器材及使用材料准备

对工器具进行检查，确保正常使用，并整齐摆放于操作台上。

3. 安全措施及风险点分析（见表 5-29）

表 5-29　安全措施及风险点分析

序号	风 险 点	原因分析	控制措施和方法
1	台体	漏电	将台体进行保护接地，工作时设专人监护，用电笔验明确无电压后方可开始工作。操作时戴线手套，使用有绝缘手柄的工器具，站在干燥的绝缘垫上
2	试验接线盒	带电运行	设专人监护，戴线手套，检查时注意不得触碰试验接线盒带电部位

（二）操作步骤

(1)填写用电检查工作单。

(2)正确验电：对设备外壳正确验电，验明确无电压再打开设备。注意：验电时应摘下线手套。

(3)抄录表码，填写抄表卡片，发现并记录该台区存在的计量装置异常。

①抄表前向考评员报抄表，抄表后让考评员验证、签字。

②核对、记录电能表铭牌信息，检查表计合格证是否超周期、封印是否完好无缺失，是否存在电价执行错误、电能计量故障，是否存在违约窃电行为，并做好记录。

③抄录电能表示数，填写抄表卡片。

(4)计算电量、电费：根据现场抄录的表码及给定的客户信息进行电量、电费计算，计算步骤清晰、无涂改。

(5)根据计算结果对台区用电情况进行分析，发现该台区在营业管理中存在的问题，并对现场问题提出整改意见与防范措施。

(6)填写各种工作单。

(7)汇报结束，上交工作单和分析报告。

（三）工作结束

（1）检查完毕后将设备恢复原状态。

（2）器具清理：将工器具放到原来的位置。

（3）现场清理：工作结束，清理操作现场，确保做到"工完场清"。

八、技能等级认证标准（评分）

低压台区营业普查考核评分记录表如表 5-30 所示。

表 5-30　低压台区营业普查考核评分记录表

姓名：　　　　　　　　　　　准考证号：　　　　　　　　　　单位：

序号	项目	考核要点	配分	评分标准	得分	扣分	备注
1				工作准备			
1.1	着装穿戴	戴安全帽、线手套，穿工作服及绝缘鞋，按标准要求着装	5	1. 未戴安全帽、线手套，未穿工作服及绝缘鞋，每项扣2分； 2. 着装穿戴不规范，每处扣1分			
1.2	检查工器具	前期准备工作规范，相关工器具准备齐全	5	1. 工器具齐全，缺少每件扣1分； 2. 工器具不符合安检要求，每件扣2分			
2				工作过程			
2.1	工作流程	整体工作流程正确	5	1. 操作流程不正确，每次扣1分； 2. 工单流程不正确，每项扣1分			
2.2	抄录电能表示数	1. 正确验电； 2. 抄表过程中不得触及按钮以外的部位； 3. 抄录数据完整； 4. 不得错抄、漏抄数据； 5. 数据记录清晰、无涂改	10	1. 工作前未验电扣5分，验电方法不正确扣3分； 2. 抄表过程中触及按钮以外的部位，每次扣2分； 3. 抄表数据不完整，每处扣1分； 4. 漏抄每处扣2分，错抄每处扣1分； 5. 涂改每处扣1分			
2.3	异常情况检查	准确记录异常情况	10	异常情况未查出每处扣2分			
2.4	电量、电费核算	1. 电量计算； 2. 电费计算	20	1. 电量、电费计算错误每项扣5分； 2. 单位符号书写不规范每处扣2分			
2.5	营销活动分析	1. 营销指标完成情况及分析； 2. 分析营业管理过程中存在的问题； 3. 提出整改意见； 4. 制定防范措施	20	1. 指标分析每缺少一处扣2分； 2. 存在问题每缺少一项扣3分； 3. 整改意见每缺少一项扣3分； 4. 防范措施每缺少一项扣3分			
2.6	工单填写	工单填写规范、准确	20	1. 漏填工单，每张扣5分，错填工单，每处扣2分； 2. 填写有涂改，每处扣1分			
3				工作终结验收			

续表

序号	项目	考核要点	配分	评分标准	得分	扣分	备注
3.1	安全文明生产	汇报结束前，所选工器具放回原位，摆放整齐，现场恢复原状	5	1. 出现不安全行为扣5分； 2. 现场未恢复扣5分，恢复不彻底扣2分			
		合 计 得 分					

否定项说明：1. 违反《国家电网公司电力安全工作规程（配电部分）》相关规定；2. 违反职业技能鉴定考场纪律；3. 造成设备重大损坏；4. 发生人身伤害事故

考评员： 　　　　　　　　　　　　　　　年　　月　　日

5.2.5 电能计量装置带电检查

一、培训目标

通过专业理论学习和技能操作训练，使学员了解低压电能计量装置带电检查相关知识，熟练掌握低压电能计量装置带电检查的方法和技巧，熟悉低压电能计量装置带电检查的操作流程、仪表使用及安全注意事项。

二、培训场所及设施

（一）培训场所

电能计量装置接线仿真系统实训室。

（二）培训设施

培训工具及器材如表5-31所示。

表5-31 培训工具及器材（每个工位）

序 号	名 称	规格型号	单 位	数 量	备 注
1	电能计量接线仿真系统		台	1	现场准备
2	相序表		只	1	现场准备
3	相位伏安表		只	1	现场准备
4	通用电工工具		套	1	现场准备
5	万用表		只	1	现场准备
6	验电笔	500V	支	1	现场准备
7	配电第二种工作票	A4	张	若干	现场准备
8	急救箱		个	1	现场准备
9	线手套		副	1	现场准备
10	科学计算器		个	1	现场准备
11	安全帽		顶	1	现场准备
12	封印		粒	若干	现场准备
13	签字笔（红、黑）		支	2	现场准备
14	板夹		块	1	现场准备

三、培训参考教材与规程

（1）国家能源局：《电能计量装置技术管理规程》（DL/T 448—2016），2016。
（2）国家能源局：《电能计量装置安装接线规则》（DL/T 825—2021），2021。
（3）国家电网公司：《国家电网公司电力安全工作规程（配电部分）》，中国电力出版社，2014。
（4）原电力工业部：电力工业部令第 8 号《供电营业规则》，1996。
（5）国务院：《电力供应与使用条例》（国务院令第 196 号，2019 年第二次修订），1996。

四、培训对象

农网配电营业工（台区经理）。

五、培训方式及时间

（一）培训方式

教师现场讲解、示范，学员进行技能操作训练，培训结束后进行理论考核与技能测试。

（二）培训时间

（1）基础知识学习：2 学时。
（2）设备介绍：1 学时。
（3）操作讲解、示范：3 学时。
（4）分组技能操作训练：2 学时。
（5）技能测试：2 学时。
合计：10 学时。

六、基础知识

（一）低压电能计量装置带电检查专业知识

（1）低压电能计量装置带电检查工作原理。
（2）电压值、电流值、相序、相位角值的测定方法。
（3）相量图的绘制方法。
（4）功率表达式的计算。
（5）更正系数及退补电量的计算。

（二）低压电能计量装置带电检查作业流程

作业前准备→填写配电第二种工作票→测量电能表电压值、电流值、相位角值→定相→确定相序→绘制相量图→计算功率表达式→计算更正系数及退补电量值→工作结束。

七、技能培训步骤

（一）准备工作

1. 工作现场准备

（1）场地准备：必备 4 个及以上工位，布置现场工作间距不小于 1m，各工位之间用栅状遮栏隔离，场地清洁。
（2）功能准备：4 个及以上工位可以同时进行作业；每个工位能够实现"低压电能计量装置带电检查"操作；工位间安全距离符合要求，无干扰；能够保证考评员正确考核。

2. 工具器材准备

对进场的工器具进行检查，确保能够正常使用，并整齐摆放于工具架上。工具器材要求质量合格、安全可靠、数量满足需要。

3. 安全措施及风险点分析

（1）防止触电伤害。

① 使用验电笔前，要摘掉手套进行自检，自检时不得触及工作触头。

② 工作前使用验电笔对设备外壳进行验电，确保无电压后方可进行工作。

③ 工作时，人体与带电设备要保持足够的安全距离，面部夹角符合要求（侧面 >30°）。

（2）防止仪表损坏。

使用万用表等仪表时，进行自检且合格，测试时正确选择挡位、量程，防止发生仪表损坏情况。

（3）防止设备损害事故。

① 操作时应严格遵守安全操作规程，正确做好停、送电工作。

② 操作设备时应采取正确方法，不得误碰与作业无关的开关设备。

（二）操作步骤

1. 填表

填写配电第二种工作票，并向考评员申请签发、许可开工。

2. 测量与记录

（1）测量并记录三个相电压值、三个相电流值与三个相位角值。

（2）测量并确定出 U 相电压位置。

（3）测量并确定正相序或逆相序。

（4）绘制错误接线的相量图。

（5）利用测量的数据确定电能表各元件的电压、电流的组合。

3. 计算

（1）计算各元件的功率表达式。

（2）计算总功率表达式。

（3）计算并确定更正系数。

（4）根据给定的数据计算实际电量及退补电量。

4. 工作终结

（1）申请办理工作票终结手续。

（2）上交工作票及分析记录表。

（三）工作结束

（1）工器具、仪表、设备归位。

（2）清理现场，工作结束，离场。

八、技能等级认证标准（评分）

低压电能计量装置带电检查考核评分记录表如表 5-32 所示。

表 5-32 低压电能计量装置带电检查考核评分记录表

姓名：　　　　　　　　　　　准考证号：　　　　　　　　单位：

序号	项目	考核要点	配分	评分标准	得分	扣分	备注
1				工作准备			
1.1	着装穿戴	戴安全帽、线手套，穿工作服及绝缘鞋，按标准要求着装	5	1. 未戴安全帽、线手套，未穿工作服及绝缘鞋，每项扣2分； 2. 着装穿戴不规范，每处扣1分			
1.2	填写工作票	正确填写工作票	5	工作票填写错误扣5分，涂改每处扣1分			
1.3	检查工器具	前期准备工作规范，相关工器具、仪表准备齐全	5	1. 工器具、仪表齐全，每少一件扣2分； 2. 工器具、仪表不符合要求，每件扣1分			
2				工作过程			
2.1	测量过程	1. 验电； 2. 仪表的使用； 3. 数据测量	20	1. 工作前未验电扣5分，验电不正确扣3分； 2. 掉落物件每次扣2分； 3. 仪表使用前未检查扣2分； 4. 仪表挡位、量程选择错误，每次扣2分； 5. 测量数据错误，每处扣2分； 6. 涂改每处扣1分			
2.2	判断接线方式	1. 相量图绘制； 2. 判断接线方式	20	1. 相量图画错扣20分，绘制不规范每处扣1分； 2. 角度绘制与实际测量值偏差大于10°，每处扣1分； 3. 相量图符号标注不正确每处扣1分； 4. 电压、电流组合判断错误每个元件扣5分； 5. 涂改每处扣1分			
2.3	更正系数计算	1. 计算功率表达式； 2. 计算更正系数	40	1. 功率表达式错误每个元件扣5分； 2. 总功率表达式错误扣10分，无计算过程扣2分，未化为最简式扣2分； 3. 更正系数表达式错误扣10分，无计算过程扣4分，未化为最简式扣2分； 4. 更正系数值计算错误扣10分； 5. 单位符号书写不规范每处扣1分，涂改每处扣1分			
3				工作终结验收			
3.1	安全文明生产	汇报结束前，所选工器具放回原位，摆放整齐，现场恢复原状	5	1. 出现不安全行为扣5分； 2. 现场未恢复扣5分，恢复不彻底扣2分			
			合计得分				

否定项说明：1. 违反《国家电网公司电力安全工作规程（配电部分）》相关规定；2. 违反职业技能鉴定考场纪律；3. 造成设备重大损坏；4. 发生人身伤害事故

考评员：　　　　　　　　　　　　　　　　　　　　　年　　月　　日

第 6 章

一级 / 高级技师

6.1 配电技能

6.1.1 指挥 10kV 联络线路倒闸操作

一、培训目标

通过专业理论学习和技能操作训练，使学员了解操作票制度、指挥 10kV 联络线路倒闸操作，熟练掌握安全工器具的使用，能规范指挥 10kV 联络线路倒闸操作的整个工作流程，包括操作前准备工作、操作过程、操作后完结工作，以及注意事项等。

二、培训场所及设施

（一）培训场所

配电综合实训场。

（二）培训设施

培训工具及器材如表 6-1 所示。

表 6-1 培训工具及器材（每个工位）

序号	名称	规格型号	单位	数量	备注
1	操作票		张	1	现场准备
2	绝缘操作杆		套	1	现场准备
3	中性笔		支	2	考生自备
4	安全帽		顶	1	考生自备
5	绝缘鞋		双	1	考生自备
6	工作服		套	1	考生自备
7	绝缘手套		副	1	考生自备
8	急救箱（配备外伤急救用品）		个	1	现场准备

三、培训参考教材与规程

（1）国家电网公司：《国家电网公司电力安全工作规程（配电部分）》，中国电力出版社，2014。

（2）电力行业职业技能鉴定指导中心：11-047 职业技能鉴定指导书《配电线路（第二版）》，中国电力出版社，2008。

（3）电力行业职业技能鉴定指导中心：6-07-05-06 职业技能鉴定指导书《农网配电营业工》（电力工程农电专业），中国电力出版社，2007。

（4）国家电网公司人力资源部：国家电网公司生产技能人员职业能力培训专用教材《农网配电》，中国电力出版社，2010。

（5）国家电网公司人力资源部：国家电网公司生产技能人员职业能力培训专用教材《配电线路检修》，中国电力出版社，2010。

（6）国网山东省电力公司：《关于印发倒闸操作票、工作票执行规范的通知》（鲁电安质

〔2017〕610 号〕，2017。

（7）《电力行业从业人员技能等级认证职业技能标准编制技术规程（2020 年版）》

四、培训对象

农网配电营业工（配电专业）。

五、培训方式及时间

（一）培训方式

教师现场讲解、示范，学员进行技能操作训练，简述配电室、联络线路倒闸操作两个名词的概念，阐述执行 10kV 联络线路倒闸操作的具体流程（分为操作前准备工作、操作过程、操作后完结工作三部分），列举整个倒闸操作工作中的错误易犯点，并给出解决方法。

（二）培训时间

（1）指挥 10kV 联络线路倒闸操作专业知识：2 学时。

（2）指挥 10kV 联络线路倒闸操作作业流程：0.5 学时。

（3）操作讲解、示范：0.5 学时。

（4）分组技能操作训练：3 学时。

（5）技能测试：2 学时。

合计：8 学时。

六、基础知识

10kV 联络线路是指联络配电网，即供电干线形成一个闭合的联络，供电电源向这个联络干线供电，再从干线上一路一路地通过联络开关向外配电。

这样配置的好处是，每个配电支路既可以从它的左侧干线取电源，又可以从它的右侧干线取电源。当左侧干线出了故障，就从右侧干线继续得到供电，而当右侧干线出了故障，就从左侧干线继续得到供电。这样一来，尽管总电源是单路供电的，但对于每个配电支路来说却得到了类似双路供电的实惠，从而提高了供电可靠性。

七、技能培训步骤

联络线路倒闸操作也称为配网转供电操作，其作业流程分 4 个业务环节。

（1）编写转供电方案：编写转供电初步方案，选择转供电操作方式，确定是否退出重合闸等。

（2）审批转供电方案：审核是否出现过载，确认继电保护范围和停电范围，审核转供电操作方式。

（3）实施转供电：按方案要求接受，执行转供电操作。

（4）资料归档：记录转供电执行情况，更新转供电率统计表。

八、技能等级认证标准（评分）

指挥 10kV 联络线路倒闸操作项目考核评分记录表如表 6-2 所示。

表 6-2　指挥 10kV 联络线路倒闸操作项目考核评分记录表

姓名：　　　　　　　　　　　　　准考证号：　　　　　　　　　单位：

序号	项目	考核要点	配分	评分标准	得分	扣分	备注
1				工作准备			
1.1	编制方案	编制 10kV 联络线路倒闸操作的转供电方案	15	编写转供电初步方案，得 5 分；选择转供电操作方式，得 5 分；确定是否退出重合闸等，得 5 分			
			10	审核是否出现过载，得 2 分；确认继电保护范围和停电范围，得 3 分；审核转供电操作方式，得 5 分			
			10	按方案要求接受，得 5 分；执行转供电操作，得 5 分			
			10	记录转供电执行情况，得 5 分；更新转供电率统计表，得 5 分			
2				工作过程			
2.1	审批转供电方案	复核转供电初步方案	15	1. 复核 10kV 线路及设备负荷，保证不出现过载情况，若出现过载情况应修改转供电方案，得 5 分； 2. 复核转供电操作过程中及转供电期间继电保护整定值应满足对线路的保护范围要求，若出现不满足要求的应修改转供电方案，得 5 分； 3. 在满足前两个条件的前提下，复核用户停电范围是否最小，若尚有缩小可能的应修改转供电方案，得 5 分			
2.2	操作方式	选择转供电操作方式	20	转供电操作方式分为以下两种：（1）不间断供电的合环操作方式，得 5 分；（2）先停电、再转供电的操作方式，得 5 分。 操作方式的选择指引：对来自同一电源（指相同 220kV 电源）的 10kV 环网线路之间的转供电，可采用不间断供电的合环操作方式，得 5 分；对来自不同电源的 10kV 环网线路之间的转供电，宜采取先停电、再转供电的操作方式，得 5 分			
2.3	退出重合闸	选择是否退出重合闸	5	进行不间断供电的合环操作时，应退出合环线路的自动重合闸，得 5 分			
2.4	审核	提交审核	5	提交部门负责人审核，得 5 分			
3				工作终结验收			
3.1	资料归档	记录、归档	10	1. 倒闸操作后，配调值班调度员应及时核对修正 SCADA 系统或配网自动化系统画面显示，使其与实际运行状态相一致，并按规定进行相关的挂牌提示，得 3 分； 2. 转供电操作完毕后，应记录转供电的时间及运行方式，并在 10kV 线路单线图上做标记，得 2 分； 3. 转供电期间，配网调度应重点关注环网线路负荷情况，负荷电流接近线路的长期允许载流量时应及时通知供所，得 5 分			
				合 计 得 分			

否定项说明：1. 违反《国家电网公司电力安全工作规程（配电部分）》相关规定；2. 违反职业技能鉴定考场纪律；3. 造成设备重大损坏；4. 发生人身伤害事故

考评员：　　　　　　　　　　　　　　　　　　　　　　年　　　月　　　日

6.1.2 线路门型杆定位分坑

一、培训目标

通过专业理论学习和技能操作训练,使学员了解经纬仪测量专业知识和测量方法,掌握使用经纬仪对线路门型杆进行定位分坑作业的操作流程及安全注意事项,能正确选用经纬仪,能对线路门型杆进行定位复测。

二、培训场所及设施

(一)培训场所

(1)技能培训场所满足线路门型杆定位分坑实训作业安全操作条件。

(2)必备2个以上工位,工位间安全距离符合要求,每个工位实现独立操作,可以同时进行作业,互不干扰;各个工位之间用遮栏隔离,场地清洁。

(二)培训设施

培训工具及器材如表6-3所示。

表6-3 培训工具及器材(每个工位)

序 号	名 称	规格型号	单 位	数 量	备 注
1	经纬仪	J2或J6	台	1	现场准备
2	花杆		副	1	现场准备
3	钢卷尺	5m	个	1	现场准备
4	皮尺	30m	个	1	现场准备
5	手锤		把	1	现场准备
6	木桩	3m	个	4	现场准备
7	小铁钉		个	若干	现场准备
8	细铁丝		m	20	现场准备
9	急救箱(配备外伤急救用品)		个	1	现场准备

三、培训参考教材与规程

(1)国家电网公司:《国家电网公司电力安全工作规程(配电部分)》,中国电力出版社,2014。

(2)国家经济贸易委员会:《低压电力技术规程》(DL/T 499—2001),2001。

(3)电力行业职业技能鉴定指导中心:11-047职业技能鉴定指导书《配电线路(第二版)》,中国电力出版社,2008。

(4)电力行业职业技能鉴定指导中心:6-07-05-06职业技能鉴定指导书《农网配电营业工》(电力工程农电专业),中国电力出版社,2007。

(5)国家电网公司人力资源部:国家电网公司生产技能人员职业能力培训专用教材《农网配电》,中国电力出版社,2010。

(6)国家电网公司人力资源部:国家电网公司生产技能人员职业能力培训专用教材《配电线路检修》,中国电力出版社,2010。

(7)住房和城乡建设部:《电气装置安装工程66kV及以下架空电力线路施工及验收规范》

（GB 50173—2014），2015。

（8）国家能源局：《10kV 及以下架空配电线路设计规范》（DL/T 5220—2021），2021。

（9）《架空绝缘配电线路施工及验收规程》（DL/T 602—1996），1996。

四、培训对象

从事农网 10kV 及以下高、低压电网的运行、维护、安装，并符合农网配电营业工一级 / 高级技师申报条件的人员。

五、培训方式及时间

（一）培训方式

教师现场讲解、示范，学员进行技能操作训练，培训结束后进行理论考核与技能测试。

（二）培训时间

（1）经纬仪的构造、选择、使用，线路门型杆的分类、作用：1 学时。

（2）使用经纬仪进行线路门型杆分坑测量的流程和方法：0.5 学时。

（3）操作讲解、示范：0.5 学时。

（4）分组技能操作训练：5 学时。

（5）技能测试：1 学时。

合计：8 学时。

六、基础知识

（1）经纬仪的分类和构造。

（2）经纬仪的选择和使用方法。

（3）线路门型杆的分类、作用及根开。

七、技能培训步骤

（一）准备工作

工器具及仪表进行外观检查，熟悉现场图纸、设备情况和记录表。分坑条件如图 6-1 所示。

图 6-1　分坑条件示意图

（二）操作步骤

（1）将经纬仪放于门型杆中心桩 O 点上，对中、调平、对光；将标杆插于线路 A 标桩方向上，通过望远镜瞄准标杆，调焦并将十字丝精确对准标杆；然后将标杆插于线路 B 标桩上，倒镜，使望远镜瞄准 B 标杆，调焦并将十字丝精确对准标杆，检查中心桩位置的正确性。

（2）将仪器换向手轮转至水平位置，打开水平度盘照明反光镜并调整，使显微镜中的读数最亮，转动水平度盘手轮，使读数为一个好计算的整数角度；将镜筒旋转 90°确定 C 辅助标桩，倒镜、确定 D 辅助标桩，使 $OC=OD=6000mm$，如图 6-2（a）所示。

（3）用细铁丝连接 OC、OD，在铁丝 OC 上量出 $2000mm$，得杆位桩 E 点，在铁丝 OD 上量出 $2000mm$，得杆位桩 F 点；$OE=OF$，如图 6-2（b）所示。

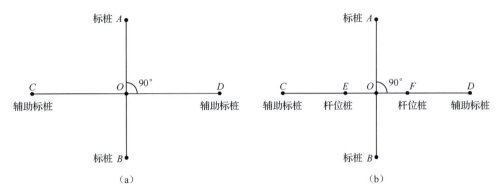

图 6-2 经纬仪线路门型杆分坑作业

（三）工作结束

（1）将现场所有工器具放回原位，摆放整齐。

（2）清理工作现场，离场。

八、技能等级认证标准（评分）

线路门型杆定位分坑评分表如表 6-4 所示。

表 6-4 线路门型杆定位分坑评分表

姓名：			准考证号：		单位：		
序号	项目	考核要点	配分	评分标准	得分	扣分	备注
1	工作准备						
1.1	着装穿戴	1. 穿工作服、绝缘鞋； 2. 戴安全帽、线手套	6	1. 未穿工作服、绝缘鞋，未戴安全帽、线手套，每缺少一项扣 2 分； 2. 着装穿戴不规范每处扣 1 分			
1.2	备料及工器具检查	1. 检查经纬仪外观良好，无潮湿、破损； 2. 检查其他材料配套、完好，从箱内取出须轻拿轻放	4	1. 工器具检查项目不全、方法不规范，每处扣 2 分； 2. 仪器进出箱操作不规范扣 2 分，各种制动螺钉固定不规范每处扣 1 分； 3. 仪器损伤该项不得分			
2	工作过程						
2.1	经纬仪整平对中	1. 经纬仪置于中心桩处，三脚架安置的角度和高度适宜（试镜水平时不高于眼部或低于下颌），脚架的分节固定牢固； 2. 经纬仪调平、对中，整平后，水准管气泡偏移不得超过 1 格； 3. 经纬仪旋钮松紧适中	20	1. 经纬仪架设高度不合适扣 2 分，不牢靠扣 5 分，脚架腿碰动一次（需调整）扣 3 分，不连接底座中心螺旋扣 3 分； 2. 经纬仪对中不准确扣 2 分，定位不合适或再次移动扣 5 分； 3. 经纬仪整平误差不满足要求扣 5 分； 4. 经纬仪旋钮使用不当扣 5 分； 5. 操作不熟练扣 2 分			

续表

序号	项目	考核要点	配分	评分标准	得分	扣分	备注
2.2	经纬仪分坑	1. 分坑尺寸计算正确； 2. 经纬仪目镜调焦对准花杆正确无误； 3. 杆位垂直于线路方向，角度刻度盘使用正确，读数准确； 4. 辅助标桩 $OC=OD=6000mm$，杆位桩 $OE=OF=2000mm$，定位准确； 5. 经纬仪解除水平锁定后再进行旋转操作； 6. 操作步骤：瞄准线路方向→校核中心桩→旋转 $90°$ →确定辅助标桩 C →倒镜、确定辅助标桩 D →连接 COD 桩→确定杆位桩 E、F。现场指挥准确，操作熟练	40	1. 计算错误扣 25 分； 2. 经纬仪目镜调焦不正确每次扣 2 分，花杆对不正十字线每次扣 3 分； 3. 角度读数不正确扣 5 分，计算错误扣 5 分； 4. 辅助标桩、杆位桩定位准确，差 0.5cm 扣 5 分，差 1.0cm 扣 10 分，辅助标桩少一个扣 5 分，杆位桩少一个扣 10 分； 5. 经纬仪旋转操作不规范每次扣 5 分； 6. 操作不熟练、指挥混乱扣 5 分，操作步骤少一步扣 5 分			
2.3	分坑工艺、质量	1. 操作完毕经纬仪保持整平对中； 2. 根开尺寸正确； 3. 在规定时间内完成操作	20	1. 经纬仪不能保持整平对中扣 5 分； 2. 根开尺寸错误每处扣 3 分； 3. 规定时间内未完成操作扣 10 分			
3			工作终结验收				
3.1	安全文明生产	汇报结束前，所选工器具放回原位，摆放整齐；无损坏元件、工具；恢复现场；无不安全行为	10	1. 出现不安全行为每次扣 5 分； 2. 作业完毕，现场未清理恢复扣 3 分，恢复不彻底扣 2 分； 3. 损坏工器具每件扣 3 分			
			合 计 得 分				

否定项说明：1. 严重违反电力安全工作规程；2. 违反职业技能评价考场纪律；3. 造成设备重大损坏；4. 发生人身伤害事故

考评员： 年 月 日

6.1.3 配电故障现场抢修

一、培训目标

通过专业理论学习和模拟演练，使学员了解配电故障抢修相关专业知识和配电故障抢修故障分析及抢修方案、安全方案的制定，掌握线路一次接线图接线方式，熟练填写现场勘查记录、配电故障紧急抢修单及配电第一种工作票，熟练掌握配电故障抢修作业的组织流程、人员、车辆、工器具及材料的配备和现场安全措施的布置。

二、培训场所及设施

（一）培训场所

配电综合实训场。

（二）培训设施

培训工具及器材如表 6-5 所示。

表 6-5　培训工具及器材（每个工位）

序号	名称	规格型号	单位	数量	备注
1	书写板		块	1	现场准备
2	工作服		套	1	考生自备
3	线手套		副	1	考生自备
4	中性笔		支	2	考生自备
5	安全帽		顶	1	考生自备
6	绝缘鞋		双	1	考生自备

三、培训参考教材与规程

（1）国家电网公司：《国家电网公司电力安全工作规程（配电部分）》，中国电力出版社，2014。

（2）国家经济贸易委员会：《低压电力技术规程》（DL/T 499—2001），2001。

（3）电力行业职业技能鉴定指导中心：11-047 职业技能鉴定指导书《配电线路（第二版）》，中国电力出版社，2008。

（4）电力行业职业技能鉴定指导中心：6-07-05-06 职业技能鉴定指导书《农网配电营业工》（电力工程农电专业），中国电力出版社，2007。

（5）国家电网公司人力资源部：国家电网公司生产技能人员职业能力培训专用教材《农网配电》，中国电力出版社，2010。

（6）国家电网公司人力资源部：国家电网公司生产技能人员职业能力培训专用教材《配电线路检修》，中国电力出版社，2010。

（7）国家能源局：《10kV 及以下架空配电线路设计规范》（DL/T 5220—2021），2021。

（8）住房和城乡建设部：《电气装置安装工程 66kV 及以下架空电力线路施工及验收规范》（GB 50173—2014），2015。

四、培训对象

农网配电营业工（台区经理）。

五、培训方式及时间

（一）培训方式

教师现场讲解、示范，学员进行技能操作训练，培训结束后进行理论考核与技能测试。

（二）培训时间

（1）配电故障处理相关专业知识：1 学时。

（2）配电故障处理流程：1 学时。

（3）现场勘查记录、配电故障紧急抢修单、配电第一种工作票填写：1 学时。

（4）模拟故障处理：3 学时。

（5）技能测试：2学时。

合计：8学时。

六、基础知识

（一）配电故障处理相关知识

（1）配电线路故障分类及故障分析研判。

（2）《配电安规》故障处理相关知识。

（3）配电故障处理要点。

（4）现场勘查记录、配电故障紧急抢修单、配电第一种工作票填写。

（二）配电故障处理作业流程

根据故障停电信息初步判断故障区间，组织人员进行故障巡视→现场方案勘察，填写现场勘察记录→形成抢修方案→危险点分析、确定危险点→填写配电故障紧急处理抢修单→故障处理→汇报、恢复送电→工作结束。

七、技能培训步骤

（一）准备工作

1. 工作现场准备

场地准备：必备4个工位，可同时进行作业。

2. 工具器材准备

准备书写工具。

（二）操作步骤

1. 工作前的准备

熟悉现场图纸、设备情况和记录表。

2. 现场勘察记录填写

（1）根据图纸描述故障停电信息，判断故障区间及故障性质。

（2）组织人员进行故障巡视，确定故障地点。

（3）获得四种信息：

① 故障线路的名称、位置要描述清楚，如10kV××线××分支线××电杆。

② 故障情况要描述清楚，如××分界开关爆炸，弓子线烧坏（绝缘导线、185mm^2）。

③ 安全措施要描述清楚（有明确断开点），要求所有来电方向做安全措施（拉开开关、刀闸，客户双电源）。

④ 危险点要描述清楚，主要是防触电、感应电措施。

主要危险点位置：

① 同杆架设线路，如10kV××线与带电的0.4kV××线同杆架设等。

② 交叉跨越线路，如10kV××线××-××号上跨110kV×××线等。

③ 安全距离不足，如与带电的10kV××线、35kV××线平行临近。

④ 感应电，如抢修线路10kV××线××-××号有感应电，使用个人保安线等。

（4）填写现场勘察记录。

3. 形成抢修方案

（1）抢修方案：明确抢修任务，确定参与抢修人员及完成抢修任务所需的材料、工器具、车辆等。

（2）安全方案：明确应断开的开关、刀闸，装设的地线、围栏、标示牌，来电方向应有明显断开点。

4. 分析危险点

根据现场勘察记录等信息，主要危险点内容如下：

（1）同杆架设线路。

（2）交叉跨越线路。

（3）平行、邻近线路。

（4）感应电。

5. 填写配电故障紧急抢修单

（1）连续进行的事故修复工作可填用事故紧急抢修单，非连续进行的事故修复工作应使用工作票。

（2）根据现场方案勘察记录，填写工作负责人、抢修人员、抢修任务、安全措施、危险点等。

（3）危险点设专责监护人。

6. 停电、验电、接地、装设围栏、悬挂标示牌

（1）工作地点各侧都应挂接地线。

（2）有防感应电措施。

（3）吊车应采用双围栏。

（4）道路附近应设标示牌。

7. 召开开工会，交代危险点、现场安全措施，作业人员确认签字

工作负责人组织召开开工会，抢修人员做到四个清楚：任务清楚、流程清楚、危险点清楚、安全措施清楚。

8. 专责监护人到位，开始事故抢修

（1）在抢修负责人的带领下，人员、材料、车辆进入现场开始抢修。

（2）抢修过程中，专责监护人要始终在危险点现场认真监护。

9. 拆除接地线，验收并恢复送电

（1）完工后，工作负责人检查线路抢修地段没有遗留工具、材料等，查明全部作业人员确由杆塔或设备上撤下后，下令拆除接地线。

（2）清理工作现场，工作范围内无接地短路，汇报调度由专人恢复送电。

八、技能等级认证标准（评分）

配电故障现场抢修考核评分记录表如表6-6所示。

表 6-6　配电故障现场抢修考核评分记录表

姓名：　　　　　　　　　　　准考证号：　　　　　　　　　单位：

序号	项目	考核要点	配分	评分标准	得分	扣分	备注
1				工作准备			
1.1	着装穿戴	1. 穿工作服、绝缘鞋； 2. 戴安全帽、线手套	5	1. 未穿工作服、绝缘鞋，未戴安全帽、线手套，每缺少一项扣 2 分； 2. 着装穿戴不规范，每处扣 1 分			
2				工作过程			
2.1	故障情况	故障线路的名称、位置描述清楚，故障情况描述清楚	5	1. 故障线路的名称、位置描述不清楚扣 2 分； 2. 故障情况描述不清楚扣 3 分； 3. 关键词书写错误，每处扣 1 分； 4. 内容涂改，每处扣 0.5 分			
2.2	危险点分析	危险点分析齐全、清楚，对交叉跨越、防触电、防感应电、高空坠落、落物伤人、倒杆断线等内容的分析	10	1. 分析错误，每项扣 5 分； 2. 分析不全面，每处扣 2 分； 3. 分析描述错误，每处扣 2 分； 4. 内容涂改，每处扣 0.5 分			
2.3	安全措施	工作地点有明显断开点，所有来电方向做安全措施；根据危险点分析内容，制定安全措施	30	1. 应断开的开关、刀闸不符合现场实际条件，每处扣 5 分，开关位置未进行确认，扣 2 分； 2. 未验电和应装设的接地线、围栏、警示标志未装设，每处扣 5 分，验电、装设接地线的杆号错误，每处扣 5 分，无接地线编号每处扣 2 分； 3. 应设置的专责监护人未设置，每处扣 3 分； 4. 交叉跨越未采取安全措施，每处扣 5 分，安全措施不规范每处扣 2 分； 5. 紧、撤线前未增设临时拉线，每处扣 5 分，未检查杆根拉线，每项扣 3 分； 6. 无防高空坠落、落物伤人措施，每项扣 5 分，措施不规范每项扣 2 分； 7. 危险点分析内容，未采取安全措施，每缺一项扣 5 分； 8. 内容涂改，每处扣 0.5 分			
2.4	抢修方案	明确抢修工作任务、工作流程、抢修人员、抢修车辆及主要工器具、材料	40	1. 工作任务不明确，缺项，每处扣 2 分； 2. 工作流程颠倒、错误、漏项，每项扣 3 分； 3. 所指派工作负责人、专责监护人、抢修人员、车辆符合抢修条件，未满足要求，每项扣 2 分； 4. 主要工器具、材料，每缺少一件扣 2 分； 5. 内容涂改，每处扣 0.5 分			

续表

序号	项目	考核要点	配分	评分标准	得分	扣分	备注
2.5	工作终结	工作终结报告简明扼要，汇报内容满足安规要求	10	1. 未按照安规要求进行汇报，每缺少一项扣 1 分，汇报内容不规范，每项扣 0.5 分； 2. 内容涂改，每处扣 0.5 分			
合计得分							

否定项说明：1. 违反《国家电网公司电力安全工作规程（配电部分）》相关规定；2. 违反职业技能鉴定考场纪律；3. 高空坠落、发生人身伤害事故

考评员：　　　　　　　　　　　　　　　　　　　　　　　年　　月　　日

6.1.4　低压总控、仪表、照明、无功补偿、电动机控制回路故障查找及排除

一、培训目标

通过专业理论学习和技能操作训练，使学员了解低压电气设备故障排除专业知识和电气识图方法，掌握低压故障排除的原理和方法，能正确完成低压配电设备停、送电操作，能完成低压总控制回路、指示仪表回路、照明回路、无功补偿回路、电动机控制回路的故障查找，并能正确排除故障。

二、培训场所及设施

（一）培训场所

（1）技能培训场所满足低压总控制回路、指示仪表回路、照明回路、无功补偿回路、电动机控制回路故障查找及排除实训安全操作条件；

（2）必备 2 个以上工位，工位间安全距离符合要求，每个工位实现独立操作，可以同时进行作业，互不干扰；各工位之间用遮栏隔离，场地清洁。

（二）培训设施

培训工具及器材如表 6-7 所示。

表 6–7　培训工具及器材（每个工位）

序号	名　　称	规格型号	单位	数量	备　注
1	低压总控制回路、指示仪表回路、照明回路、无功补偿回路、电动机控制回路故障排除实训装置		台	1	现场准备
2	低压验电笔		支	1	现场准备
3	便携短路型 0.4kV 接地线		组	1	现场准备
4	标示牌	"禁止合闸，有人工作"	个	1	现场准备
5	万用表	数字式	只	1	现场准备
6	尖嘴钳	150mm	把	1	现场准备
7	螺丝刀	十字、金属杆带绝缘套	把	1	现场准备
8	螺丝刀	一字、金属杆带绝缘套	把	1	现场准备
9	故障排除连接线	黄、绿、红、蓝	根	12	现场准备
10	急救箱（配备外伤急救用品）		个	1	现场准备

三、培训参考教材与规程：

（1）国家电网公司：《国家电网公司电力安全工作规程（配电部分）》，中国电力出版社，2014。

（2）国家经济贸易委员会：《低压电力技术规程》(DL/T 499—2001)，2001。

（3）电力行业职业技能鉴定指导中心：11-047 职业技能鉴定指导书《配电线路（第二版）》，中国电力出版社，2008。

（4）电力行业职业技能鉴定指导中心：6-07-05-06 职业技能鉴定指导书《农网配电营业工》（电力工程农电专业），中国电力出版社，2007。

（5）国家电网公司人力资源部：国家电网公司生产技能人员职业能力培训专用教材《农网配电》，中国电力出版社，2010。

（6）国家电网公司人力资源部：国家电网公司生产技能人员职业能力培训专用教材《配电线路检修》，中国电力出版社，2010。

（7）《低压配电综合实训装置技术规范书》。

四、培训对象

从事农网 10kV 及以下高、低压电网的运行、维护、安装，并符合农网配电营业工一级/高级技师申报条件的人员。

五、培训方式及时间

（一）培训方式

教师现场讲解、示范，学员进行技能操作训练，培训结束后进行理论考核与技能测试。

（二）培训时间

（1）总控制、指示仪表、照明、无功补偿、电动机控制回路图纸识读及原理讲解：1 学时。

（2）总控制、指示仪表、照明、无功补偿、电动机控制回路故障查找及排除流程：0.5 学时。

（3）总控制、指示仪表、照明、无功补偿、电动机控制回路故障查找及排除方法：1 学时。

（4）操作讲解、示范：0.5 学时。

（5）分组技能操作训练：4 学时。

（6）技能测试：1 学时。

合计：8 学时。

六、基础知识

（1）低压配电线路、装置、设备图纸识读。

（2）低压总控制、指示仪表、照明、无功补偿、电动机控制回路原理。

（3）低压配电装置、设备停/送电顺序、要求和注意事项。

（4）安全工器具的选择、检查和使用。

（5）万用表的选择、检查和使用。

七、技能培训步骤

（一）准备工作

工器具及仪表进行外观检查，熟悉现场图纸、设备情况和记录表。

（二）操作步骤

1. 送电、观察故障现象

（1）摘下手套，先在带电设备上检验验电笔的状况良好，再用低压验电笔在实训装置柜体的金属裸露处验明确无电压后，戴上手套。

（2）逐项检查柜体各相开关位置状况。用手指的方式快速检查，但是检查过程中不要触及柜体任何设备，检查顺序为：总开关位置→电压切换开关位置→三相刀闸位置→单相刀闸位置→M1电动机三联开关位置→M2电动机三联开关位置→双联开关位置→时间继电器位置→日光灯开关／白炽灯开关／节能灯开关位置→起辉器→各短路线的连接情况。抽查核对主要的设备编号数据。

（3）送电时，刀闸接近闭合时要快速闭合；断开刀闸时，要快速断开。停电后，要悬挂"禁止合闸，有人工作"的标示牌，并模拟装设接地线。

① 总控制回路、指示仪表回路：送总开关（侧面>30°）→调节电压表切换开关，观察各项电压的变化情况，判断故障原因（电压正常，指示回零位置）→总开关下各分开关进行送电操作，观察各分路的运行情况，判断故障原因→设备处于运行状态。

② 照明回路：送单相刀闸（侧面>30°）→送双联开关（侧面>30°）→送节能灯开关（侧面>30°），观察节能灯的变化情况，判断故障原因→送白炽灯开关（侧面>30°），观察变化情况，判断故障原因→观察双控开关控制线路的情况，判断故障原因→送日光灯开关（侧面>30°），观察变化情况，判断故障原因→设备处于运行状态。

③ 电动机正反转回路：送三相刀闸（侧面>30°）→送M1电动机三联开关（侧面>30°）→启动SB1按钮（侧面>30°）→观察电动机的正反转运转情况，判断故障原因→设备处于运行状态。

④ Y-△启动回路：送M2电动机三联开关（侧面>30°）→启动SB3按钮（侧面>30°）→观察Y-△转换前后的指示灯变化情况，判断故障原因→观察时间继电器的指示灯，判断故障原因→Y-△转换后观察电动机运转情况，判断故障原因→设备处于运行状态。

⑤ 无功补偿回路：电动机正反转回路启动运转后→观察功率因数表的变化情况，判断故障原因→Y-△回路启动后→观察功率因数表的变化情况，判断故障原因→Y-△转换后，观察功率因数表的变化情况，判断故障原因→设备处于运行状态。

2. 故障现象查看完毕，检查开关位置后停电

（1）照明回路：停下日光灯开关（侧面>30°）→停下白炽灯开关（侧面>30°）→停下节能灯开关（侧面>30°）→检查所有灯具开关处于断开位置→切断单相双联开关（侧面>30°）→断开单相刀闸（侧面>30°）。

（2）电动机正反转回路：按下SB2停止按钮（侧面>30°）→M1电动机停止运行→切断M1电动机三联开关（侧面>30°）。

（3）Y-△启动回路：按下SB4停止按钮（侧面>30°）→M2电动机停止运行→切断M2电动机三联开关（侧面>30°）→断开三相刀闸（侧面>30°）。

（4）无功补偿回路：电动机正反转停止后，观察功率因数表的变化情况→Y-△回路停止后，观察功率因数表的变化情况→判断故障原因。

(5)总控制回路、指示仪表回路：断开总开关（侧面 >30°）→调节电压表切换开关，观察电压的变化情况，判断故障原因→观察各分路的停电情况，判断故障原因→设备处于停电状态。

(6)检查所有开关处于断开位置→关闭配电柜门。

3. 填写故障记录及分析表

(1)填写低压回路故障查找与排除即故障处理记录表。

(2)要求字迹工整，填写规范。

4. 故障排除

(1)用低压验电笔验电后，打开柜门，验明开关确无电压，开始查找故障。

(2)调整挡位对万用表自检，试验后，按照故障现象查找故障原因；对已经查出的故障使用连接线牢固连接，核对检查连接线的连接情况，消除错接线现象。

(3)所有故障查找处理完毕后,将万用表挡位置于交流高压挡并关闭电源,放入工具包内。

5. 送电试验

送电、观察故障现象，拆除连接线，恢复原状，关闭实训装置柜门。

(三)工作结束

(1)将现场所有工器具放回原位，摆放整齐。

(2)清理工作现场，离场。

八、技能等级认证标准（评分）

低压指示仪表回路、照明回路故障查找及排除评分表如表 6-8 所示。

表 6-8 低压指示仪表回路、照明回路故障查找及排除评分表

姓名： 准考证号： 单位：

序号	项 目	考核要点	配分	评分标准	得分
1				工 作 准 备	
1.1	着装穿戴	1.穿工作服、绝缘鞋； 2.戴安全帽、线手套	5	1.未穿工作服、绝缘鞋，未戴安全帽、线手套，每缺少一项扣 2 分； 2.着装穿戴不规范每处扣 1 分	
1.2	检查工器具、仪表	1.工器具、仪表准备齐全； 2.检查试验工器具、仪表	10	1.工器具、仪表齐全，缺少或不符合要求每件扣 2 分； 2.工器具、仪表未检查试验、检查项目不全、方法不规范每件扣 1 分； 3.工器具、仪表不符合安检要求每件扣 1 分	
2				工 作 过 程	
2.1	工器具、仪表使用	工器具、仪表使用恰当，不得掉落	5	1.工器具、仪表使用不当每次扣 1 分； 2.工器具、仪表掉落每次扣 1 分； 3.仪表使用前不进行自检扣 2 分； 4.仪表使用完毕未关闭或未调至安全挡位扣 2 分； 5.查找故障时造成表计损坏扣 5 分	
2.2	填写记录	1.根据送电后各设备的运行情况，观察故障现象，判断可能造成故障的各种原因； 2.对照所观察到的故障现象，填写故障记录及分析表	15	1.故障现象无表述每处扣 5 分，表述不正确扣 3 分； 2.分析判断不全面每项扣 1 分，无根据每项扣 2 分； 3.检查步骤不正确每项扣 2 分； 4.安全防范措施填写不全面每项扣 2 分； 5.涂改、错字每处扣 2 分	

续表

序号	项目	考核要点	配分	评分标准	得分
2.3	查找及处理	1. 熟悉低压回路故障排除实训装置中指示仪表回路、照明回路的接线原理； 2. 正确停、送电操作，根据故障现象查找引起故障的设备元件； 3. 确定故障设备和相对应的接线端子号； 4. 使用仪表对可能造成故障的所有设备进行认真测试检查，最后确定故障点； 5. 使用故障恢复连接线进行连接处理，排除故障	55	1. 打开实训装置柜门前未检查柜体接地扣 2 分，未验明柜体无电扣 5 分，触碰柜体内开关、线路、设备前未验明开关、线路、设备无电各扣 5 分，程序不完整或错误扣 3 分，使用验电笔方法错误每次扣 3 分； 2. 试送电前应检查所有开关在断开位置，开关位置不正确每处扣 1 分； 3. 停、送电顺序和方法不正确每次扣 5 分，停、送电时面部与开关的夹角小于 30° 每次扣 2 分； 4. 现场所做安全措施每少一项扣 5 分； 5. 在带电的情况下进行故障查找每次扣 10 分； 6. 未使用万用表查找故障、查找方法针对性不强每次扣 3 分； 7. 故障排除线接点未接好每处扣 2 分； 8. 故障点少查每处扣 10 分； 9. 造成故障点增加每处扣 10 分； 10. 故障排除后未送电试验扣 10 分，少送一处扣 5 分； 11. 造成短路每处扣 10 分； 12. 查找过程中损坏元器件每件扣 5 分； 13. 阶段性操作结束未关闭柜门每次扣 1 分	
3			工作终结验收		
3.1	安全文明生产	汇报结束前，所选工器具放回原位，摆放整齐；无损坏元件、工具；恢复现场；无不安全行为	10	1. 出现不安全行为扣 5 分； 2. 现场未恢复扣 5 分，恢复不彻底扣 3 分	
			合 计 得 分		
否定项说明：1. 严重违反电力安全工作规程；2. 违反职业技能评价考场纪律；3. 造成设备重大损坏；4. 发生人身伤害事故					

考评员：　　　　　　　　　　　　　　　　　　　　　年　月　日

低压指示仪表回路、照明回路故障查找记录表如表 6-9 所示。

表 6-9　低压指示仪表回路、照明回路故障查找记录表

1	故障现象	
2	故障原因	
3	处理故障时所采用的方法及步骤	

4	查找过程中应注意的事项	
5	实际故障	

6.1.5　10kV 及以下电缆故障定位

一、培训目标

通过专业理论学习和技能操作训练，使学员正确选择、使用万用表和绝缘电阻表对 10kV 及以下电缆故障进行查找，熟练掌握仪器仪表使用、10kV 及以下电缆故障定位过程与安全注意事项。

二、培训场所及设施

（一）培训场所

配电综合实训室。

（二）培训设施

培训工具及器材如表 6-10 所示。

表 6-10　培训工具及器材（每个工位）

序号	名称	规格型号	单位	数量	备注
1	绝缘电阻表	2500V	只	1	现场准备
2	测试导线	软铜	套	1	现场准备
3	放电棒	10kV	支	1	现场准备
4	被测试10kV及以下电缆（已设置好故障点）		m	50	现场准备
5	清洁布		块	1	现场准备
6	万用表	数字型	只	1	现场准备
7	温湿度表		只	1	现场准备
8	中性笔		支	1	考生自备
9	通用电工工具		套	1	考生自备
10	工作服		套	1	考生自备
11	安全帽		顶	1	考生自备
12	绝缘鞋		双	1	考生自备

续表

序号	名称	规格型号	单位	数量	备注
13	线手套		副	1	考生自备
14	急救箱（配备外伤急救用品）		个	1	现场准备
15	电缆故障查找仪（含测距仪和声磁同步定点仪）		套	1	现场准备

三、培训参考教材与规程

（1）《农村供电所人员岗位技能培训教材》中国电力出版社。

（2）国家电网公司:《国家电网公司电力安全工作规程（配电部分）》，中国电力出版社，2014。

（3）国家经济贸易委员会:《低压电力技术规程》(DL/T 499—2001)，2001。

（4）电力行业职业技能鉴定指导中心:11-047 职业技能鉴定指导书《配电线路（第二版）》，中国电力出版社，2008。

（5）国家电网公司人力资源部:国家电网公司生产技能人员职业能力培训专用教材《农网配电》，中国电力出版社，2010。

（6）国家电网公司人力资源部:国家电网公司生产技能人员职业能力培训专用教材《配电线路检修》，中国电力出版社，2010。

（7）电力行业职业技能鉴定指导中心:6-07-05-06 职业技能鉴定指导书《农网配电营业工》（电力工程农电专业），中国电力出版社，2007。

（8）国家能源局:《电力设备预防性试验规程》(DL/T 596—2021)，2021。

（9）国网山东省电力公司、国网技术学院:《农网配电营业工标准化考评作业指导书》，中国电力出版社，2014。

四、培训对象

农网配电营业工（台区经理）。

五、培训方式及时间

（一）培训方式

教师现场讲解、示范，学员进行技能操作训练，培训结束后进行理论考核与技能测试。

（二）培训时间

（1）仪器仪表、10kV 及以下电缆相关专业知识:1 学时。

（2）10kV 及以下电缆故障定位作业流程:0.5 学时。

（3）操作讲解、示范:0.5 学时。

（4）分组技能操作训练:4 学时。

（5）技能测试:2 学时。

合计:8 学时。

六、基础知识

（一）仪器仪表、10kV 及以下电缆相关专业知识

（1）绝缘电阻表的工作原理、使用及使用过程中的安全注意事项。

(2) 10kV 及以下电缆相关知识。

(3) 10kV 及以下电缆头、中间接头制作的工艺要求。

(4) 10kV 及以下电缆敷设施工工艺要求与注意事项。

(5) 10kV 及以下电缆故障产生的原因。

(6) 10kV 及以下电缆故障定位、测试记录表填写。

(7) 使用测距仪测距并用定点仪精准定位。

(8) 根据测试数据判断 10kV 及以下电缆故障状态。

(二) 10kV 及以下电缆故障定位工作流程

作业前的准备→选择仪器仪表→电缆验电、放电→测量故障电缆的各项数据→测量完电缆放电→填写测量记录表→根据测量数据分析电缆故障状态→测距仪测距后用定点仪精确定位→清理现场、工作结束。

七、技能培训步骤

(一) 准备工作

1. 工作现场准备

(1) 场地准备：必备 4 个工位，可以同时进行作业。

(2) 功能准备：布置现场工作间距不小于 3m，各工位之间用遮栏隔离、放置警示牌；场地清洁，无干扰。

2. 工具器材及使用材料准备

对进场的工器具进行检查，确保能够正常使用，并整齐摆放于工具架上。工具器材要求质量合格、安全可靠、数量满足需要。

3. 安全措施及风险点分析

(1) 防止触电伤害事故。

① 工作前核实被测 10kV 及以下电缆型号、安装位置（名称），并确认已停电、无返回电源、与其他带电设备安全距离足够，确保故障电缆可进行测量工作。

② 工作时，正确使用工器具及仪器仪表，设专人监护，对停电电缆进行验电、放电操作，装设放电接地线。

③ 由专人监护，测试线绝缘完好，端部有绝缘套，注意与接线柱裸露部分的安全距离。

④ 放电要充分，时间不能太短或放电棒一接触就放开，要多次放电。

(2) 防止仪器仪表损坏事故。

① 使用万用表时，进行自检且合格，测试时正确选择挡位。

② 使用绝缘电阻表时，进行自检且合格，测试时正确使用。

(3) 防止滑跌摔伤事故。

① 集中精力，操作过程中注意场地情况。

② 工作时，不得跨越现场的各种设备。

(二) 操作步骤

1. 工作前的准备

正确着装，穿工作服、绝缘鞋，戴安全帽、线手套。

2. 选择工器具及材料

正确选择工器具及材料，准备齐全，外观检查周全，熟悉现场情况。

3. 10kV 及以下电缆放电

（1）核实被测 10kV 及以下电缆安装位置（名称）、型号，确认已停电。

（2）对放电装置及接地装置进行检查，对故障电缆放电，用放电棒对每根线芯进行充分放电，操作方法为：用放电棒尖部连续三次点击放电部位，然后用放电棒的接地线连接部位直接接地放电。

4. 测试故障电缆的各项数据

（1）将电力电缆两端接线拆除，使其成为独立部分，并将待测部位用棉纱擦拭干净，各电缆线芯终端头各相分开。

（2）对万用表进行自检，用欧姆挡测量电缆线芯两两的通断，以及各端头对接地的通断，初步判断电缆短路故障状态。

（3）对绝缘电阻表进行自检且合格，空试时指针应指向"∞"，短接时指针应指向"0"。

（4）绝缘电阻表必须水平放置于平稳牢固的地方，以免在摇动时因抖动和倾斜产生测量误差。

（5）接线必须正确无误，绝缘电阻表有三个接线柱："E"（接地）、"L"（线路）和"G"（保护环或叫屏蔽端子）。保护环的作用是消除表壳表面"L"与"E"接线柱间的漏电和被测绝缘物表面漏电的影响。如测芯线之间的绝缘电阻时，将"L"和"E"分别接两芯线的接线端，且"E"接地，"G"接线芯与外壳之间的绝缘层；测芯线与接地之间的绝缘电阻时，将"L"接芯线，"E"接地，"G"接线芯与外壳之间的绝缘层。"L""E""G"与被测物的连接线必须用单根线，且绝缘良好，不得绞合，表面不得与被测物体接触。

（6）摇动手柄的转速要均匀，一般规定为 120r/min，允许有 ±20% 的变化，最多不应超过 ±25%。通常都要摇动一分钟后，待指针稳定下来再读数。当被测电路中有电容时，先持续摇动一段时间，让绝缘电阻表对电容充电，待指针稳定后再读数；测完后先拆去接线，再停止摇动。若测量中发现指针迅速下沉指向"0"刻度，应立即停止摇动手柄。

5. 测量完电缆放电

电缆线芯充分放电。每测一次，放电一次。

6. 判断 10kV 及以下电缆故障类型

读取数据时，准确且声音洪亮，根据所测试数据，正确判断故障，描述准确。

（1）若三相中有一相对地测量值为 0，则为该单相接地。

（2）若三相中有两相对地测量值为 0，则为该两相接地短路。

（3）若三相中三相对地测量值均为 0，则为三相接地短路。

（4）若三相中有两相间绝缘电阻为 0，则该两相短路。

（5）若三相中任意两相间绝缘电阻均为 0，则为三相短路。

7. 使用测距仪测距、定点仪精确定位

熟练操作测距仪，正确设置测距仪参数和测试模式，正确连接电缆故障测距仪接线，测出明显、正确的波形，定位故障距离，量出米数后再用定点仪精确定位。

8. 填写测量记录表

项目正确、齐全，填写规范，要求字迹工整，无遗漏、无涂改。

（三）工作结束

（1）将现场所有工器具放回原位，摆放整齐。

（2）清理工作现场，离场。

八、技能等级认证标准（评分）

10kV 及以下电缆故障定位项目考核评分记录表如表 6-11 所示。

表 6-11　10kV 及以下电缆故障定位项目考核评分记录表

姓名：				准考证号：		单位：	
序号	项目	考核要点	配分	评分标准	得分	扣分	备注
1				工 作 准 备			
1.1	着装穿戴	穿工作服、绝缘鞋、戴安全帽、线手套	5	1. 未穿工作服、绝缘鞋，未戴安全帽、线手套，每缺少一项扣 2 分； 2. 着装穿戴不规范，每处扣 1 分			
1.2	工器具、仪表	正确选择工器具、仪表，准备齐全，外观检查周全	5	1. 工器具、仪表选择错误，每件扣 2 分； 2. 工器具、仪表不齐全，缺少一件扣 2 分； 3. 工器具、仪表外观检查整洁无破损、有试验合格证，未正确检查，每项扣 1 分			
2				工 作 过 程			
2.1	电缆放电	检查放电装置；每根线芯对地充分放电	10	1. 未检查放电装置，扣 2 分； 2. 未放电，扣 2 分； 3. 放电方法不正确，每次扣 1 分，放电不充分，每次扣 1 分			
2.2	电缆故障初判断	正确使用万用表；检查芯线对地、芯线间通断	10	1. 万用表未自检扣 2 分； 2. 故障初判断不正确，每处扣 2 分； 3. 万用表使用完毕，未在"OFF"或交流电压最高挡，扣 2 分			
2.3	芯线对地、芯线间绝缘电阻测试	检查调试绝缘电阻表；正确接线；按标准速度摇动，逐渐加快到 120r/min；测量芯线对地、芯线间绝缘电阻数值；测量读数完毕，继续使摇柄转动，然后断开测量接线；对电缆充分放电	15	1. 检查绝缘电阻表，空试，指针应指向"∞"，短接，指针应指向"0"，未检查调试，每次扣 2 分； 2. 绝缘电阻表未放在水平位置，每次扣 2 分； 3. 绝缘电阻表检查不合格不处理，继续使用，每次扣 10 分； 4. 绝缘电阻表接线错误，每次扣 5 分； 5. 测试导线缠绕，每次扣 1 分； 6. 一只手按住绝缘电阻表，另一只手顺时针摇动摇柄，摇动方法不正确每次扣 2 分； 7. 待指针稳定后读取并记录电阻值，转速不恒定、指针未稳定读取数值每次扣 2 分； 8. 测量读数完毕，绝缘电阻表停用方法不正确每次扣 2 分； 9. 测量结束对电缆放电，未放电每次扣 2 分； 10. 放电方法不正确，每次扣 2 分； 11. 放电不充分每次扣 1 分			

续表

序号	项目	考核要点	配分	评分标准	得分	扣分	备注
2.4	填写测量记录表	测量记录表填写正确齐全	11	1. 测量记录表漏填、错填，每处扣2分； 2. 测量记录表填写有涂改，每处扣1分			
2.5	故障判断	根据读数，正确判断故障；故障描述准确	10	1. 数据读取不正确，扣2分； 2. 故障描述不准确，扣2分； 3. 故障判断不正确，扣6分			
	故障距离粗测	根据判断的故障类型，选择与故障类型对应的测试方法测出故障点距离	15	1. 正确选择低压脉冲法； 2. 电缆测距仪接线与电缆连接正确且牢固，接线错误扣10分； 3. 根据电缆绝缘材料正确设置测距仪波速度，设置错误扣5分； 4. 调节波形增益参数不正确扣5分； 5. 未正确读出故障点距离扣10分			
	精确定位	熟练操作测距仪，正确设置测距仪参数和测试模式，正确连接电缆故障测距仪接线，测出明显、正确的波形	14	1. 考生启动测距仪前未在对侧派人看守，扣5分； 2. 仪器接线错误，扣14分； 3. 根据波形精确定位，未找到故障点扣14分			
3			工作终结验收				
3.1	安全文明生产	汇报结束前，所选工器具、仪表放回原位，摆放整齐、无损坏；恢复现场；无不安全行为	5	1. 出现不安全行为每次扣5分； 2. 作业完毕，现场未清理恢复扣3分，恢复不彻底扣2分； 3. 损坏工器具每件扣3分			
			合 计 得 分				

否定项说明：1. 违反《国家电网公司电力安全工作规程（配电部分）》相关规定；2. 违反职业技能鉴定考场纪律；3. 造成设备重大损坏；4. 发生人身伤害事故

考评员：　　　　　　　　　　　　　　　　　　年　　　　月　　　　日

6.2 营销技能

6.2.1 分布式电源用户营业普查

一、培训目标

通过专业理论学习和技能操作训练，使学员进一步掌握分布式电源营业普查基础知识，对分布式电源用户电能计量装置进行相关数据测量，并根据测量数据分析判断发电量、上网电量及发电量与上网电量逻辑关系是否存在异常，根据检查判断结果规范填写各种通知书，掌握正确计算追补电费、违约使用电费的方法。

二、培训场所及设施

（一）培训场所

反窃电实训室。

（二）培训设施

培训工具及器材如表6-12所示。

表 6-12 培训工具及器材（每个工位）

序号	名称	规格型号	单位	数量	备注
1	营销管理信息系统		套	1	现场准备
2	反窃电综合实验装置		台	1	现场准备
3	钳形电流表		个	1	现场准备
4	万用表		只	1	现场准备
5	螺丝刀	平口	个	1	现场准备
6	螺丝刀	十字口	个	1	现场准备
7	验电笔		支	1	现场准备
8	考试记录表		页	若干	现场准备
9	草稿纸	A4	张	若干	现场准备
10	线手套		副	1	现场准备
11	科学计算器		个	1	现场准备
12	安全帽		顶	1	现场准备
13	封印		粒	若干	现场准备
14	签字笔（红、黑）		支	2	现场准备

三、培训参考教材与规程

（1）国家电网公司：《国家电网公司关于印发分布式电源并网相关意见和规范（修订版）的通知》（国家电网办〔2013〕1781 号），2013。

（2）国家电网公司：《国家电网公司关于印发分布式电源并网服务管理规则的通知》（国家电网营销〔2014〕174 号），2014。

四、培训对象

农网配电营业工（综合柜员）。

五、培训方式及时间

（一）培训方式

教师现场讲解、示范，学员进行技能操作训练，培训结束后进行理论考核与技能测试。

（二）培训时间

（1）基础知识学习：2 学时。

（2）设备介绍：2 学时。

（3）操作讲解、示范：2 学时。

（4）分组技能操作训练：2 学时。

（5）技能测试：2 学时。

合计：10 学时。

六、基础知识

（一）分布式电源营业普查工作知识

（1）掌握被普户的基本信息、负荷情况等分布式电源客户档案基础信息在系统中的数据维护。

（2）根据日照条件，正确计算理论月度发电量。

（3）对月度发电量与理论值进行比较后，正确判断发电客户是否存在私增设备容量现象，是否从电网私自接电充当发电量。

（4）对全部自用项目上网电量不为零逆功率保护装置是否正确装设和投入使用进行判断。

（5）正确判定月度发电量小于上网电量的原因。

（6）规范填写用电检查工作单、用电检查结果通知书。

（7）正确计算追补电费、违约使用电费。

（二）分布式电源营业普查作业流程

作业前准备（安全措施完备）→抄录电能表反向示数→根据日照条件计算理论发电量→电量判断→填写各种通知书→计算追补、违约电费→工作结束。

七、技能培训步骤

（一）准备工作

1. 工作现场准备

（1）场地准备：必备4个及以上工位，布置现场工作间距不小于1m，各工位之间用栅状遮栏隔离，场地清洁。

（2）功能准备：4个及以上工位可以同时进行作业；每个工位能够实现分布式电源检查操作；工位间安全距离符合要求，无干扰；能够保证考评员正确考核。

2. 工具器材准备

对进场的工器具进行检查，确保能够正常使用，并整齐摆放于工具架上。工具器材要求质量合格、安全可靠、数量满足需要。

3. 安全措施及风险点分析

（1）防止触电伤害。

① 使用验电笔前，要摘掉手套进行自检，自检时不得触及工作触头。

② 工作前使用验电笔对设备外壳进行验电，确保无电压后方可进行工作。

③ 工作时，人体与带电设备要保持足够的安全距离，面部夹角符合要求（侧面>30°）。

（2）防止仪表损坏。

使用万用表、钳形电流表时，进行自检且合格，测试时正确选择挡位、量程，防止发生仪表损坏情况。

（3）防止设备损害事故。

① 操作时应严格遵守安全操作规程，正确做好停、送电工作。

② 操作设备时应采取正确方法，不得误碰与作业无关的开关设备。

（二）操作步骤

1. 测量

利用钳形电流表测量电能表反向电流，抄录电能表的反向有功示数。

2. 记录

将抄录的电能表反向有功示数、测量的反向电流等数值记录到工作单相应位置。

3. 计算

（1）根据日照条件计算发电量的理论值。

（2）根据抄录的电能表的反向有功示数计算发电量和上网电量。

（3）计算追补电费。

（4）计算违约电费。

4. 得出结论

根据检查结果，规范填写各种通知书，正确计算追补电费、违约使用电费。

八、技能等级认证标准（评分）

分布式电源营业普查考核评分记录表如表 6-13 所示。

表 6-13 分布式电源营业普查考核评分记录表

姓名： 准考证号： 单位：

序号	项目	考核要点	配分	评分标准	得分	扣分	备注
1				工 作 准 备			
1.1	着装穿戴	戴安全帽、线手套，穿工作服及绝缘鞋，按标准要求着装	5	1. 未戴安全帽、线手套，未穿工作服及绝缘鞋，每项扣 2 分； 2. 着装穿戴不规范，每处扣 1 分			
1.2	检查工器具、仪表	前期准备工作规范，相关工器具、仪表准备齐全	5	1. 工器具、仪表齐全，每少一件扣 2 分； 2. 工器具、仪表不符合要求，每件扣 1 分			
2				工 作 过 程			
2.1	测量过程	1. 验电； 2. 仪表的使用； 3. 数据测量	20	1. 工作前未验电扣 5 分，验电方法不正确扣 3 分； 2. 掉落物件每次扣 2 分； 3. 仪表使用前未检查、未自检扣 2 分； 4. 仪表挡位、量程选择错误，每次扣 2 分； 5. 测量数据错误，每处扣 2 分			
2.2	工单填写	1. 正确填写用电检查工作单； 2. 正确填写用电检查结果通知书； 3. 正确填写违约用电处理工作单	25	1. 未填写工作单、通知书每份扣 5 分，内容或数据错误、漏项每处扣 2 分，涂改每处扣 1 分； 2. 法律条款适用错误每条扣 5 分，未明确某某款每处扣 2 分，条款内容不全每处扣 2 分			
2.3	追补电费、违约电费计算	1. 计算发电量和上网电量； 2. 计算追补电费； 3. 计算违约使用电费	40	1. 发电量、上网电量计算错误每处扣 5 分，无计算过程扣 2 分； 2. 违约使用电费计算错误扣 5 分，无计算过程扣 2 分； 3. 单位符号书写不规范每处扣 1 分； 4. 涂改每处扣 1 分			
3				工作终结验收			
3.1	安全文明生产	汇报结束前，所选工器具放回原位，摆放整齐，现场恢复原状	5	1. 出现不安全行为扣 5 分； 2. 现场未恢复扣 5 分，恢复不彻底扣 3 分			
				合 计 得 分			

否定项说明：1. 违反《国家电网公司电力安全工作规程（配电部分）》相关规定；2. 违反职业技能鉴定考场纪律；3. 造成设备重大损坏；4. 发生人身伤害事故

考评员： 年 月 日

6.2.2 客户诉求处理

一、培训目标

(1)通过专业理论学习和技能操作训练,使学员熟知服务规范、营业规范,综合运用掌握的各类专业知识,接待情绪激动客户,解决客户诉求,处置服务应急突发事件,进一步提升客户服务水平。

(2)能够发现服务过程中的不规范问题,并能正确表述;根据给定服务情景及问题,能够表述如何接待并处理客户诉求。

二、培训场所及设施

(一)培训场所

营业厅实训室。

(二)培训设施

培训工具及器材如表 6-14 所示。

表 6-14 培训工具及器材(每个工位)

序号	名称	规格型号	单位	数量
1	计算机		台	1
2	视频		个	1
3	答题纸		张	若干
4	桌子		张	1
5	椅子		把	1
6	耳机		副	1
7	中性笔	黑	支	1

三、培训参考教材与规程

(1)原电力工业部:电力工业部令第 8 号《供电营业规则》,1996。

(2)国家电网有限公司:《供电服务标准》(Q/GDW 10403—2021),2021。

(3)国家电网有限公司:《国家电网公司供电服务规范》(国家电网生〔2003〕477 号),2003。

(4)国家电网有限公司:《国家电网有限公司关于修订发布供电服务"十项承诺"和员工服务"十个不准"的通知》(国家电网办〔2020〕16 号),2020。

四、培训对象

农网配电营业工。

五、培训方式及时间

(一)培训方式

教师现场讲解、示范,开展情景模拟、角色演练,学员进行技能操作训练,培训结束后进行理论考核与技能测试。

(二)培训时间

(1)基础知识学习:1 学时。

（2）操作讲解、示范：1学时。

（3）情景模拟、角色演练：1学时。

（4）技能测试：1学时。

合计：4学时。

六、基础知识

（一）营业准备规范

营业开始前，营业窗口服务人员提前半小时到岗，按照仪容仪表规范进行个人整理，并做好营业前的各项准备工作。

（二）客户引导规范

B级及以上营业窗口应设立引导服务人员，根据客户需求做好引导服务。迎接客户时注视客户，目光亲切自然，面带微笑，主动向客户打招呼，并使用文明用语亲切问候。询问客户需求后，应使用规范的文明用语引导客户到相应的区域办理业务。

（三）客户接待规范

接待客户热情周到，规范化文明用语。当有特殊情况必须暂时停办业务时，先办完正在处理中的客户业务，并向最近的等候者表示歉意，然后将"暂停服务"标示牌正面朝向客户放在柜台上，方可离开柜台。当客户离开时，营业窗口服务人员起身或微笑使用文明用语与客户告别。对提供合理意见或建议的客户，应表示感谢。客户情绪激动时，应先安抚客户，表示体谅对方的情绪，待客户情绪稳定后，再耐心询问；客户陈述时，应认真倾听、仔细记录，不随意打断客户的话，不做其他无关的事情。真心实意为客户着想，尽量满足客户的合理用电诉求。对客户的咨询等诉求不推诿，不拒绝，不搪塞，及时、耐心、准确地给予解答。

（四）服务礼仪要求

为客户提供服务时，应礼貌、谦和、热情。与客户会话时，使用规范化文明用语，提倡使用普通话，态度亲切、诚恳，做到有问必答，尽量少用生僻的电力专业术语，不得使用服务禁语。工作发生差错时，应及时更正并向客户致歉。当客户的要求与政策、法律、法规及公司制度相悖时，应向客户耐心解释，争取客户理解，做到有理有节。遇有客户提出不合理要求时，应向客户委婉说明。不得与客户发生争吵。

七、技能培训步骤

（一）准备工作

着装规范，计算机开机、桌面整洁，提前做好各项营业准备工作。

（二）工作步骤

（1）迎接客户：为客户提供服务时，应礼貌、谦和、热情；接待客户时，应面带微笑，目光专注，做到来有迎声、去有送声；与客户会话时，应亲切、诚恳，有问必答，如图6-3和图6-4所示。

（2）安抚客户：客户情绪激动时，应先安抚客户，表示体谅对方的情绪，待客户情绪稳定后，再耐心询问，必要时请客户到相对封闭的空间进行接待；客户陈述时，应认真倾听、仔细记录，不随意打断客户的话，不做其他无关的事情。

图 6-3 引导客户

图 6-4 接待客户

（3）协助客户开展用电分析：通过查询营销业务应用系统、用电信息采集系统和询问客户日常用电情况，了解可能引发电量异常的原因。

（4）提出解决方案：根据与客户沟通的情况，针对客户意愿，提出现场核实或电能表检验等解决方案，并告知处理时限。

（5）事件后续跟踪与处置：联系相关工作人员，跟踪处理进度，落实首问负责，做好客户回访，如图 6-5 所示。

图 6-5 业务办理

(三）工作结束

（1）所用物品摆放整齐；无不规范行为。

（2）清理现场自带物品，确保人走场清。

八、技能等级认证标准（评分）

考核可以采用多种方式。

（1）模拟场景：考评员模拟客户，考生通过接待、处理客户诉求完成考核。

（2）现场做答：考评员描述场景及客户的诉求，由考生现场做答如何处理。

（3）视频纠错：提前准备一段服务视频，多名考生同时在答题纸上答题，指出视频中的错误点并给予正确表述。

客户诉求处理考核评分记录表如表 6-15 所示。

表 6-15 客户诉求处理考核评分记录表

姓名： 准考证号： 单位：

序号	项目	考核要点	配分	评分标准	得分	扣分	备注
1				工作准备			
1.1	营业准备规范	1. 营业开始前，营业窗口服务人员提前到岗，按照仪容仪表规范进行个人整理； 2. 营业前，检查各类表单、服务资料、办公用品是否齐全、数量是否充足，按照定置定位要求摆放整齐； 3. 营业前开启设备电源，启动计算机、打印机等办公设备，检查自助交费终端等信息化设备是否正常运行	10	1. 未按营业厅规范标准着工装扣 10 分； 2. 着装穿戴不规范（不成套、衬衣下摆未扎于裤/裙内，衬衣扣未扣齐），每处扣 2 分； 3. 未佩戴配套的配饰（女员工未戴头花、领花，男员工未系领带），每项扣 2 分； 4. 未穿黑色正装皮鞋、佩戴工号牌（工号牌位于工装左胸处），每项扣 2 分； 5. 浓妆艳抹，佩戴夸张首饰，每处扣 2 分； 6. 女员工长发统一束起，短发清爽整洁，无乱发，男员工不留怪异发型，不染发，每处不规范扣 2 分； 7. 本项业务所需资料准备不齐全每项扣 2 分； 8. 未检查设备是否正常运行，每项扣 2 分			
1.2	服务行为规范	姿态规范：站姿、坐姿规范	10	1. 站立时身体抖动，随意扶、倚、靠、踩，每项扣 1 分； 2. 坐立时托腮或趴在工作台上，抖动腿、跷二郎腿、左顾右盼，每项扣 1 分			
2				工作过程			
2.1	业务办理	根据给定题目，能正确判断客户诉求，正确处理、解答客户问题，正确处置应急突发事件	10	不能有效安抚客户情绪，扣 10 分			
			50	根据给定题目，考核至少 10 个知识 10 点，每答错一处扣 5 分，扣完为止			
			10	处理过程中，泄露客户信息扣 10 分			
3				工作终结验收			
3.1	行为规范	汇报结束前，所用物品摆放整齐；无不规范行为	10	1. 发生不规范行为每次扣 5 分； 2. 自带物品未清理扣 5 分			
			合计得分				

否定项说明：1. 违反技能等级评价考场纪律；2. 造成设备重大损坏

考评员： 年 月 日

农网配电营业工

6.2.3 营业普查方案编制

一、培训目标

通过职业技能培训,以实际技能操作为主线,使学员进一步掌握营业普查方案编制的基础知识,掌握方案编制范围和内容,并对普查重点、普查范围、职责分工、普查工作进度与安排、排查要求的深度和广度有所了解,从而提高工作效率。

二、培训场所及设施

（一）培训场所

实训室。

（二）培训设施

培训工具及器材如表 6-16 所示。

表 6-16 培训工具及器材（每个工位）

序号	名 称	规格型号	单位	数量	备注
1	客户档案信息	0.4kV 客户	份	1	现场准备
2	桌子		张	1	现场准备
3	凳子		把	1	现场准备
4	计算器		个	1	现场准备
5	答题纸	A4	张	若干	现场准备
6	签字笔	黑色	支	1	现场准备

三、培训参考教材与规程

山东电力集团公司农电工作部:《农村供电所人员岗位技能培训教材》,中国电力出版社,2007。

四、培训对象

农网配电营业工（台区经理）。

五、培训方式及时间

（一）培训方式

教师现场讲解、示范,学员进行实际操作训练,培训结束后进行普查方案编制技能考核与测试。

（二）培训时间

（1）基础知识学习:2 学时。

（2）方案编制介绍:2 学时。

（3）操作讲解、示范:2 学时。

（4）分组操作训练:2 学时。

（5）技能测试:2 学时。

合计:10 学时。

六、基础知识

（一）概述

（二）工作方案编制流程
（三）方案编制
（1）普查目标。
（2）普查重点。
（3）普查范围。
（4）职责分工。
（5）普查进度与安排。
（6）普查要求。

七、技能培训步骤

（一）准备工作

1. 工作现场准备

（1）客户档案信息齐全，普查重点内容和范围齐全正确。

（2）培训工具和器材齐全。

2. 工具器材及使用材料准备

对工器具进行检查，确保能正常使用，并整齐摆放于工位上。

3. 安全措施及风险点分析

安全措施及风险点分析如表 6-17 所示。

表 6-17 安全措施及风险点分析

序号	风险点	原因分析	控制措施和方法
1	客户档案信息	普查编排重点内容不突出	根据普查重点，将辖区内 0.4kV 客户档案信息的电价、电费、容量、违约用电信息进行汇总编排与确认
2	范围与要求	安排缺乏统筹性	明确营销区域内 0.4kV 客户范围与工作重点，明确任务安排、时限要求及责任分工，确保方案编制工作质量

（二）编制步骤

1. 概述

对开展营业普查的目的与意义进行详细的描述。

2. 普查目标

对普查工作最终达到的目标与作用进行描述。

3. 普查重点

对开展营业普查的重点对象、内容、范围，如电价执行、违章窃电等进行描述。

4. 普查范围

对普查范围营销区域内 0.4kV 客户进行说明。

5. 职责分工

明确组长、成员名单。

6. 普查工作进度与安排

（1）工作部署阶段：明确此阶段普查时间安排节点，说明此阶段普查工作内容。

（2）普查整改阶段：明确此阶段普查时间安排节点，说明此阶段工作情况与内容，明确此阶段营业普查阅读报告及普查成效统计工作内容。

（3）总结提高阶段：明确此阶段时间安排节点，对普查发现的问题、普查成果梳理和上报内容进行描述。

7. 普查要求

（1）对开展营业普查的工作重点、任务安排、时限要求及责任分工要求进行描述。

（2）对营业普查工作重点、利用营销系统与监控功能筛查，建立责任追溯制度要求进行描述。

（3）对通过普查，掌握客户的主要用能情况、用电需求、用电特性、负荷预测工作收集信息要求进行描述。

（4）对普查成果、发现问题、个性问题、共性问题、闭环管理等要求进行描述。

（5）对普查中的弄虚作假、隐瞒真相，以各种方式、理由阻扰普查行为要求进行描述。

（6）对参加普查人员的工作纪律、人身安全、行车安全要求与规定进行描述。

（三）工作结束

（1）检查方案编制情况。

（2）器具清理：将工器具放到原来的位置。

（3）现场清理：工作结束，清理操作现场，确保做到"工完场清"。

八、技能等级认证标准（评分）

营业普查方案编制考核评分记录表如表 6-18 所示。

表 6–18　营业普查方案编制考核评分记录表

姓名：　　　　　　　　　　准考证号：　　　　　　　　　　单位：

序号	项　目	考核要点	配分	评分标准	得分	扣分	备注
1				工作准备			
1.1	检查工器具	前期准备工作规范，相关工器具准备齐全	10	工器具齐全，缺少每件扣1分			
2				工作过程			
2.1	工作流程	整体工作流程正确	10	1. 操作流程不正确，每次扣1分； 2. 编制流程不正确，每项扣1分			
2.2	方案编制	1. 正确核查客户档案信息； 2. 营业普查方案编制重点突出； 3. 普查范围明确； 4. 明确职责分工； 5. 普查工作进度与安排合理； 6. 普查要求所规定的内容和范围正确	30	1. 工作前未核查客户档案信息扣5分，方法不正确扣3分； 2. 方案编制重点不突出，未说明重点普查对象、内容、范围，每项扣2分； 3. 普查范围不明确，每处扣1分； 4. 未明确职责分工，每处扣1分； 5. 未明确普查工作进度与安排，每处扣1分； 6. 未明确普查要求，缺一项扣1分			
2.3	方案分析	1. 营业普查工作重点情况及分析； 2. 普查对象、范围及内容存在问题； 3. 提出整改意见； 4. 制定防范措施	20	1. 指标分析每缺少一处扣2分； 2. 存在问题每缺少一项扣3分； 3. 整改意见每缺少一项扣3分； 4. 防范措施每缺少一项扣3分			

续表

序号	项 目	考核要点	配分	评分标准	得分	扣分	备注
2.4	方案模式	方案模式规范、准确	20	1. 漏写项目，每处扣 2 分，模式错误，每处扣 5 分； 2. 有涂改，每处扣 1 分			
3	工作结束验收							
3.1	安全文明生产	汇报结束前，所选工器具放回原位，摆放整齐，现场恢复原状	10	1. 出现不安全行为扣 5 分； 2. 现场未恢复扣 5 分，恢复不彻底扣 2 分			
合 计 得 分								

否定项说明：1. 违反《国家电网公司电力安全工作规程（配电部分）》相关规定；2. 违反职业技能鉴定考场纪律；3. 造成设备重大损坏；4. 发生人身伤害事故

考评员：　　　　　　　　　　　　年　　月　　日